새의
감각

Bird Sense

새의
감각

새가 된다는 것은 어떤 느낌일까?

팀 버케드Tim Birkhead 지음
노승영 옮김

에이도스

CONTENTS

머리말

"망했다." 뉴질랜드 사람들은 자기네 조류 동물상動物相을 이렇게 표현한다. 실제로도 그렇다. 하늘에든 땅에든 새가 이렇게 드문 곳은 거의 본 적이 없다. 유럽에서 들어온 포식자의 횡포에 (날지 못하는 야행성의) 몇몇 종만 살아남아 섬에서 근근이 살아간다.

호젓한 부둣가에 도착하니 이미 해가 뉘엿뉘엿 지고 있다. 부르릉부르릉 모터보트 소리가 희미하게 들리더니 이내 섬에서 작은 보트 한 척이 다가온다. 몇 분 지나지 않아 우리는 물 위에 떠서, 이글거리는 석양을 향해 나아간다. 본토와 섬의 차이는 마술 같다. 20분 뒤에 보트에서 내려 웅장한 포후투카와pohutukawa 나무가 드리운 넓고 굽은 해변에 발을 디딘다.

첫 키위를 보고 싶어서 식사가 끝나자마자 냉큼 밖으로 나온다. 달 없는 밤하늘에 별이 점점이 박혀 있다. 남반구의 은하는 북반구보다 훨씬 촘촘하다. 길을 따라 다시 해변에 당도하니 바다가 눈에 확 들어온다. 인광燐光이다! 해변을 어루만지는 잔물결이 빛을 발한다. "수영해요." 이사벨의 한마디에 옷을 훌훌 벗어 던지고 헤엄친다. 인광을 뿜으며 해변을 뛰어다니는 모습이 마치 인간 불꽃놀이 같다. 환상적이다. 오로라처럼 미묘하고 경이로운 시각적 호사를 누린다.

10분간 몸을 말린 뒤에, 해변에 인접한 숲으로 키위를 찾으러 들어간

새의 감각

다. 이사벨이 앞장서서 적외선 카메라로 주위를 훑는다. 그곳에, 식물들 사이에 웅크린 검고 둥근 모양, 우리의 첫 키위가 있다. 맨눈으로는 보이지 않았지만 카메라 화면의 검은 얼룩에 이상하리만치 길고 하얀 부리가 보인다. 녀석은 우리가 있는 것을 알아차리지 못한 채 앞으로 종종 걸음 치며 기계처럼 먹이를 찾는다. 탁, 탁, 탁. 긴 여름의 막바지라 땅이 딱딱해서 흙 표면의 귀뚜라미를 생짜로 찾기는 힘들다. 키위는 귀뚜라미가 뛰어오르는 것을 낚아챈다. 불현듯 인기척을 느낀 녀석이 급히 덤불에 몸을 숨긴다. 숙소에 돌아오니 키위 수컷의 새된 울음소리가 어둠 속에 울려퍼진다. "키 위이, 키 위이."

이사벨 카스트로는 이곳 작은 섬 보호구역에서 10년 동안 키위를 연구했다. 그녀는 키위의 독특한 감각 세계를 이해하려고 노력하는 소수의 생물학자 중 한 명이다. 이사벨은 학생들과 함께 이 섬의 키위 약 서른 마리에게 무선 송신기를 달아서 밤에 어디에 가는지 낮에 어디서 해를 치는지 추적한다. 우리는 1년에 한 번씩 키위를 포획하여 건전지 수명이 다 된 송신기를 교체하는 작업에 동참하고 있다.

이른 아침 밝은 햇빛 아래 송신기 소리를 따라서 마누카 나무와 퐁아(나무고사리) 숲을 지나 작은 습지에 이른다. 이사벨은 빽빽한 갈대밭을 말 없이 가리키며 나에게 키위를 잡아보겠냐고 묻는 시늉을 한다. 나는 무릎을 꿇고 흙탕물에 얼굴을 바싹 갖다 댄 채 갈대 사이 좁은 틈새로 들여다본다. 헤드랜턴을 비추자 웅크린 채 반대쪽을 바라보는 갈색 물체가 눈에 들어온다. 키위는 낮잠이 깊이 드는 것으로 유명한지라 녀석이 내 인기척을 느꼈을지 궁금하다. 거리를 가늠한 뒤에 질척질척한 바닥을 살금살금 걸어가다 팔을 홱 뻗어 녀석의 커다란 다리를 잡는다. 학생들 앞에서 녀석을 놓쳤으면 체면을 구길 뻔했는데 다행이다. 녀석을 잠자리에서 살살 끄집어내어 가슴을 손으로 감싼다. 묵직하다. 갈색 키위brown kiwi는 몸무게가 약 2킬로그램으로, (현재) 알려진 다섯 가지 종 중에서 가장 크다.

이 새를 허벅지에 올려놓으면 그제야 녀석이 얼마나 괴상한지 실감할 수 있다. 루이스 캐럴이라면 동물학의 모순적 존재 키위를 사랑했을 것이다. 풍성한 깃털은 털을 닮았고, 수염이 기다랗게 났고, 코가 길고 아주 예민한 키위는 조류보다는 포유류에 가깝다. 작디작은 날개를 찾으려고 깃털을 쓰다듬으니 심장 박동이 느껴진다. 신기하다. 깃털이 듬성듬성 돋은 날개는 손가락을 납작하게 누른 모양에다 끝에는 괴상하게 구부러진 발톱이 달려 있다(용도가 뭘까?). 무엇보다 놀라운 것은 키위의 작고 아무 짝에도 쓸모없는 눈이다. 전날 밤 해변에 키위가 있었더라도 녀석은 우리의 발광發光 발광發狂을 전혀 눈치채지 못했을 것이다.

키위가 된다는 것은
어떤 느낌일까?

키위가 된다는 것은 어떤 느낌일까? 아무것도 보이지 않는 완전한 어둠 속에서, 하지만 우리보다 훨씬 예민한 후각과 촉각으로 땅바닥을 디디는 것은 어떤 느낌일까? 지독한 나르시시스트이지만 빼어난 해부학자 리처드 오언은 1830년경에 키위 한 마리를 해부하여 녀석의 작은 눈과 커다란 뇌 내 후각 영역을 보고는 (키위의 행동에 대해서는 거의 알지 못한 채) 키위가 시각보다는 후각에 더 의존한다고 판단했다. 형태와 기능을 절묘하게 짝지은 오언의 예측은 100년 뒤에 보란 듯이 입증되었다.

　　　　　　　　　　　　　　　　　　　새의 감각

행동 실험에서 키위는 땅속 먹잇감의 위치를 레이저처럼 정확하게 맞혔다. 키위는 땅 밑 15센티미터에 있는 지렁이 냄새도 맡을 수 있다! 그런데 이렇게 예민한 코를 가졌다면 다른 키위의 똥 냄새는 어떻게 느낄까? (키위 똥은 적어도 내게는 여우 똥만큼 냄새가 고약했다.) 냄새로 똥 주인을 알아맞힐 수 있을까?

철학자 토머스 네이글은 1974년에 발표한 유명한 논문 「박쥐가 된다는 것은 어떤 느낌일까?」What is it like to be a bat?에서 다른 생물이 된다는 것이 어떤 느낌인지는 결코 알 수 없다고 주장했다. 느낌과 의식은 '주관적' 경험이기에 누구와도 나눌 수 없고 그 누구도 내 경험을 상상할 수 없다는 것이다. 네이글이 박쥐를 고른 이유는 박쥐가 포유류여서 우리와 공통되는 감각이 많으면서도 우리에게 없는 한 가지 감각—반향정위echolocation(동물에서 나온 음파가 환경에 있는 물체와 그 표면에 반사되어 되돌아온 음파를 분석하여 방향을 정하는 것_옮긴이)—이 있어서 우리가 박쥐의 느낌을 아는 것이 불가능하기 때문이다.[1]

어떤 의미에서는 네이글 말이 옳다. 우리는 박쥐나 새가 되는 것이 어떤 느낌인지 결코 '정확히' 알 수 없다. 네이글 말마따나 우리가 그 느낌을 상상한다고 해도 그것은 상상에 지나지 않기 때문이다. 미묘하고 깐깐한 것처럼 보일지도 모르지만, 그게 철학자의 방식이다. 생물학자는 더 실용적 접근법을 취한다. 내가 하려는 것이 이것이다. 생물학자들은 우리의 감각을 확장하는 기술과 여러 가지 머릿속 행동 실험을 동원하여, 다른 생명체가 된다는 것이 어떤 느낌인지를 매우 훌륭히 밝혀냈다. 우리의 감각을 확장하고 강화한 것이 성공의 비결이었다. 그 시작은 로버트 훅이 왕립학회에서 현미경을 처음 시연한 1600년대였다. 심지어 새의 깃털처럼 지극히 평범한 물체도 현미경 렌즈를 통해 들여다

보면 경이로운 신비로 탈바꿈했다. 1940년대에 생물학자들은 새소리의 소노그램_{sonogram}(초음파도)을 처음 보고 그 정교함에 놀랐다. 2007년에 fMRI(기능적 자기공명영상) 스캔 기술을 이용하여 새가 동족의 노래를 들을 때 뇌에서 어떤 활동이 일어나는지 처음으로 관찰하고는 더더욱 놀랐다.[2]

우리가 (영장류와 애완견을 제외하면) 새를 다른 어떤 동물보다 친근하게 여기는 이유는 조류 종의 절대다수가 —키위는 아니겠지만— 우리와 똑같은 두 가지 감각인 시각과 청각에 주로 의존하기 때문이다. 또한 새는 두 다리로 걷고, 주행성晝行性이며, 올빼미와 퍼핀 등 일부 새는 얼굴이 사람을 닮았다(적어도 비슷하다고 말할 수 있다). 하지만 이런 유사점 때문에 우리는 새 감각의 다른 측면을 보지 못했다. 최근까지도 사람들은 새에게 후각, 미각, 촉각이 없는 줄 알았다(키위는 별난 예외였다). 차차 살펴보겠지만 이것은 말도 안 되는 소리다. 새가 된다는 것이 어떤 느낌인지 이해하기 힘든 이유는 또 있다. 새의 감각을 이해하는 유일한 방법은 우리 자신의 감각과 비교하는 것인데 새는 우리에게 없는 감각이 있기 때문이다. 우리는 새와 달리 자외선을 보지 못하고 반향정위 능력이 없고 지구 자기장을 감지하지도 못한다. 그래서 이런 감각이 어떤 느낌인지 상상하기 힘들다.

조류는 엄청나게 다양하기 때문에 "새가 된다는 것은 어떤 느낌일까?"라는 질문은 지나친 단순화다. 이렇게 묻는 게 훨씬 나을 것이다.

- "긴 외침의 끝에 나타난"[3] 칼새가 된다는 것은 어떤 느낌일까?
- 북극해에서 깊이 400미터의 칠흑 속으로 다이빙하는 황제펭귄이 된다는 것은 어떤 느낌일까?

새의 감각

· 수백 킬로미터 밖에서 떨어지는, 보이지 않는 빗방울 소리를 감지하여 산란을 위한 임시 습지가 생겼음을 알아차리는 홍학이 된다는 것은 어떤 느낌일까?

· 중앙아메리카 우림의 붉은머리무희새red-capped manakin 수컷이 되어, 새침 떠는 암컷 앞에서 태엽 장난감처럼 재롱을 부리는 것은 어떤 느낌일까?

· 교미 시간이 10분의 1초에 불과하지만 하루에 100번 넘게 사랑을 나누는 유럽억새풀새dunnock 한 쌍이 된다는 것은 어떤 느낌일까? 기진맥진할까, 천상의 쾌락을 경험할까?

· 큰흙집새white-winged chough 무리의 망꾼이 되어 포식자 독수리를 감시하는 단기 임무와 짝을 찾는 장기 임무를 수행하는 것은 어떤 느낌일까?

· 끊임없는 식탐이 엄습하여 일주일 만에 엄청나게 뚱뚱해져서는 보이지 않는 힘에 이끌려 한 방향으로 끈질기게 수천 킬로미터를 날아가는 것(수많은 소형 명금류가 해마다 두 번씩 치르는 연례행사)은 어떤 느낌일까?

이 책에서는 이 질문들에 대답할 것이다. 나는 최신 연구 성과를 동원하되 우리가 어떻게 해서 지금의 이해 수준에 이르게 되었는지도 설명할 것이다. 우리에게 시각, 촉각, 청각, 미각, 후각의 오감이 있다는 사실은 수 세기 전부터 알려져 있었지만, 실은 열감각, 냉감각, 중력감각, 통각, 가속감각을 비롯한 여러 감각이 더 있다. 게다가 오감은 사실 여러 하위 감각이 조합된 것이다. 이를테면 시각을 가지려면 밝기, 색깔, 질감, 움직임을 파악해야 한다.

인간의 관점
새의 관점

선배 과학자들이 감각을 이해한 출발점은 감각기관, 즉 감각 정보를 수집하는 구조물 자체였다. 눈과 귀는 형태와 기능이 분명하게 대응하지만, 조류의 자각磁覺기관처럼 아직까지 미스터리인 것도 있다.

초기 생물학자들은 감각기관의 상대적 크기가 민감도와 중요도에 비례한다는 것을 알아냈다. 17세기 해부학자들이 감각기관과 뇌가 연결되었음을 발견하고 이후에 감각 정보가 저마다 다른 뇌 영역에서 처리된다는 것을 이해하자, 뇌 영역의 크기가 감각 능력에 비례한다는 사실이 분명해졌다. 이제는 스캔 기술과 전통적 해부학을 결합하여 3D 이미지를 만들어내고 인간과 새의 뇌 영역 크기를 매우 정확하게 측정할 수 있다. 그랬더니 리처드 오언의 예측대로 키위의 뇌는 시각 영역이 없는 거나 마찬가지였지만, 후각 영역은 오언이 생각한 것보다도 더 컸다.[4]

18세기에 전기가 발견되자 루이지 갈바니 같은 생리학자들은 감각기관과 뇌의 연결 부위에서 '동물 전기', 즉 신경 활동의 양을 측정할 수 있음을 금세 알아차렸다. 전기생리학이 발전하면서 이것이 동물의 감각 능력을 이해하는 또 다른 열쇠임이 분명해졌다. 최근에 신경생물학자들은 네 가지 종류의 스캐너로 저마다 다른 뇌 영역의 활동을 직접 측정하여 감각 능력을 알아냈다.

감각계는 행동을 조절한다. 먹고 싸우고 교미하고 자식 돌보는 것을 모두 감각계가 관장한다. 감각계가 없으면 몸이 제 기능을 하지 못한다. 우리의 감각 중에서 하나라도 없어지면 삶이 훨씬 빈약하고 힘겨워질 것이다. 우리는 감각을 느끼려고 애쓴다. 음악을 사랑하고 예술을 사랑하고 위험을 감수하고 사랑에 빠지고 갓 베어낸 풀 내음을 음미하고 맛있는 음식을 즐기고 연인의 손길을 갈망한다. 우리의 행동은 감각의 통제를 받기 때문에, 행동은 동물이 일상에서 쓰는 감각을 유추하는 가장 쉬운 방법 중 하나다.

감각, 특히 새의 감각에 대한 연구는 굴곡진 역사가 있다. 새의 감각에 대한 정보는 수 세기 동안 수북이 쌓였지만 조류 감각생물학이 뜨거운 주제인 적은 한 번도 없었다. 내가 1970년대에 학부에서 동물학을 전공하면서 감각생물학을 멀리한 이유는 행동학자보다는 생리학자가 이 분야를 가르쳤기 때문이기도 하고 감각계와 행동의 연관성을 연구할 때 조류보다는 나새류 같은 (내가 생각하기에) 지루한 동물만을 대상으로 삼았기 때문이기도 하다.

따라서 내가 이 책을 쓴 한 가지 계기는 잃어버린 시간을 만회하기 위해서다. (생리학자보다는) 나의 동료인 동물행동학자들의 태도 변화도 한몫했다. 이들은 최근 몇십 년간 조류를 비롯한 동물의 감각계를 사실상 재발견했다. 이 책을 쓰면서, 은퇴한 감각생물학자를 몇 명 만났는데 다들 비슷한 얘기를 하는 것이 신기했다. 자기네가 이 연구를 할 때에는 아무도 관심이 없거나 자신이 발견한 것을 아무도 믿어주지 않았다고 했다. 어떤 연구자는 조류 감각생물학을 연구하는 데 평생을 바쳤는데, 백과사전에서 조류 생물학에 대한 장章을 써달라는 요청을 한 번 받은 것 말고는 자신의 연구가 주목받은 적이 거의 없었다고 말했다. 이 연구자는 은퇴하면서 자료를 모두 불태웠다. 그래서 내가 연구에 대해 질문을 던지자 반색하면서도 아쉬워했다.

조류 감각생물학에 대해 교과서를 쓸 계획이었으나 관심 있는 출판사를 찾지 못해 무산되었다는 연구자들도 있었다. 흥미를 느끼는 사람이 거의 없는 연구 분야에 평생을 바치는 것이 어떤지 상상이 되지 않는다. 하지만 시대별로 각광 받는 생물학 분야가 다르기에 언젠가는 조류 감각생물학에도 볕 들 날이 있으리라 기대해본다.

그렇다면 과연 무엇이 달라졌을까? 나 자신의 관점에서 보자면, 동물 행동이라는 분야는 극적 변화를 겪었다. 나는 스스로를 첫째로 행동생태학자, 둘째로 조류학자(조류를 연구하는 행동생태학자)로 소개한다. 행동생태학은 동물행동학의 하위 분야로, 1970년대에 탄생했으며 행동의 적응적 의미에 초점을 맞춘다. 행동생태학의 접근법은 개체가 유전자를 다음 세대에 물려줄 가능성이 특정 행동에 따라 얼마나 달라지는지 묻는 것이었다. 이를테면 버팔로베짜는새buffalo weaver(아프리카에 서식하며 크기는 찌르레기만 하다)는 한 번에 30분씩 교미하는 데 반해 대부분의 새들은 몇 초 만에 교미를 끝내는 이유는 무엇일까? 루피콜새cock-of-the-rock 수컷이 다른 수컷들의 집단적 구애과시lek에 들러리를 서고, 자식을 전혀 돌보지 않는 것은 왜일까?

행동생태학은 앞선 세대의 생물학자에게 미스터리이던 행동을 이해하는 데 눈부신 성공을 거두었다. 하지만 행동생태학은 여느 연구 분야와 마찬가지로 연구자의 관심에 따라 범위가 제한된다는 점에서 한계도 있었다. 1990년대에 행동생태학 분야가 무르익자 행동생태학자들은 행동의 적응적 의미를 분간하는 것만으로는 충분하지 않다는 사실을 스스로 깨닫기 시작했다. 동물 행동 연구의 태동기인 1940년대에 동물행동학의 선구자 니콜라스 틴베르헌(훗날 노벨상을 받았다)은 행동을 네 가지 방식으로, 즉 ① 적응적 의미, ② 원인, ③ 발달(동물이 성장함에 따라 행동이 어떻게 발달하는가), ④ 진화적 내력을 고려하여 연구할 수 있다고 말했다. 1990년대가 되자 20년 동안 행동의 적응적 의미에만 주목하던 행

동생태학자들이 행동의 다른 측면, 특히 행동의 원인을 더 알아야 한다는 사실을 깨닫기 시작했다.[5]

이유를 살펴보자. 금화조_zebra finch_는 행동생태학자들에게 인기 있는 연구 종이다. 특히 배우자 선택 연구에 많이 쓰인다. 금화조 암컷은 부리가 주황색이고 수컷은 빨강색이다. 이 성차는 암컷이 빨간 부리를 선호하기 때문에 수컷의 부리 색깔이 더욱 선명하게 진화했음을 암시한다. 이는 (전부는 아니지만) 일부 행동 실험에서 입증되었으며, 연구자들은 '우리'가 금화조 수컷의 부리를 주황빛 빨강에서 핏빛 빨강까지 순위를 매길 수 있기 때문에 금화조 암컷도 똑같이 할 수 있을 것이라고 가정한다. 금화조가 실제로 무엇을 보는가의 관점에서 이 가정을 검증한 적은 한 번도 없지만, 부리 색깔이 암컷의 선택에서 중요한 요소임은 통상적으로 가정된다.[6]

조류 암컷이 배우자를 선택할 때 고려하는 것으로 생각되는 또 다른 형질로는 깃털 무늬—이를테면 유럽찌르레기_European starling_의 목과 가슴에 난 연한 색깔의 점—의 대칭성이 있다. 유럽찌르레기 암컷에게 대칭 정도가 각기 다른 깃털을 구별하도록 했더니—실제 새가 아니라 이미지를 보여주었다—매우 비대칭적인 수컷을 쉽게 골라내기는 했지만 작은 차이를 구별하는 능력은 별로 뛰어나지 않았다. 사실 유럽찌르레기 암컷이 보기에 수컷은 깃털 대칭성이라는 측면에서 거의 비슷해 보인다. 이로부터 암컷이 깃털 대칭성을 수컷 선택의 기준으로 이용할 가능성이 낮음을 알 수 있다.[7]

행동생태학자들은 조류의 성적 이형성_dimorphism_—암컷과 수컷의 겉모습이 어떻게 다른가—의 정도가 단혼(일부일처제)이냐 복혼이냐 여부와 관계가 있을 수 있다고 생각했다. 이를 검증하기 위해 암수 깃털 색깔의 밝기에 따라—'인간'의 시각을 기준으로—종을 분류했다. 지금은 이것이 어설픈 방법이었음을 안다. 새는 사외선을 볼 수 있어서 시각 체계가 우리와 다르기 때문이다. 같은 종의 새를 자외선을 기준으로 분류했더니, 푸른박새blue tit와 여러 앵무를 비롯하여 예전에는 성적 이형성이 없다고 알고 있던 많은 종이 자외선 영상으로 보면—즉, 암컷의 눈으로 보는 것처럼 보면—실제로는 매우 달랐다.[8]

이 예에서 보듯 조류의 모든 감각 중에서 시각, 특히 색시각 분야에서 최근 들어 가장 놀라운 발견이 이루어졌다. 주된 이유는 연구자들이 대부분의 노력을 이 분야에 집중했기 때문이다.[9] 이제 연구자들은 새의 행동을 이해하려면 새들이 살아가는 세계를 반드시 이해해야 한다는 사실을 안다. 이를테면 우리는 키위 이외의 많은 새들에게도 정교한 후각이 있고, 많은 철새가 자각磁覺magnetic sense이 있으며, 무엇보다 흥미롭게는 새들이 우리처럼 정서 생활을 영위한다는 사실을 이해하기 시작했다.

✦✦✦✦✦

새의 감각에 대해 우리가 아는 것은 수 세기에 걸쳐 조금씩 습득되었다. 지식의 축적은 남들이 앞서 찾아낸 것을 바탕으로 삼고 (아이작 뉴턴 말마따나) 거인의 어깨에 올라섬으로써 이루어진다. 연구자들은 서로 아이디어와 발견을 교환하고 서로 협력하고 경쟁하기 때문에, 많은 사람이 연구하는 주제일수록 빨리 진보한다. 물론 생물학의 다윈, 물리학의 아인슈타인, 수학의 뉴턴 같은 지적 거인이 진보를 앞당기기도 한다. 하지만 과학자도 사람이고 인간적 결점이 없을 수 없기에 진보가 늘 빠르거나 바르게 이루어지지는 않는다. 앞으로 살펴보겠지만 하나의 아이디어에 발목 잡히는 일이 얼마든지 있을 수 있다. 연구를 하다 보면 도처에서 막다른 골목을 맞닥뜨리며, 과학자는 자신이 옳다고 믿는 것을 고집하느냐 포기하고 탐구 방향을 바꾸느냐를 끊임없이 판단해야 한다.

때때로 과학은 진리를 추구하는 행위로 표현된다. 가식적으로 들리겠지만, 여기서 '진리'의 의미는 단순하다. 진리란 '자신이 가진 과학적 증거를 근거로 우리가 지금 믿는 것'에 지나지 않는다. 과학자들이 누군가의 가설을 재검증했는데 검증 결과가 원래 가설과 일치하면 원래 가설이 살아남는다. 하지만 다른 연구자들이 애초의 실험 결과를 재현하지 못하거나 현상을 더 훌륭하게 설명하는 새 가설을 찾아내면 진리가 무엇인가에 대한 생각이 달라질 수 있다. 새로운 견해나 더 나은 증거에 비추어 생각을 바꾸는 것은 과학적 진보의 구성 요소다. 그렇다면 '현재의' 증거를 바탕으로 우리가 참이라고 믿는 것이라는 의미에서 '현재로서는 진리'라는 표현이 더 나을 것이다.

눈의 진화는 우리의 지식이 어떻게 발전했는가를 보여주는 좋은 예다. 17세기, 18세기, 19세기 내내 사람들은 신이 무한한 지혜를 발휘하여 모든 생물을 창조했고 각 생물에게 볼 수 있는 눈을 주었다고 믿었다. 올빼미의 눈이 특히 큰 이유는 어둠 속에서 보아야 하기 때문이라고 생각했다. 동물의 특질과 습성이 꼭 들어맞는다고 생각하는 사고방식을 '자연신학'natural theology이라 한다. 하지만 어떤 것은 신의 지혜라고는 도무지 보기 힘들었다. 이를테면 정자가 하나만 있어도 수정할 수 있는데 수컷은 왜 그렇게 많은 정자를 생산할까? 현명한 신이 왜 이런 낭비를 저지를까? 찰스 다윈이 1859년에 『종의 기원』에서 제시한 자연선택 이론은 자연계의 삼라만상을 신의 지혜보다 더 훌륭하게 설명했으며, 증거가 쌓임에 따라 과학자들은 자연신학을 버리고 자연선택 쪽으로 돌아섰다.

과학 연구는 대체로 무엇이 무엇인가에 대한 관찰과 묘사에서 시작된다. 이번에도 눈이 좋은 예다. 고대 그리스로 거슬러 올라가는 초기해부학자들은 양과 닭의 눈알을 뽑아 갈라서 내부 구조를 살펴보았으며, 자신이 본 것을 자세히 묘사했다(때로는 자신이 보았다고 상상한 것을 묘사하기도 했다). 묘사 단계가 끝나면 과학자들은 "이것은 어떻게 작동할까?"와 "이것의 기능은 무엇일까?" 같은 질문을 던지기 시작한다. 한 생물학자가 해부학 전문가인 동시에 자세한 묘사 능력을 갖추는 경우는 많지만, 눈 같은 기관이 실제로 어떻게 작동하는지 이해하려면 또 다른 차원의 기술이 필요하다. 우리의 지식이 증가하고 연구자들의 지식이 점점 더 전문화됨에 따라, 자신의 기술을 보완해줄 사람들과 협력해야 하는 경우가 많아진다. 이를테면 오늘날 눈이 어떻게 작동하는지 이해하려면 해부학, 신경생물학, 분자생물학, 물리학, 수학을 비롯한 여러 분야의 전문가가 필요하다. 과학이 흥미진진하면서도 성공적이려면 결국 이러한 학제간 접근법, 즉 전문 분야가 다른 연구자들의 교류가 있어야 한다.

아이디어는 과학에서 특별히 중요한 위치를 차지한다. 무언가가 왜 그런가에 대한 아이디어를 떠올리는 것이 중요한 이유는 질문을 던지는 ―무엇보다 '옳은' 질문을 던지는― 토대가 되기 때문이다. 이를테면 올빼미 눈은 앞을 보는데 오리 눈은 옆을 보는 이유는 무엇일까? 올빼미의 눈이 왜 정면을 쳐다보는가에 대한 한 가지 아이디어는 올빼미가 우리처럼 양안시를 이용하여 깊이를 지각하기 때문이라는 것이다. 하지만 (차차 살펴보겠지만) 이보다 훨씬 탄탄한 근거가 있는 아이디어도 있다.

아이디어가 중요한 또 다른 이유는 아이디어가 발견으로 이어지면 과학자에게 명성을 가져다주기 때문이다. 과학에서 중요한 것은 최초가 되는 것과 발견자가 되는 것이다. 1953년에 DNA 구조를 발견한 제임스 왓슨과 프랜시스 크릭처럼 말이다.

그렇다면 이런 의문이 들 것이다. 과학자들은 어디에서 아이디어를 얻을까? 과학자들은 이미 습득한 지식에서 아이디어를 얻기도 하고 다른 과학자들과 논의하면서 얻기도 하지만, 이따금 과학자 아닌 사람들이 무심코 하는 말이나 관찰에서 아이디어를 얻을 때도 있다. 특히 새의 감각에 대한 아이디어를 과학자들이 얻는 데에는 우연한 말 한마디가 중요한 역할을 했다. 그중에 가장 흥미로운 것으로는 (나중에 설명하겠지만) 16세기에 아프리카에 파견된 포르투갈 선교사가 밀랍 양초에 불을 붙일 때마다 작은 새들이 녹은 밀랍을 먹으려고 성구 보관실에 찾아온 일화를 들 수 있다.

과학자는 아이디어를 생각해내고 최대한 엄밀하게―대체로 실험을 통해―검증한 뒤에 학술대회에서 결과를 발표한다. 이렇게 하면 남들이 이 결과를 어떻게 생각하는지 가늠할 수 있다. 이 반응을 토대로 과학자는 자신의 해석을 수정할 수도 있고 그대로 둘 수도 있다. 다음 단계는 연구 결과를 논문으로 작성하여 학술지에 발표하는 것이다. 학술지 편집자가 투고 논문을 다른 과학자 두세 명(심사위원)에게 보내면 이들이 게재 여부를 판단한다. 저자는 심사위원의 논평에서 새 아이디어를 얻어 연구 결과를 다시 분석하고 논문을 수정하기도 한다. 심사위원이 원고 게재 결정을 내리면 논문이 학술지에 실린다(온라인이나 오프라인, 또는 둘 다). 하지만 아직 끝난 게 아니다. 논문이 발표되면 다른 모든 과학자가 이 논문을 읽고 비판하거나 자신의 연구와 관련하여 영감을 얻을 수 있다.

한마디로, 이것은 과학의 입증된 절차이며 첫 학술지가 출간된 1600년대 말엽 이후로 거의 변하지 않았다. 이 책 곳곳에서 우리는 재능과 노력을 한껏 발휘하여 새의 감각에 대해 과학적 발견을 해낸 사람들을 만날 것이다. 과학자들은 자신이 발견한 것을 학술지에 발표할 때 (지면을 절약하려고) 간결하게 쓰고 전문용어를 많이 동원한다. 그런데 같은 분야에 몸담은 사람들에게는 전문용어가 별 문제가 안 되지만, 분야가 다른 사람이나 비전문가에게는 이해를 가로막는 주된 걸림돌이 될 수 있다. 그래서 이 책에서는 새의 감각과 관련된 학술 논문을 일상 언어로 전달하고자 했다. 최대한 전문용어를 피하되, 피치 못할 경우에는 의미를 간단하게 설명했으며 자세히 설명해야 하는 용어는 권말의 '용어 해설'에 실었다. 새의 감각을 주제로 대중적인 책을 쓸 때의 장점은 감각을 연구하는 동료들에게 초보적 질문을 던질 수 있다는 것이다. 그 과정에서 나는 이미 해결되었다고 생각한 많은 분야에서 아직 발견할 것이 많이 남아 있음을 알게 되었다. 모든 것을 알 수는 없으니 어쩔 수 없기는 하지만, 매우 간단해 보이는 질문에 대해서도 답이 알려져 있지 않다는 사실이 답답할 때도 있다. 그런데 어떻게 보면 이러한 지식의 격차가 흥미를 불러일으키기도 한다. 새의 감각에 관심을 가진 연구자들에게 새로운 기회가 되기 때문이다.

새는 세상을 어떻게 지각하는가

『새의 감각』은 새들이 세상을 어떻게 지각하는지 설명하는 책이다.

이 책은 내 일생의 조류학 연구를 토대로 삼았으며, 우리가 새의 머릿속을 늘 과소평가한다는 문제의식에서 출발했다. 우리는 이미 많은 것을 알고 있으며 더 많은 것을 발견할 준비가 되어 있다. 이 책은 우리가 어떻게 여기까지 왔는지, 어떤 미래가 우리를 기다리는지에 대한 이야기다.

나는 평생 동안 새를 연구했다. 그렇다고 해서 다른 일을 전혀 하지 않은 것은 아니다. 대학에서 학문을 하다 보면 학부생을 가르치는 데 시간을 많이 할애해야 하고(좋아서 하는 일이지만) 행정 업무도 보아야 한다(이건 좋아하지 않는다). 나는 아버지의 영향으로 다섯 살 때부터 새를 관찰했으며 운 좋게도 새에 대한 열정을 직업으로 승화할 수 있었다. 나는 새를 연구하느라 북극에서 열대 지방까지 전 세계를 여행했다. 이와 더불어 학생 및 동료와의 공동 연구를 통해 수많은 종의 새에 대해 남이 모르는 생물학적 사실을 알게 되었다. 하지만 무엇보다 내 마음을 사로잡은 것은 금화조와 바다오리common guillemot였다. 나는 어릴 적에 금화조를 비롯한 새들을 키우고 야생 조류를 줄기차게 관찰하면서 관찰 솜씨를 다듬었고 새가 살아가는 방식에 대한 일종의 생물학적 직관을 얻었다. 꼬집어 말하기는 힘들지만, 새를 관찰하면서 보낸 수많은 시간 덕에 훌륭한 연구자가 될 수 있었다고 확신한다. 지금까지 25년 동안 금화조를 연구할 수 있었던 바탕이 된 것은 분명하다.

내가 주로 연구하는 또 다른 종은 바다오리다. 바다오리는 내 박사 논문 주제였다. 나는 사우스웨일스 남쪽 끝 스코머 섬에서 네 번의 행복한 여름을 보내며 바다오리의 행동과 생태를 연구했다. 이것이 벌써 거의 40년 전 일이다. 그 뒤로 거의 해마다 여름이면 스코머 섬과 바다오리를 찾고 있다. 나는 바다오리와 오랜 시간을 함께했다. 이 책을 쓰면서 헤아려보니 다른 어떤 종보다 바다오리를 관찰하고 생각하면서 보낸 시간이 많다는 사실을 깨달았다. 이 책에서는 바다오리를 중요하게 다룬다. 바다오리는 새가 된다는 것이 어떤 느낌인가에 대해 내게 크나큰 통찰을 선사했다.

모든 조류학자가 자신이 연구하는 종에 대해 나처럼 느끼지는 않을지도 모르지만, 나는 100퍼센트 확신한다. (인간중심주의의 위험을 무릅쓰자면) 그것은 바다오리가 인간과 매우 비슷하기 때문이라고 생각한다. 바다오리는 극도로 사회적이어서 이웃과 우정을 쌓으며 이따금 자식 돌보기를 도와준다. 일부일처제이고—가끔 바람을 피우기도 하지만— 암수가 부부를 이루어 함께 자식을 키운다. 20년 동안 해로하기도 한다.

새를 오랫동안 연구할 때의 또 다른 장점은 (직접 또는 이메일을 주고받으며) 많은 조류학자를 알게 된다는 것이다. 이 책을 쓰면서 가장 보람 있었던 것은 동료들이 자신이 힘겹게 얻은 지식을 아낌없이 나눠준 것이었다. 질문을 하거나 설명을 부탁하면 한 명의 예외도 없이 기꺼이 도와주었다. 엘리자베스 애드킨스리건, 케이트 애시브룩, 클레어 베이커, 그레그 볼, 자크 발타자르, 헤르만 베르크하우트, 미셸 카바낙, 존 코크럼, 제러미 코어필드, 애덤 크리스퍼드, 수지 커닝엄, 이네스 컷힐, 메리언 도킨스, 밥 둘링, 존 에릭슨, 존 유엔, 츠데네크 할라타, 피터 허드슨, 알렉스 카첼닉, 알렉스 크리켈리스, 스테판 라이트너, 제프 루커스, 헬런 맥도널드, 마이크 멘들, 라인홀트 네커, 개비 네빗, 제미너 패리존스(국제맹금류연구소), 래리 파슨스, 톰 피차리, 앤디 래드퍼드, 울리 라이어, 클레어 스포티스우드, 마틴 스티븐스, 로드 서더스, 에릭 발레, 버니스 웬젤, 마틴 와일드 등 모두에게 감사한다(누락된 사람이 있다면 용서를 빈다). 특히 키위를 관찰하는 일생일대의 경험을 약속하고 그 약속을

새의 감각

지킨 이사벨 카스트로에게 감사한다. 카약을 타고 흰부리딱따구리ivory-billed woodpecker를 찾아 플로리다 습지로 나를 데려다준 제프 힐에게 감사한다. 비록 흰부리딱따구리는 보지 못했지만 잊을 수 없는 경험이었다. 스티치버드stitchbird를 보러 오라며 나를 뉴질랜드 티리티리마탕기 섬으로 초대한 퍼트리샤 브레키, 잠비아의 신기한 벌앞잡이새honeyguide와 날개부채새prinia를 소개해준 클레어 스포티스우드, 카카포를 눈앞에서 볼 수 있도록 뉴질랜드 코드피시 섬에 나를 초청한—예외적 특별 대우에 매우 감사한다—론 무어하우스에게 특별히 감사를 전한다. 인지認知에 대한 나의 질문에 끈기 있게 대답해준 니키 클레이턴에게 감사한다. 피터 갤리번과 제이미 톰슨은 참고 자료를 찾는 데 큰 도움을 주었다. 그레이엄 마틴은 1장을, 헤르만 베르크하우트는 3장을 읽고 논평을 해주었다. 오랜 건설적 비판과 우정을 베풀어주고 원고 전체를 읽고 논평해준 밥 몽고메리에게 특히 감사한다. 원고에 대해 예리한 논평을 해준 제러미 마이넛에게도 감사한다. 저작권 대리인 펄리시티 브라이언은 여느 때처럼 귀한 충고를 해주었고 블룸스버리의 빌 스웨인슨 팀은 지원의 모범을 보였다. 늘 그렇듯 나를 내버려둔 가족에게 감사한다.

제1장

시각

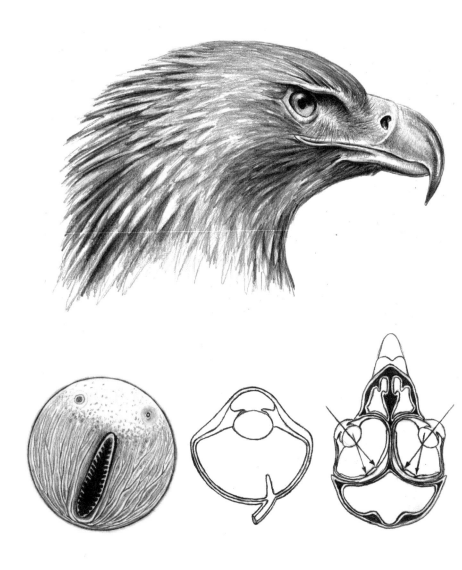

쐐기꼬리독수리wedge-tailed eagle는 몸통 대비 눈 크기가 새 중에서 가장 크다.
작은 그림(왼쪽에서 오른쪽으로): 독수리의 망막에 있는 눈오목 두 개와 빗(검은색),
독수리 안구의 단면, 두 눈오목의 상대적 크기 및 위치와 안구의 시선(화살표).

박쥐와 뒤영벌bumble-bee 못지않게 매의 감각 세계도 우리와 다르다. 매는 고속의 감각계와 신경계를 갖추고 있어서 반응 속도가 엄청나게 빠르다. 매의 세계는 우리보다 10배 빨리 움직인다.

헬런 맥도널드, 『매』Falcon

매가 시력이
좋은 이유

어릴 적에, 개가 무엇을 볼 수 있고 무엇을 못 보는가를 놓고 어머니와 이야기를 나눈 적이 있다. 나는 보고 들은 것을 되새겨 개가 세상을 흑백으로만 볼 수 있다고 말했다. 어머니는 시큰둥한 표정으로 "그걸 어떻게 안다니? 개의 눈으로 못 보는데 어떻게 알 수 있지?"라고 말했다.

사실 개나 새나, 아니면 나머지 모든 생물이 어떻게 보는지 알 수 있는 방법은 여러 가지가 있다. 이를테면 눈의 구조를 관찰하고 다른 종과 비교할 수도 있고 행동 실험을 해볼 수도 있다. 예전에는 매부리(사냥에 쓰는 매를 맡아 기르고 부리는 사람_옮긴이)가 (의도하지는 않았지만) 이런 실험을 했다. 그런데 매가 아니라 때까치shrike로 했다.

이 멋지게 생긴 작은 새는 생각과 달리 수리매hawk를 유인하는 데 쓰는 게 아니라 수리매의 접근을 알리는 데 쓴다. 녀석은 시력이 엄

청나게 좋아서, 사람이 눈으로 분간하기 훨씬 전에 허공의 매를 발견하고 신호를 보낸다.[1]

'멋지게 생긴 작은 새'는 때까치의 일종인 큰재개구마리great grey shrike다. 매잡이 방법은 매우 정교하다. 매부리가 몸을 숨긴 움막, 살아 있는 미끼 매, 나무로 만든 미끼 매, 살아 있는 비둘기, 그리고―결정적 미끼로는―모형 움막에 묶어놓은 큰재개구마리(푸주한 새butcher bird라고도 부른다)가 동원된다.

매부리이자 조류학자 제임스 E. 하팅은 1877년 10월에 네덜란드 팔켄스바르트에서 매잡이 광경을 직접 보았다. (이곳에는 이주성 매를 잡는 풍습이 있다.) 하팅은 매잡이를 이렇게 묘사했다.

움막에 들어간 우리는 의자에 앉아 담뱃대를 채웠다. …… 그 순간 때까치 한 마리가 눈길을 끌었다. 녀석은 불안한 모습으로 깍깍 울었다. 몸을 쪼그린 채 한 방향을 쳐다보았다. …… 제 움막 지붕에서 뛰어내려 안으로 들어가려고 했다. 매부리는 수리매가 허공을 날고 있다고 말했다.[2]

그들은 하늘을 올려다보며 기다렸으나 나타난 것은 말똥가리buzzard였다. 매부리는 시큰둥한 표정이었다. 하지만 잠시 뒤에 ……

보라! 푸주한 새가 다시 한 곳을 가리켰다. 공중에 뭔가 있다. 녀석이 깍깍 울며 횃대에서 내려왔다. …… 우리는 그 방향을 쳐다보며 눈을 찡그렸지만 아무것도 보이지 않았다. 매부리가 말했다. "곧 보일 겁니다. 푸주한 새는 우리보다 훨씬 멀리까지 볼 수 있거든요."

정말 그랬다. 2~3분 뒤에 팔켄스바르트 대평원의 머나먼 지평선에서 종다리만 한 점 하나가 시야에 들어왔다. 매였다.[3]

때까치는 맹금의 종에 따라 불안해하는 모양이 다르다. 더 놀라운 사실은 맹금이 어떻게 접근하는지, 그러니까 빠른지 느린지, 하늘 높이 떠 있는지 땅에 바싹 붙어 있는지까지 알려준다는 것이다. 때까치는 귀한 자산이기 때문에, 맹금이 낚아채지 못하도록 모형 움막을 만들어주어 보호한다.

다른 매잡이 방법으로는 때까치를 미끼로 쓰는 것이 있는데, 멀리서도 먹잇감을 알아보는 맹금의 뛰어난 시력을 활용한 것이다. 시력이 뛰어난 사람을 일컬어 '매의 눈', '독수리의 눈'이라고 하는 것에서 보듯 우리는 오래전부터 매를 비롯한 맹금류의 비상한 시력을 알고 있었다.[4]

매가 시력이 좋은 한 가지 이유는 안구 뒤쪽에 있는 시각적 민감점인 눈오목fovea이 사람과 달리 두 개이기 때문이다. 눈오목은 안구 뒤쪽의 망막에 움푹 파인 작은 구멍으로, 이곳에는 혈관이 없으며—혈관이 있으면 상이 흐려진다—광수용기(빛을 탐지하는 세포)가 밀집해 있다. 이런 이유로 눈오목은 망막에서 상이 가장 선명하게 맺히는 부위다. 매의 시력이 뛰어난 데는 두 개의 눈오목이 한몫한다.

지금껏 조사된 모든 조류 중에서 절반가량은 우리처럼 눈오목이 한 개다. 문제는 때까치의 눈오목이 한 개냐, 두 개냐. 조류의 시각을 전문적으로 연구하는 대학 동료에게 물었는데, 아는 사람이 아무도 없었다. 하지만 동료 한 사람이 어디를 찾아보면 될지 알려주었다. "케이시 우드의 『안저』眼底Fundus Oculi를 찾아봐." 놀랍게도, 1917년에 출간된 이 알쏭달쏭한 제목의 책은 내가 아는 책이었다. 꼼꼼히 들여다본 적은 한 번도 없었지만. 우드는 새의 망막을 검안경으로 연구하여 『안저』를 썼다. (베스트셀러와는 거리가 먼) 제목은 '안구 뒤쪽'이라는 뜻이다.

케이시 앨버트 우드(1856~1942)는 전부터 나의 영웅이었다. 1904년부터 1925년까지 일리노이 대학 안과학 교수를 지냈으며 (아마도) 당대 최고의 눈 전문가이던 우드는 조류, 조류 문헌, 조류학사에도 흥미를 느꼈다. 이를테면 프리드리히 2세가 매 부리기와 조류학에 대해 쓴 13세기 원고의 엄청난 중요성을 알아차리고 바티칸 도서관에 가서 원고를 번역하여 출간했다. 그 덕에 희귀한 원고가 널리 알려질 수 있었다. 또한 새뮤얼 피프스가 1860년대에 영국왕립학회 회장일 때 존 레이에게 선물받은, 윌러비와 레이가 공저하고 손으로 채색한 하나뿐인 『조류학』Ornithology(1678) 판본을 발견하고 이를 구입하여 서재에 소장하기도 했다. 케이시 우드의 또 다른 업적은 『척추동물생물학 문헌 개요』Introduction to the Literature on Vertebrate Biology다. 조류에 대한 책을 비롯하여 1931년 이전에 출간된 '모든' (알려진) 동물학 문헌이 실려 있어서 나도 소장하고 즐겨 이용하는 훌륭한 참고 도서다.

우드가 『조류의 안저』The Fundus Oculi of Birds(원래 제목)를 쓴 이유는 조류의 예외적 시력에 대한 이해가 커지면 인간 시각의 생물학과 병리학을 이해하는 데에도 도움이 될 것이라고 생각했기 때문이다. 천재적 발상이었다. 우드는 인간의 망막을 관찰할 때와 똑같은 기구를 이용하여 살아 있는 다양한 조류의 안구를 묘사하고 분류했다. 우드가 새의 눈에 대해 얼마나 빠삭했던지, 망막 그림만 보고 새의 종류를 맞힐 수 있었다고 한다![5]

내가 우드의 『안저』를 처음 접한 것은 몬트리올 맥길 대학의 블래커

새의 감각

우드 조류학 도서관을 방문했을 때였다. 『새의 지혜』(2009)를 쓰려고 자료 조사를 하던 중이었다. 케이시 우드가 방대한 소장 도서를 대학에 기증한 것은 아내를 기리기 위해서였다. 나는 동료 밥 몽고메리를 대동했다. 애초의 목적은 피프스의 『조류학』을 열람하는 것이었는데, 사서 앨리너 매클린이 『안저』를 보고 싶지 않으냐고 물었다. 나는 어리석게도 제목에 오해를 해서 제안을 거절했다. 더 흥미로운 고서가 많았기도 했고.

그때 책을 보았더라도 케이시 우드가 때까치를 조사했는지 기억할 수는 없었을 것이다. 나중에 필요해져서 알아보니 영국의 도서관에서는 찾기 힘든 책이었다. 하지만 마침내 책을 찾았다. 지금은 '바보때까치'loggerhead shrike라고 부르는 '캘리포니아때까치 라니우스 루도비키아누스 감벨리'Lanius ludovicianus gambeli 아래에 우드는 이렇게 썼다. "이 새는 안저에 반점이 두 개 있다." 말하자면 바보때까치의 안구 뒤쪽(안저)에 눈오목(반점)이 두 개라는 뜻이다. 좋았어! 예상대로, 또한 우드 말마따나 "눈오목이 두 개인 새는 시력이 유난히 좋"았다.[6]

눈의 진화

인간의 눈은 오랫동안 연인, 화가, 의사를 매혹시켰다. 고대 그리스 사람들은 안구를 해부했지만, 눈이 어떻게 작동하는지 제대로 이해하지 못했으며 눈이 빛을 받아들이는지 내보내는지도 알지 못했다. 2세기 로마 검투사의 주치의였던 갈레노스가 눈을 해부학적으로 묘사한 것이 르네상스 시대까지 표준으로 통했으나, 13~14세기에 아랍어 서적들이 번역되면서 자연계에 대해, 또한 시각의 경이로움에 대해 사람들이 새로 관심을 가지게 되었다. 독일의 만물박사 요하네스 케플러(1571~1630)는 시각 이론을 최초로 내놓은 사람 중 한 명이며 이후에 아이작 뉴턴, 르네 데카르트 등이 이를 다듬었다. 1684년에 현미경 관찰의 선구자 안톤 판 레이우엔훅은 망막의 광민감성 세포—이른바 막대세포와 원뿔 세포—를 처음으로 관찰했다. 200년 뒤에 산티아고 라몬 이 카할(1852~1934)은 훨씬 뛰어난 현미경을 가지고 훨씬 기발한 방법을 써서 세포를 종류별로 다른 색으로 염색하여 조류를 비롯한 온갖 동물에서 망막 세포가 뇌에 어떻게 연결되었는지를 기막히도록 자세하게, 정교한 삽화를 곁들여 묘사했다.

『종의 기원』에서 다윈은 척추동물의 눈을 '매우 완전하고 복잡한 기관'으로 표현했다. 어떤 의미에서 눈은 자연선택의 시험 사례였다. 기독교인 철학자 윌리엄 페일리는 『자연신학』Natural Theology(1802)에서 눈을 예로 들어 창조주의 지혜를 설명했다. 페일리는 이토록 완벽하게 목적에 들어맞는 기관은 신만이 만들 수 있다고 주장하며 눈을 '무신론 치료제'라고 불렀다. 다윈은 케임브리지 대학 학부생 시절에 (믿거나 말거나) 성직자가 되려고 훈련받던 중에 페일리의 책을 감명 깊게 읽었다. 하지만 훗날 다윈은 자연계에 대한 페일리의 아이디어(기본적으로 적응에 대한 것이었다)가 모두 꽤 그럴듯했으나 그것은 자연선택을 발견하기 전이었다고 말했다. 자연선택이 신이나 자연신학보다 자연계의 완벽함을 훨씬 설득력 있게 설명한다는 깨달음은 자연에 대한 이해에 근본적 변화를 가져왔다.

페일리는 창조론자였으며 '지적 설계'를 옹호했다. 그의 주장에서 핵심은 반쯤 되다 만 눈이 아무 쓸모가 없으므로 자연선택으로는 눈이 만들어질 수 없다는 것이었다. 페일리와 창조론자들이 보기에, 눈은 완전히 발달해야만 쓸모가 있으므로 신이 만드는 것 말고는 방법이 없었다.

이 사고방식의 결함은 여러 번 지적되었는데, 스웨덴의 과학자 단에 리크 닐손과 수산네 펠게르가 1994년에 눈의 진화를 기발하게 재구성한 것이 가장 설득력 있었다. 두 사람은 광민감성 세포의 단순한 막에서 출발하여 시각이 각 세대마다 1퍼센트씩 향상되면 50만 년 안에 인간이나 조류 못지않게 정교한 눈이 생겨날 수 있음을 밝혀냈다. 50만 년은 생명의 역사에 비하면 짧은 기간이다. 이 진화 모형은 눈이 아예 없는 것보다는 반편이나마 있는 것이 나음을 밝혀냈을 뿐 아니라, 페일리와 추종자들 생각과 달리 시각의 진화가 전혀 복잡하거나 불가능하지 않음을 보여주었다.[7]

새의 시력에 대한 자료를 읽다 보니 '눈이 인도하는 날개'라는 구절이 자꾸만 등장했다. 새는 시력이 뛰어난 비행 기계에 지나지 않는다는 뜻이다. 시간이 흐르자 이 구절을 읽을 때마다 짜증이 나기 시작했다. 시각이 새의 '유일한' 감각이라는 주장을 담고 있기 때문이다. 하지만 (차차 살펴보겠지만) 이것은 말도 안 되는 소리다. 이 표현의 출처는 프랑스의 안과학자 앙드레 로숑뒤비뇨(1863~1952)가 척추동물의 시각에 대해 쓴 책인데, 로숑뒤비뇨는 자신의 경구가 새의 본질을 포착했다고 생각했다.

물론 로숑뒤비뇨가 이렇게 말하기 오래전부터, 새에 대한 언급에서는 새의 뛰어난 시력이 거의 빠지지 않았다. 이를테면 프랑스의 위대한 박물학자 콩트 드 뷔퐁은 1790년대에 새의 감각을 논의하면서 이렇게 말했다. "새의 시각은 네발짐승보다 전반적으로 더 광범위하고 더 예리하고 더 정확하고 더 뚜렷하다." 이렇게도 말했다. "허공을 쏜살같이 날아다니는 새는 구불구불 곡선을 그리며 느릿느릿 이동하는 새보다 더 잘 보는 것이 틀림없다."[8] 19세기 초에 조류학자 제임스 레니는 이렇게 썼다. "우리는 물수리osprey가 60~90미터 높이에서 작은 물고기를 덮치는 광경을 여러 번 보았다. 사람 눈으로는 물고기를 분간하기 힘든 거리였다." 이렇게도 썼다. "오목눈이long-tailed tit는 나뭇가지 사이를 잽싸게 쏘다니면서, 맨눈에는 아무것도 보이지 않는 매끈한 나무껍질에서 먹이를 찾는다. 현미경으로 들여다보면 그제야 벌레가 보인다."[9] 비슷한 맥락에서 아메리카황조롱이American kestrel가 18미터 거리에서 2밀리미터 길이의 벌레를 탐지할 수 있다는 사실이 종종 관찰된 바 있다.[10] 이것이 인간의 시력에 비해 얼마나 뛰어난 것인지 알고 싶어서 직접 확인해봤는데, 18미터 떨어진 2밀리미터 길이의 벌레는 우리 눈에 전혀 보이지 않는다. 4미터까지 다가갔는데도 마찬가지였다. 이는 아메리카황조롱이의 시각 해상력이 얼마나 뛰어난가를 보여주는 좋은 예다.

기만적인
새의 눈

나는 스코머 섬에서 바다오리를 주제로 박사 논문을 쓰면서 녀석들의 행동을 가까이서 볼 수 있도록 여러 곳에 은신처를 만들었다. 그중에서도 섬 북쪽에 있는 은신처를 즐겨 찾았는데, 불편한 자세로 은신처까지 기어가면 바다오리 무리를 몇 미터 앞에서 앉아서 볼 수 있었다. 이곳 절벽 가장자리에서는 스무 쌍가량이 번식하고 있었는데 바다를 쳐다보며 알을 품고 있는 녀석들도 있었다. 거리가 하도 가까워서 내가 무리의 일원이라는 느낌이 들 정도였다. 동작과 울음소리에도 친숙해졌다(새소리는 짝짓기를 위한 'song'과 의사소통을 위한 'call'로 나뉘는데 이 책에서는 전자를 '노래' 또는 '노랫소리'로, 후자를 '울음' 또는 '울음소리'로 번역했다_옮긴이). 어느 날 알을 품고 있던 바다오리 한 마리가 벌떡 일어나더니, 짝이 없는데도 인사하는 소리를 내기 시작했다. 나는 엉뚱한 행동에 당황했다. 바다를 쳐다보니 검은 점만 한 바다오리 한 마리가 무리를 향해 날아오고 있었다. 그동안에도 절벽의 바다오리는 계속 울음소리를 냈다. 그런데 놀랍게도, 날아오던 새가 날개를 접으며 녀석의 옆에 내려앉았다. 두 마리는 열정적으로 서로를 반겼다. 수백 미터 떨어진 바다 위에서 짝을 알아보았다니 도무지 믿기지 않았다.[11]

새의 시력이 얼마나 좋은지를 과학적으로 입증할 수 있을까? 두 가지 방법이 있다. 하나는 새의 눈을 다른 척추동물과 비교하는 것이고 또 하나는 새가 얼마나 잘 보는지 알아보는 행동 실험을 고안하는 것이다.

르네상스 시대 이후로 인간의 시각에 관심 있는 연구자들은 으레 새를 비롯한 동물의 눈을 연구했으며 시간이 흐르면서 모종의 이미지가 형성되기 시작했다. 인간의 시각에 대한 지식 때문에 이 이미지가 심하게 왜곡된 것은 놀랄 일이 아니다.

새는 포유류에 비해 눈이 크다. 단순화하자면 눈이 클수록 시력이 좋다. 날면서 충돌을 피하거나 잽싸고 위장술이 뛰어난 먹잇감을 잡으려면 시력이 매우 좋아야 한다. 하지만 새의 눈은 기만적이다. 보기보다 더 크다. (혈액 순환을 발견한 사람으로 유명한) 윌리엄 하비는 1600년대 중엽에 새의 눈을 일컬어 이렇게 말했다. "[새의 눈이] 겉보기에 작아 보이는 것은 동공을 빼고는 죄다 피부와 깃털에 덮여 있기 때문이다."[12]

여러 장기와 마찬가지로 대형 조류의 눈은 소형 조류보다 일반적으로 크다. 당연한 얘기다. 눈이 가장 작은 새는 벌새이고 가장 큰 새는 타조다. 눈을 연구하는 사람들은 각막과 수정체 중앙에서 눈 뒤 망막까지의 거리(눈의 지름)를 눈 크기로 규정한다. 타조의 눈은 지름이 50밀리미터로 사람 눈(24밀리미터)의 두 배를 넘는다. 몸 크기와 비교하면 새의 눈은 여느 포유류의 두 배에 가깝다.[13]

프리드리히 2세는 관찰력이 뛰어났는데, 매 부리기에 대해 쓴 원고에 이런 구절이 있다. "몸에 비해 눈이 큰 새도 있고, 작은 새도 있고, 중간인 새도 있다."[14] 타조는 절대 크기로 보면 눈이 가장 크지만, 몸 크기와 비교하면 생각보다 작다. 몸집에 비해 눈이 상대적으로 가장 큰 새로는 독수리, 매, 올빼미가 있다. 흰꼬리수리white-tailed sea eagle의 눈은 지름이 46밀리미터로, 몸집이 열여덟 배 큰 타조와 비슷하다. 이에 반해 키위의 눈은 절대적으로도(지름 8밀리미터), 몸집에 비해서도 작다. 키위의 눈이 얼마나 작은가 하면, 몸무게가 6그램밖에 안 나가는 오스트레일리아가시부리Australian brown thornbill의 눈 지름이 6밀리미터다. 키위의 눈이 몸무게(약 2~3킬로그램)에 비례한다면 지름은 골프공과 비슷한 38밀리미터여야 한다. 이 정도면 차이가 크다. 키위의 눈은 '조류의 눈이 최대한 퇴화한 것'으로 치부되었다.[15]

눈의 크기가 중요한 이유는 눈이 클수록 망막에 맺히는 상이 크기 때문이다. 12인치 텔레비전을 보다가 36인치 텔레비전을 본다고 상상해보라. 또한 텔레비전 화면이 클수록 픽셀이 많듯 눈이 클수록 광수용기가 많아서 상의 화질이 좋아진다.

주행성 새 중에서 먼동이 트자마자 활동을 시작하는 새는 어스름이 진 뒤에 활동을 시작하는 새보다 눈이 크다. 밤에 먹이를 찾는 섭금류

새의 감각

shorebird는 올빼미를 비롯한 야행성 종처럼 눈이 비교적 크다. 하지만 키위는 밤새 중에서도 예외적이어서, 늘 깜깜한 동굴 속에서 서식하는 어류와 양서류처럼 시각을 사실상 포기하고 다른 감각을 발달시켰다.

오스트레일리아쐐기꼬리독수리Australian wedge-tailed eagle의 눈은 절대적으로나, 여느 새와 비교해서나 엄청나게 크다. 그래서 알려진 어떤 동물보다도 시력이 뛰어나다. 다른 새들도 이렇게 시력이 좋으면 유리하겠다고 생각할 수도 있겠지만, 눈은 무겁고 액체로 가득한 구조여서 클수록 날기에 불편하다. 비조飛鳥는 날 때 거추장스럽지 않도록 몸의 무게가 고르게 분배되어 있다. 머리가 무거우면 나는 데 불편하므로 눈 크기에는 한계가 있다. 새가 이빨이 없는 이유는 눈이 커야 하는데 나는 데 불편하면 안 되기 때문인지도 모른다. 새는 이빨 대신 튼튼한 근육질 위가 있으며, 이빨을 대신하여 먹이를 으깨는 모래주머니의 위치는 복부의 무게중심 근처다.

시각의
수수께끼

초창기 연구자들에게 시각은 여러모로 수수께끼였다. 그중 하나는 눈이 두 개인데 왜 상은 하나만 보이는가였다. 한쪽 눈만 떠도 완벽히 훌륭한 상을 볼 수 있는데 두 눈을 다 떠도 상이 하나만 보인다면 왜 눈이 두 개 필요한 걸까?

르네 데카르트는 또 다른 수수께끼를 냈다. 소의 눈알 뒤(망막)에 네모난 구멍을 뚫고 구멍 위에 종잇조각을 갖다 댔더니 종이에 비친—즉,

눈을 통해 들어온—상이 위아래가 거꾸로였던 것이다. 그런데 우리에게는 왜 상이 제대로 보일까?

1713년에 윌리엄 더럼은 눈을 주제로 한 책에서 이 수수께끼를 이렇게 표현했다.

> 눈에 비치는 멋진 풍경과 그 밖의 사물은 망막에 선명하게 그려지되 똑바로 서 있지 않고 광학 법칙에 따라 뒤집어진다. …… 그런데 어떻게 해서 우리 눈에는 똑바로 선 물체가 보이는 걸까?

더럼은 아일랜드의 철학자 윌리엄 몰리뉴(1656~1698)가 해답을 내놓았다고 말한다. "눈은 유일한 기관 또는 수단이며, 영혼이 눈을 통해 보는 것이다."[16]

'영혼'을 뇌로 간주하거나 눈이 '수단'일 뿐이라고 인정한다면 몰리뉴 말이 옳다. 위아래를 바로잡아 '똑바로 선' 상 하나만을 '보는' 것은 뇌이기 때문이다. 놀랍게도 우리는 망막에 맺힌 역상을 '뒤집는' 훈련을 한다. 1961년의 유명한 실험에서 어윈 문 박사는 세상을 거꾸로 보여주는 역상 안경을 착용했다. 처음에는 어지러워서 정신이 하나도 없었지만, 여드레가 지나자 적응이 되어 세상이 똑바로 '보이기' 시작했다. 문은 이를 입증하기 위해 오토바이를 운전하고 비행기를 몰았다. 사고는 한 번도 일어나지 않았다. 문의 극단적 실험은 눈이 아니라 뇌가 '본다'는 결정적 증거를 제시했다.[17]

우리는 뇌를 별도의 장기—말랑말랑한 조직 덩어리—로 생각하기 쉽지만, 그보다는 몸의 모든 부분에 연결된 신경 조직의 정교한 네트워크로 보는 편이 더 낫다. 신경계 전체를 상상해보자. 뇌, 뇌에서 뻗어 나온 뇌신경, 척수, 척수 양쪽에서 돋아나 점점 더 가늘게 가지에 가지를 치는 신경(가지돌기)이 있고 그 끝에는 온갖 감각기관이 연결되어 있다. 눈, 귀, 혀 등의 감각기관에서 수집된 빛, 음파, 맛 등의 정보는 공통의 전기 신호 흐름으로 변환되고 신경세포를 따라 뇌에 전달되어 이곳에서 해독된다.

눈이 머리 양옆에 달린 오리는 세상을 어떻게 볼까? 오리가 보는 상은 하나일까, 둘일까? 두 개의 커다란 눈이 우리처럼 정면을 향해 있는 올빼미는 우리처럼 하나의 상을 볼까? 영국 버밍엄 대학의 그레이엄 마틴은 여러 조류의 입체 시야를 다년간 측정하여 이를 세 범주로 구분했다.

제1유형은 대륙검은지빠귀blackbird, 울새robin, 휘파람새warbler 같은 전형적 새의 시야로, 전방 시야가 일부 있고 측면 시야가 뛰어나지만 (우리처럼) 후방 시야는 없다. 놀랍게도 여기 속하는 새의 대다수는 자기 부리 끝을 못 보지만, 이 정도의 양안시로도 새끼를 먹이고 둥지를 짓기에는 충분하다.

제2유형은 오리와 멧도요woodcock 같은 새로, 눈이 머리 위 양옆에 달렸다. 전방 시야는 별로 좋지 않으며, 대부분은 먹이를 먹을 때 여타의 감각을 이용하기 때문에 부리 끝을 볼 필요도 없다. 하지만 위쪽과 뒤쪽을 파노라마로 볼 수 있어서 포식자를 감시하는 데 유리하다. 흥미롭게도 양쪽 눈의 시야가 거의 겹치지 않아서, 별개의 두 상을 보는 것으로 추정된다.

제3유형은 올빼미 같은 새로, 우리처럼 눈이 앞을 향해 있으며 뒤쪽을 못 본다. 우리는 깊이와 거리를 지각하기 위해 양안시에 많이 의존하기 때문에 다른 생물도 우리와 똑같이 양안시를 활용할 것이라 무심결에 가정한다. 우리가 올빼미에게 큰 상징적 의미를 부여하는 것은 우리가 양안시에 의존하기 때문인지도 모른다. 올빼미는 두 눈으로 우리를 볼 수 있기 때문이다. 하지만 우리는 겉모습에 현혹될 수 있다. 올빼미의 눈은 보기보다 훨씬 벌어져 있기 때문에 양안시가 겹치는 부분이 우리보다 훨씬 작다. 올빼미의 눈이 정면을 향한 것은 야행성 생활에 적응했기 때문이라고들 생각하지만, 이것은 사실이 아니다. 물론 올빼미 중에서 야행성이 많기는 하지만, 깜깜할 때 주로 활동한다고 해서 반드시 제3유형인 것은 아니다. 기름쏙독새oilbird와 쏙독새nightjar는 야행성이지만 제2유형이다. 마틴은 올빼미의 눈이 정면을 향한 이유에 대해 흥미로운 가설을 제시했다. 올빼미는 눈이 매우 커야 할 뿐 아니라—빛이 약한 곳에서 날아다녀야 하니까—귓구멍이 매우 커야 하는데(여기에 대해서는 다음 장에서 살펴볼 것이다), 이 때문에 두개골에서 눈이 들어갈 수 있는 곳은 정면밖에 없다는 것이다. 마틴이 묻는다. "그곳 말고 어디에 갈 수 있었겠는가?" 올빼미 두개골에 눈과 귀(그리고 뇌) 자리가 얼마나 부족한가 하면 귓구멍으로 눈알 뒤쪽을 볼 수 있을 정도다![18]

새는 어떻게
볼까?

1960년대에 영국에서 학교를 다닌 내 나이 또래의 독자는 어릴 적부터 지겹도록 배운 사람 눈의 기본 구조—공 모양에 지름이 약 2.5센티미터인 장기로, 구멍(홍채)으로 빛이 들어오고 수정체가 상을 망막에 쏘며 빛에 민감한 스크린이 안구 뒤쪽에 있다—를 기억할 것이다. 망막에서 들어온 정보는 신경망을 통해 시선경을 지나 뇌의 시각 영역으로 전달된. (지금 생각하면) 매우 어린 나이에 소의 눈알을 해부하기도 했다. 황홀한 경험이었다!

처음으로 새의 눈알을 들여다보고 우리 눈알과 비교하기 시작한 연구자들은 몇 가지 놀라운 차이점을 발견했다. 첫 번째 차이점은 대형 올빼미 같은 일부 새의 눈이 우리보다 길쭉하다는 것이다. 19세기의 위대한 조류학자 앨프리드 뉴턴(1829~1907)은 새의 눈알을 '짧고 두꺼운 오페라글라스 경통'으로 묘사했다.[19] 두 번째 차이점은 새에게 반투명한 눈꺼풀이 하나 더 있다는 것이다. 수 세기 전부터, 새를 키우는 사람이면 누구나 아는 사실이었다. 프리드리히 2세의 매 부리기 원고에서 보듯 아리스토텔레스도 이 사실을 언급했다. "눈알을 청소하기 위해 재빨리 앞면을 덮었다가 잽싸게 제자리로 돌아가는 독특한 막이 있다."[20] 이 여분의 눈꺼풀이 처음으로 공식적으로 기술된 것은 뜻밖에도 화식조cassowary에 대해서였다. 이 녀석은 루이 14세에게 선물로 진상되었다가 1671년에 베르사유 동물원에서 죽었다.[21] 존 레이와 프랜시스 윌러비는 1678년에 출간한 조류 백과사전에서 이렇게 말했다. "전부는 아닐지라도 대부분의 새는 눈꺼풀을 연 채로 눈을 덮을 수 있으며 이로써 눈알을 씻고 닦고 어쩌면 수분을 공급한다." 순막nictitating membrane(깜박임막)이라는 용어는 '눈을 깜박이다'라는 뜻의 라틴어 '닉타레'nictare에서 왔다. 우리의 순막은 흔적기관(눈 안쪽 구석에 있는 분홍색의 작은 돌기)에 불과하다.[22]

새의 순막은 다른 겉꺼풀 밑에 있으며 사진으로 쉽게 확인할 수 있다. 동물원의 새를 가까이에서 촬영한 적이 있다면, 사진이 멀쩡한데도 새의 눈이 뿌옇거나 흐려진 경험이 있을 것이다. 이것은 순막이 수평으로나 비스듬하게 빠른 속도로 눈알을 가로지르기 때문이다. 하도 빨라서 맨눈에는 보이지 않지만 카메라에는 포착된 것이다. 프리드리히 2세가 파악했듯 순막의 기능은 눈을 청결하게 하는 것이지만, 눈을 보호하기도 한다. 비둘기가 땅에 있는 먹이를 쪼려고 고개를 숙일 때마다 순막이 눈을 덮어 뾰족뾰족한 나뭇잎과 풀로부터 눈을 보호한다. 맹금의 순막은 먹잇감을 덮치기 직전에 눈을 덮는데, 개니트gannet가 물속에 뛰어들 때와 같은 이유에서다.

우리 눈과 새 눈의 세 번째 차이점은 빗pecten이라는 구조다. (라틴어 '펙텐'pecten은 '빗'이라는 뜻이다.) 빗은 아카데미 프랑세즈의 위대한 해부학자 클로드 페로(1613~1688)가 1676년에 발견했다.[23] 빗은 아주 시커멓고 주름진 모양인데, 주름의 개수는 종에 따라 3~30개로 다양하다. 한때 조류학자들은 종의 관계를 나타내는 결정적 정보를 (수많은 해부학적 특질에 대해 그랬듯) 빗에서 얻을 수 있으리라 기대했지만, 헛된 기대였다. 하지만 맹금처럼 시력이 좋은 새일수록 빗이 크고 복잡하다. 키위는 처음에는 빗이 아예 없는 줄 알았지만, 1900년대 초에 케이시 우드가 키위에게서 작고 매우 단순한 빗을 발견했다.[24]

빗은 안구 뒤쪽에서 커다란 손가락처럼 비죽 튀어나와 있어서, 언뜻 보기에는 시각을 향상시키기보다는 방해할 것 같다. 하지만 케이시 우드를 비롯한 해부학자들이 꼼꼼히 조사했더니 빗의 그림자는 시신경, 즉 망막의 맹점에 떨어지도록 교묘하게 자리 잡고 있어서 시각을 방해하지 않았다. 빗은 무엇에 쓰는 기관일까? 왜 우리에게는 없을까? 새의 빗은 안구 뒤쪽에 산소를 비롯한 영양분을 공급하는 듯하다. 조류의 망막은 인간이나 포유류와 달리 혈관이 하나도 없다. 빗은 거대한 혈관 덩어리로, 망막이 효과적으로 숨쉬게 해주는 기발한 산소 공급 장치에 지나지 않는다. 주름은 표면적을 극대화하여 기체 교환(산소를 얻고 이산화탄소를 내보낸다)을 촉진한다.

인간의 눈오목은 1791년에 발견되었다. (눈오목은 눈 뒤에서 상이 가장 선명하게 맺히는 핵심 부위다.) 그 뒤로 다양한 동물에게서 눈오목이 발견되었지만, 새에게서는 1872년에야 발견되었다.[25] 얼마 지나지 않아, 대부분의 새는 우리처럼 둥근 눈오목이 하나 있지만 벌새, 물총새kingfisher, 제비, 맹금, 때까치 등은 두 개임이 밝혀졌다. 놀랍게도 가금을 비롯한 몇몇 종은 눈오목이 아예 없다. 일자 눈오목이 하나 있는 새가 있는가 하면 두 가지가 조합된 새도 있다. 맨섬슴새Manx shearwater를 비롯한 여러 바닷새는 눈오목이 일자에 수평인데, 그 용도는 수평선을 감지하는 것인 듯하다.

매, 때까치, 물총새 등은 눈오목이 두 개 있는데 각각 얕은 눈오목과 깊은 눈오목으로 부른다.[26] 얕은 눈오목은 눈오목이 하나인 새와 비슷하여, 단안이며 대개 근접 시야를 담당한다. 하지만 머리 쪽 약 45도를 향한 깊은 눈오목은 망막에 공 모양으로 움푹 파여 있어서 망원 렌즈의 볼록 렌즈 역할을 한다. 사실상 눈의 길이를 늘이고 상을 확대하여 해상력을 부쩍 높인다.[27] 깊은 눈오목의 위치 덕에 맹금은 어느 정도 양안시를 얻을 수 있는데, 이는 빠르게 움직이는 먹잇감의 거리를 파악하는 데 꼭 필요한 것으로 생각된다.[28] 포획된 맹금을 관찰하면, 여러분이 접근할 때 녀석이 고개를 옆으로나 위아래로 움직이는 것을 볼 수 있다. 이렇게 하는 이유는 두 눈오목에 상이 맺히도록 하기 위해서다. 얕은 눈오목으로는 근접 상을 얻고 깊은 눈오목으로는 거리를 가늠한다. 새의 눈은 우리의 눈에 비해 눈구멍(안와)에서 잘 움직이지 못한다(안구를 움직이는 근육을 줄여야 부족한 공간과 몸무게를 많이 확보할 수 있기 때문이다). 그래서 맹금, 특히 올빼미는 무언가를 살펴볼 때 고개를 움직여야 한다.

새 눈의 크기와 기본 설계에서도 많은 것을 알 수 있지만, 망막의 현미경적 구조에서는 더 많은 정보를 얻을 수 있다. 맹금이 놀라운 시력을 자랑하는 비결은 망막에 광민감성 세포가 밀집한 덕분이다. 광민감성 세포는 광수용기라고도 하는데 막대 세포와 원뿔 세포 두 가지가 있다. 막대 세포는 옛 고감도 흑백 필름 같아서, 밝기가 어두운 빛도 탐지할 수 있다. 이에 반해 원뿔 세포는 저감도 컬러 필름(또는 ISO를 낮게 설정한 디지털카메라) 같아서 해상도가 높으며 광량이 풍부할 때 뛰어난 성능을 발휘한다.

우리의 눈오목은 망막에 살짝 파인 부분인데, 이곳에 원뿔 광수용기가 가장 밀집해 있으며 광수용기마다 신경세포가 하나씩 있어서 정보를 뇌에 전달한다. 눈의 다른 부위에서는 광수용기 세포(즉, 막대 세포와 원뿔 세포)가 신경세포를 공유한다. 마치 여러 사람이 전화선 하나에 각자의 컴퓨터를 연결하여 인터넷을 이용하는 것 같아서 엄청나게 느리다. 눈오목에서는 광수용기와 신경세포가 일대일로 대응하여 원뿔마다 별도의 메시지를 뇌에 보내기 때문에 신호의 출처를 더 정확히 알 수 있다. 눈오목의 해상력이 가장 높고 이곳에서 컬러 영상을 처리하는 것은 이런 까닭이다.

새가 무엇을 보는가를 좌우하는 것은 눈의 전반적 구조와 크기, 망막 내 광수용기의 밀도와 분포, 시신경에서 전달된 정보를 뇌가 처리하는 방식이다. 이 세 측면은 서로 연관되어 있지만, 이 중 하나만 가지고는 새의 시각적 민감도 또는 새가 얼마나 자세히 보는지를 알기 힘들다.

맹금의 눈은 시각 '정밀도'acuity가 뛰어나서 세세한 부분까지 본다. 이에 반해 올빼미의 눈은 '민감도'sensitivity가 뛰어나서 어두운 곳에서도 잘 본다. 둘 다 한꺼번에 잘하는 눈은 없다. 카메라에서 조리개를 연 채 심도를 높이지 못하는 것과 같은 이치다. 물리 법칙이 그렇게 생겨먹었다.

시각생물학자 그레이엄 마틴과 댄 오소리오가 말한다. "이 두 가지 근본적 시각 능력[민감도와 정밀도]은 늘 상충한다. 상에 양자가 적으면[광량이 부족하여 시각 정보가 적으면] 해상력이 높을 수 없으며 눈이 높은 공간 해상력을 얻도록 설계되면 저광량에서 제대로 작동할 수 없다."[29] 시각 정밀도는 안구의 크기(망막에 맺히는 상의 크기를 결정한다)와 망막 자체의 설계 같은 눈의 기본 설계에 좌우된다. 이 상황은 카메라와 비슷하다. 렌즈의 품질은 상의 질을 결정하고 필름의 속도(입자 크기) 또는 디지털카메라의 ISO 설정은 상 재현의 정확도를 결정한다. 맹금의 망막에는 원뿔 세포가 —특히 각 눈오목에— 많아서 이곳의 밀도는 1제곱밀리미터당 약 100만 개나 된다(사람은 20만 개가량이다). 그래서 맹금의 시각 정밀도는 사람의 두 배를 약간 웃돈다.

새는 색깔이 가장 화려한 동물 축에 든다. 물론 이것은 우리가 새에 매력을 느끼는 한 가지 이유다. 남아메리카의 새 중에서 색깔이 가장 화사한 것으로 안데스루피콜새Andean cock-of-the-rock가 있다. 수컷은 가장 강렬한 빨간색의 몸통에다. 꼬리와 바깥 날개 깃털이 새까맣고 안쪽 날개 깃털은 은백색이다. 영어 일반명이 '안데스의 바위 수탉'인 이유는 절벽 바위 턱의 돌 틈에 둥지를 짓고 살며 수탉처럼 벼슬이 돋았기 때문이다. 비둘기 크기의 안데스루피콜새를 보려고 에콰도르에 탐조객이 몰려든다. 수컷은 우림 깊숙한 곳에서 집단으로 과시 행동을 하는데 이를 '구애과시'lek라 한다. 우리는 열다섯 명가량의 탐조객과 함께 가파르고 미끌미끌한 길을 따라 구애 장소를 찾았다. 우리가 새를 눈으로 보기 오래전에 녀석들은 독특한 **꽥꽥** 소리로 자신의 존재를 알렸다. 케추아 족은 이 소리를 '요우이'라고 표현한다.

골짜기 쪽 탐조대에서는 새를 관찰하기가 무척 힘들었다. 식물이 무성했고, 수컷들이 이 나무에서 저 나무로 부산하게 서로 쫓아다녔는데도 이따금씩만 눈에 띄었다. 내 망막에 흡족한 상을 맺을 만큼 한 자리에 오래 머무는 경우는 거의 없었다. 제대로 볼 수 있도록 양지바른 곳에 앉기를 바라고 또 바랐다. 결국 한 마리가 자리를 잡았다. 초록으로 우거진 나뭇잎 사이에 떨어진 용암 한 점 같았다.

루피콜새와의 짧은 만남에서 가장 기억에 남는 것은 녀석이 응달로 옮기자마자 화려한 색깔에도 불구하고 모습이 거의 보이지 않았다는 것이다. 배우가 스포트라이트에서 어둠 속으로 발을 옮겨 사라지는 광경을 보는 듯했다. 이 효과는 우연이 아니다. 수컷이 양달을 과시 장소로 선택하는 이유는 깃털의 놀라운 효과를 극대화하기 위해서다. 진화는 이 새들이 햇빛을 받을 때는 화려하게 빛나지만 초록 식물이 빛을 걸러내는 응달에서는 깃털이 칙칙한 색으로 변하여 뛰어난 위장 효과를 발휘하도록 설계했다.

수컷들이 이 가지에서 저 가지로 **빽빽**한 잎 사이를 누비는 광경을 보고 있자니, 조류학의 선구자들이 루피콜새의 구애과시를 어떻게 연구할 수 있었는지 의문이 들었다. 암컷은 한 마리도 보이지 않았으며, 따라서 수컷들이 온전하게 구애하는 광경은 한 번도 볼 수 없었기 때문이다. 원주민은 루피콜새와 구애과시에 대해 수천 년 전부터 알고 있었음이 분명하다. 이들은 수컷의 진홍색 깃털을 머리 장식에 썼다.

루피콜새의
구애과시

    루피콜새의 구애과시를 처음으로 기술한 사람은 로베르트 숌부르크 였다. 빅토리아 여왕은 그에게 영국령 기아나(지금의 가이아나)의 지도를 작성하라는 무지막지한 임무를 내렸다. 1839년 2월 8일, 오리노코 강과 아마존 강 사이의 산악 지대를 건너기 위해 힘겹게 오르막을 오르던 숌부르크와 동료들은 수컷 열 마리와 암컷 두 마리로 이루어진 무리를 목격했다. "공간은 지름이 1.2~1.5미터였으며 사람이 손으로 베어낸 듯 풀이 싹 베어져 있었다. 수컷 한 마리가 깡충깡충 뛰며 재롱을 부렸다." 로베르트의 동생으로, 식물학자이자 조류학자인 리하르트는 1841년에 이곳을 찾아 로베르트의 기이한 관찰을 재확인했다. 리하르트는 루피콜새의 울음소리를 듣고서 이렇게 말했다. "동료들은 즉시 무기를 들고 소리가 나는 방향으로 몰래 다가갔다. 이윽고 한 사람이 돌아와 내게 조심조심 살금살금 따라오라고 말했다. 엎드린 채 덤불 속을 천 발짝쯤 기어가서는 …… 원주민들 옆에 가만히 웅크려 더할 나위 없이 흥미로운 광경을 목격했다." 구애과시가 한창이었다. "[새들이] 독특하기 그지없는 소리를 내는 가운데 …… 수컷 한 마리가 매끈한 돌덩이 위에서 까불까불 춤을 추었다. 녀석은 스스로를 뻐기듯 의식하며, 넓게 편 꼬리를 올렸다 내렸다 하고 활짝 편 날개를 퍼덕였다. …… 기진맥진한 채 덤불로 날아 돌아갔다."[30]

    구애과시를 하는 몇 종류의 새와 마찬가지로 수컷 루피콜새는 과시 장소를 매우 신중하게 고른다. 오스트레일리아의 푸른정원사새_{satin} bowerbird는 있는 양달 중에서 한 곳을 고르지만, 뉴기니의 몇몇 극락조와 남아메리카의 무희새manakin는 나뭇가지를 쳐내어 직접 숲 바닥에 양탄을 만든다. 한때는 포식자에게 잡아먹힐 위험을 최소화하려고 '가지치기'를 하는 줄 알았으나, 조류의 시각에 대한 이해가 발전함에 따라 새들이 깃털의 시각적 대비와 성적 과시의 전체적 효과를 극대화하려고 배경 색을 변화시킨다는 사실이 분명해졌다.

햇빛에 반짝이는 수컷 루피콜새의 화려한 색깔을 보고 황홀감을 느꼈지만, 암컷 눈에도 나처럼 보였을까 하는 의구심이 들었다. 사실, 암컷이 보는 색깔은 우리보다 훨씬 화려하다.

다윈이 간파했듯, 루피콜새 같은 수컷의 밝은 색깔이 생존에 유리하기 때문에 진화했을 가능성은 희박하다. 이런 형질은 번식 성공률을 높였기 때문에 진화했을 것이다. 다윈은 이 과정이 두 가지 방식으로 진행된다고 생각했다. 하나는 수컷이 암컷을 차지하기 위해 자기들끼리 경쟁하는 것이고 다른 하나는 암컷이 가장 매력적인 수컷과 우선적으로 짝짓는 것이다. 암컷과 수컷의 겉모습과 행동이 왜 이토록 다른지를 명쾌하게 설명하는 기발한 발상이었다. 다윈은 이를 자연선택과 구별하여 성선택이라고 불렀다. 수컷의 깃털 색이 밝거나 목청이 크면 포식자에게 잡힐 위험이 크지만, 암컷에게 매력적이어서 후손을 많이 남긴다면 여전히 선택에 의해 선호된다는 뜻이다. 하지만 암컷의 선택에는—특히, 두 번째 과정에서—문제가 있었다. 다윈의 동시대 사람들은 (인간이든 인간 아닌 동물이든) 암컷이 그렇게 사려 깊은 선택을 할 수 있을 만큼 똑똑하다고는 상상도 할 수 없었다. 하지만 이런 선택을 하려면 의식이 필요하다고 가정하는 바람에 헛다리를 짚었다. 더 심각한 문제는 앨프리드 러셀 월리스가 제기했다. 그는 암컷이 유달리 매력적인 수컷과 짝짓는 게 '어째서' 유리한지 다윈이 설명하지 않았음을 지적했다. 사실 다

새의 감각

원도 몰랐다.

이 두 가지 반대 때문에 성선택 연구는 싹이 잘렸다. 다윈이 죽은 뒤로 수십 년간 대부분의 연구자들은 성선택을 외면했다. 암컷의 선택이 과학적으로 인정받게 된 것은 1970년대에 진화적 사고에서 중요한 변화가 일어난 뒤였다. 전환점이 된 것은 선택이 집단이나 종 전체가 아니라 개체 차원에서 이루어지며 그 결과로 암컷이 특정한 수컷과 짝짓기를 선택하는 것이 여러 측면에서 유리할 수 있다는 통찰이었다. 루피콜새처럼 수컷이 정자를 제공하는 것 말고는 자식에게 물질적 기여를 전혀 하지 않는 종의 경우에 암컷이 특정한 수컷을 선택함으로써 얻을 수 있는 가장 확실한 이익은 자식에게 좋은 유전자를 물려줄 수 있다는 것이다.[31]

10년쯤 전부터 연구자들은 암컷이 수컷을 '어떻게' 고르는지 이해하기 위해 조류의 감각계에 눈길을 돌리기 시작했다. 루피콜새의 경우에 연구자는 암컷의 눈으로 세상을 보아야 할 것이다(적어도 수컷을 보아야 한다). 실제로 암컷의 눈으로 볼 수는 없지만, 눈의 현미경적 구조를 관찰하는 것만으로도—물론 간단한 일은 아니지만—훌륭한 추측을 할 수 있을 정도로 우리는 새의 눈이 어떻게 작동하는지에 대해 이미 많은 것을 알고 있다. 이것이 중요한 진전인 이유는 색깔이 (새나 깃털 같은) 물체의 속성이자 (망막에 맺힌 상을 분석하는) 수용자 신경계의 속성임을 알기 때문이다. 실제로 아름다움은 부분적으로는 보는 사람의 눈 속에 있다. 상은 뇌에서 처리되니까, 엄밀히 말하자면 보는 사람의 '뇌' 속에 있다고 해야 할 것이다. 신경계에 대해 모르면 새가 서로를 어떻게 보는지, 더 나아가서는 자신이 살아가는 환경을 어떻게 보는지 제대로 파악할 수 없다. 이 사실을 이해하는 데는 놀랄 만큼 오랜 시간이 걸렸다. 영국 브리스틀 대학의 이네스 컷힐 말마따나 우리는 개의 후각이 우리보다 훨씬 발달했음을 흔쾌히 인정하면서도 새를 비롯한 동물이 세상을 우리와 다르게 '본다'는 사실은 한사코 인정하려 들지 않았다.

망막에서 색깔을 담당하는 광수용기(원뿔 세포)를 살펴보자. 사람에게는 수용기가 세 가지 있는데, 빨강, 초록, 파랑 중에서 어떤 색깔을 흡수하느냐에 따라 종류가 정해진다. 세 가지 색깔은 텔레비전이나 비디오카메라의 세 가지 색상 '채널'과 일치한다. 이 세 가지 색깔을 혼합하면 색깔의 모든 스펙트럼을 만들어낼 수 있다. 인간과 영장류가 여느 포유류에 비해 색시각이 뛰어난 이유는, 개를 비롯한 대부분의 포유류의 원뿔 세포가 두 개밖에 안 되기 때문이다. 텔레비전으로 따지면 색상 채널이 세 개가 아니라 두 개뿐인 셈이다. 하지만 우리의 색시각이 아무리 뛰어나더라도 새에 비하면 미흡하다. 새의 하나짜리 원뿔 세포single-cone는 빨강, 초록, 파랑, 자외선의 세 가지 종류가 있다. 그뿐만이 아니다. 새의 원뿔 세포에는 유색의 기름 방울이 들어 있어서 더 많은 색깔을 구별할 수 있다.

자외선 원뿔 세포는 1970년대에야 발견되었다. 곤충의 자외선 시각은 1880년대에 발견되었는데, 다윈의 이웃 존 러벅이 개미에게서 관찰했다. 그로부터 몇십 년 지나지 않아 생물학자들은 꿀벌이 자외선을 이용하여 꽃을 구별한다는 사실을 알아냈다. 20세기 중엽까지만 해도, 자외선 시각이 곤충에게만 있으며 새 같은 포식자에게 들키지 않고 자기들끼리만 소통하는 수단인 줄 알았다.

하지만 1970년대에 비둘기를 연구했더니 자외선에 반응한다는 사실이 밝혀졌다. 이제는 많은―어쩌면 대부분의[32]―새에게 자외선 시각이 있으며 이를 이용하여 먹이와 짝을 찾는다는 사실이 알려졌다. 일

새의 감각

부 새의 먹이가 되는 장과漿果는 꽃에서 자외선을 반사하며 유럽황조롱이European kestrel는 밭쥐vole를 추적할 때 오줌에서 반사되는 자외선을 이용한다. 벌새, 유럽찌르레기European starling, 아메리카검은방울새American goldfinch, 파랑밀화부리blue grosbeak의 깃털(또는 깃털 일부)은 자외선을 반사하며 주로 암컷보다 수컷이 더 많이 반사한다. 파랑밀화부리를 비롯한 일부 종은 자외선 반사도가 수컷의 우수성을 나타내기 때문에, 암컷이 이를 기준으로 잠재적 짝을 구별한다.[33]

올빼미는 대체로 야행성이다. 그래서 야간 시력이 좋아야 하는데, 사냥에는 귀를 주로 이용하기 때문에 시력은 먹잇감을 찾기보다는 장애물을 피하는 데 활용한다. 야행성 올빼미의 눈에서는 민감도가 중요하다. 그레이엄 마틴은 올빼미가 감지할 수 있는 최소한의 광량을 알아내기 위해, 길들인 올빼미tawny owl로 몇 가지 행동 실험을 진행했다(올빼미는 이런 정보가 알려진 몇 안 되는 종 중 하나다). 마틴은 광량이 다른 두 빛을 쏘는 화면 앞에 막대기를 놓아두고 올빼미가 이 막대기를 쪼도록 몇 달에 걸쳐 훈련했다. 올빼미는 빛을 감지하면 상으로 먹이를 받았다. 마틴은 직접 비교를 위해 사람에게도 똑같은 실험을 반복했다(음식을 상으로 주지는 않았다). 예상대로 올빼미는 사람보다 더 민감했으며, (올빼미보다 민감한 사람이 몇 명 있기는 했지만) 대부분의 사람보다 평균적으로 훨씬 낮은 광량을 감지할 수 있었다.[34]

올빼미의 눈은 대부분의 새에 비해 엄청나게 크며, 초점 거리는 사람과 매우 비슷하다(올빼미와 사람의 초점 거리는 둘 다 지름이 약 17밀리미터다). 하지만 올빼미는 동공이 사람(8밀리미터)보다 크기 때문에(13밀리미터) 빛을 더 많이 받아들이고 망막에 맺히는 상도 사람보다 두 배 밝다. 그래서 시각적 민감도에 차이가 나는 것이다. 올빼미는 숲에서 사는 조류다. 마틴은 올빼미가 수월하게 활동하기에 광량이 부족한 경우가 있는지 조사했다. 예상대로 대부분의 상황에서 빛은 충분했다. 다만 숲시붕(임관)이 빽빽하고 달이 보이지 않으면 제대로 보지 못할 것이다.

완전히 주행성인 새와 비교하자면, 올빼미의 광 민감도는 비둘기의 약 100배다. 즉 올빼미는 광량이 부족할 때 비둘기보다 훨씬 잘 본다. 올빼미가 밤에 마음껏 돌아다니는 것은 이 때문이다. 대낮의 시각 정밀도는 비둘기나 올빼미나 비슷하다. 그래서 (잘못 알고 있는 사람도 있지만) 올빼미는 낮에도 전혀 불리하지 않다. 올빼미의 눈은 해상력보다는 민감도를 극대화하도록 설계되었기 때문에, 희미한 빛에서 잘 보기는 하지만 선명하게 보지는 못한다. 이에 비해 아메리카황조롱이와 오스트레일리아매Australian brown falcon 같은 주행성 맹금은 공간 해상력(세세한 부분을 구별하는 능력)이 올빼미의 다섯 배나 된다.[35]

$$\epsilon_\epsilon {}^\epsilon \epsilon_\epsilon$$

최근에 발견된 사실 중에서 가장 신기한 것은 새가 왼쪽 눈과 오른쪽 눈을 서로 다른 용도에 쓴다는 것이다. 새는 사람처럼 뇌가 좌반구와 우반구로 나뉘어 있다. 신경이 엇갈려 배열되어 있어서 좌뇌는 몸의 오른쪽에서 들어오는 정보를 처리하고 우뇌는 몸의 왼쪽에서 들어오는 정보를 처리한다. 좌뇌와 우뇌가 서로 다른 종류의 정보를 담당한다는 사실은 1860년대에 처음 알려졌다. 프랑스의 의사 피에르 브로카는 언어장애가 있는 환자를 검사했는데 사후에 부검을 했더니 환자 뇌의 좌반구가 (매독 때문에) 심각하게 손상되어 있었다. 비슷한 사례가 점차 쌓이면서 뇌의 좌반구와 우반구가 정말로 서로 다른 정보를 처리한다는 사실이 확인되었다. (한쪽으로 치우친다는 뜻의) '편측화'lateralisation라는 현상은 한 세기 동안 사람에게만 있는 줄 알았다. 하지만 1970년대 초에 카나리아가 어떻게 노래를 배우는지 연구하던 중에 새의 뇌도 편측화되어 있음을 발견했다. 카나리아를 비롯한 새들은 우리의 후두와 비슷한 기관인 울음관syrinx에서 노랫소리를 발성한다. 페르난도 노테봄은 카나리아 울음관의 왼쪽에 있는 신경(따라서 뇌 우반구)이 노래와 무관하며 오른쪽에 있는 신경만이 노래에 관여한다는 사실을 발견했다. 이는 새의 노래 습득이 인간의 언어 습득과 마찬가지로 뇌의 두 반구 중 한쪽에 더 많이 의존함을 시사하는 중요한 단서였다. 이 가설은 후속 연구에서 확증되었다.[36]

그 뒤로도 조류는 우리가 뇌 편측화를 이해하는 데 핵심적인 역할을 했다. 이제는 뇌 기능 분화가 정보 처리 능력을 향상시키는 이유는 여러 출처의 정보를 동시에 이용할 수 있기 때문임이 밝혀졌다.

오른쪽 눈과
왼쪽 눈의 용도

편측화는 두 가지로 나타난다. 첫째, '개체'의 관점에서 인간과 앵무 등의 동물은 오른손잡이나 왼손잡이, 오른발잡이나 왼발잡이(앵무)의 형태로 편측화가 나타난다. 둘째, '종' 전체에서 편측화가 나타나기도 한다. 뒤에서 살펴보겠지만 가끔은 왼쪽 눈으로 공중의 포식자를 감시한다.[37]

물론 사람은 대체로 오른손잡이 아니면 왼손잡이다. 눈도 우세한 쪽이 있다. 약 75퍼센트는 오른쪽 눈이 우세하다(우리가 눈을 다르게 쓴다는 사실은 일반적으로 인식하지 못하지만). 하지만 눈이 양옆에 달린 새는 두 눈을 다른 용도로 쓴다. 이를테면 햇병아리는 먹이처럼 가까운 대상을 볼 때에는 오른쪽 눈을 쓰고 포식자처럼 먼 대상을 볼 때에는 왼쪽 눈을 쓴다. 게다가 한쪽 눈을 일시적으로 안대로 가린 기발한 행동 실험에서는 새들이 어느 쪽 눈을 쓰느냐에 따라 과제(이를테면 박새와 유럽어치 European jay가 먹이를 찾는 것) 수행 능력에 큰 차이가 생겼다.[38]

새가 어떻게 해서 눈을 따로 쓰게 되었는지도 알려져 있다. 조류 편측화 연구를 주도하는 오스트레일리아의 레슬리 로저스는 일찍이 이 현상이 어떻게 생겼는지 의문을 품었다. 아래는 레슬리가 내게 들려준 설명이다.

제 동료들은 모두 편측화가 유전적으로 결정된다고 생각했지만 저는 확신할 수 없었어요. 그러던 어느 날[1980년] 새의 배아 사진을 보고 있는데 포란기抱卵期 막바지에 배아가 고개를 왼쪽으로 틀어 (오른쪽 눈이 아니라) 왼쪽 눈을 가리는 장면을 목격했어요. 그때 난각卵殼과 난막卵膜을 통과해 오른쪽 눈에 도달하는 빛이 시각 편측화를 일으킬지도 모른다는 생각이 들었어요. 그래서 깜깜한 곳에서 품은 알과 포란기 막바지 며칠 동안 밝은 곳에 둔 알을 비교하여 제 생각이 옳다는 사실을 확인했어요. 심지어 후기 배아의 머리 위치를 바꾸어 오른쪽 눈이 아니라 왼쪽 눈을 가리도록 하면 편측화 방향을 바꿀 수 있다는 사실도 밝혀냈어요.[39]

정상적 배아 발달 과정에서 왼쪽 눈과 오른쪽 눈이 받아들이는 빛의

양(왼쪽 눈은 적게 받아들이고 오른쪽 눈은 많이 받아들인다)에 따라 각 눈의 역할이 결정된다니 놀랍다. 완전한 어둠 속에서 부화한―따라서 왼쪽 눈과 오른쪽 눈이 받아들인 빛의 양에 차이가 없는―새끼 새는 양쪽 눈의 쓰임새에 차이가 없다. 게다가 이 새끼 새들은 정상적 환경에서 부화한 새끼 새에 비해 두 과제를 동시에 수행하는―포식자를 살펴보면서 먹이를 찾는―능력이 떨어졌다.[40]

이 놀라운 발견에는 엄청난 의미가 숨어 있다. 구멍에 둥지를 트는 어떤 종이 대개는 깊고 완전히 어두운 구멍에 둥지를 틀지만 이따금 얕고 볕이 드는 구멍에 둥지를 튼다고 생각해보자. 첫 번째 경우는 편측화가 생기지 않겠지만, 두 번째 경우는 편측화가 생기고 따라서 자식이 더 우수할 것이다. 이것이 사실이라면 양육 환경의 차이를 통해 새의 행동과 성격 차이의 많은 부분을 설명할 수 있다. 개체가 자신이 얼마나 편측화되었는가를 과시 행동으로 드러낼 것이라고 예상할 수도 있다. 많이 편측화되어 더 유능한 개체는 틀림없이 더 좋은 짝일 테니 말이다. 신참 조류학자에게는 더할 나위 없는 연구 주제다!

우리는 왼쪽 눈과 오른쪽 눈의 역할이 다르다는 것을 상상하기 힘들지만, 이 현상은 모든 새에게서 (어떤 식으로든) 일어난다. 이를테면 새끼 가금은 부모에게 다가갈 때 왼쪽 눈으로 본다. 장다리물떼새black-winged stilt 수컷은 오른쪽 눈에 보이는 암컷보다 왼쪽 눈에 보이는 암컷에게 구애 과시를 시도할 가능성이 크다. 뉴질랜드에 서식하는 굽은부리물떼새 wrybill는 새 중에서 유일하게 부리가 오른쪽으로 굽었는데, 이 부리로 돌멩이를 뒤집으며 무척추동물을 찾는다. 이것은 오른쪽 눈이 근거리 먹이 찾기에 더 알맞기 때문일 수도 있고 왼쪽 눈이 포식자를 감시하기에 더 알맞기 때문일 수도 있고 둘 다일 수도 있다. 매peregrine falcon는 먹이를 사냥할 때 일직선으로 덮치기보다는 넓은 호를 그리며 다가가는데, 오른쪽 눈을 주로 사용한다.[41] 야자수 잎으로 고리를 만드는 등 도구 제작으로 유명한 누벨칼레도니까마귀New Caledonian crow는 개체마다 잎의 왼쪽이나 오른쪽 중 한 곳을 유달리 선호한다. 마찬가지로, 이 도구를 실제로 이용하여 먹잇감을 틈새에서 끄집어낼 때에도 잎의 왼쪽이나 오른쪽 중 한 곳을 선호한다. 하지만 개체군 전체에서는 그런 편향이 존재하지 않는다.[42]

편측화가 이토록 널리 퍼져 있는 것을 보면 어떤 기능이 있을 것이라고 보는 것이 자연스럽다. 실제로 편측화에는 특별한 기능이 있다. 흥미롭게도 (개체 차원에서든 종 차원에서든) 편측화가 심할수록 해당 개체는 특정한 작업을 더 능숙하게 수행한다. 앵무가 먹이나 물체를 잡을 때 한쪽 발을 일관되게 더 즐겨 쓴다는 사실은 몇 세기 전부터 알려져 있다. 앵무가 한쪽 발을 쓰는 정도가 심할수록—왼쪽이냐 오른쪽이냐는 상관없다—끈에 매단 먹이를 끄집어 내리는 등의 까다로운 과제를 더 쉽게 해결한다. 새끼 가금도 마찬가지다. 편측화가 심한 녀석은 먹이를 찾고—낟알과 모래 구별하기—허공의 포식자를 감시하는 일을 둘 다 훨씬 잘한다.[43]

한쪽 눈을
뜨고 자는 새

이 장을 마무리하기 전에 일부 새가 한쪽 눈을 뜨고도 잘 자는 이유를 살펴보자. 이 재주는 14세기에도 알려져 있었는데, 제프리 초서는

『캔터베리 이야기』(책이있는마을)에서 "밤에 눈을 뜬 채 잔 작은 새들은 ……"이라고 썼다. 해양포유류도 한쪽 눈을 뜨고 자지만—숨 쉬러 해수면으로 올라가야 하기 때문에—우리는 그러지 못한다.[44] 새라고 해서 다 한쪽 눈을 뜨고 자는 것은 아니다. 명금, 오리, 매, 갈매기는 한쪽 눈을 뜬 채 잘 수 있다고 알려져 있지만, 모든 새를 조사한 적은 없다. 한쪽 눈을 뜬 채 자는 광경을 가장 쉽게 관찰하려면 낮에 도심 연못에서 홰에 앉아 있는 오리를 보면 된다. 녀석들은 고개를 뒤로 돌려 날개를 향한 채 자는데 뒤를 향한 안쪽 눈은 보이지 않지만 바깥쪽 눈은 이따금 뜬다.

짐작했겠지만, 오른쪽 눈을 뜨고 자는 새는 뇌의 좌반구가 휴식을 취한다(오른쪽 눈으로 들어오는 정보는 좌반구에서 처리하고 왼쪽 눈으로 들어오는 정보는 우반구에서 처리하기 때문이다). 한쪽 눈을 뜨고 자는 것이 무척 유용한 경우는 두 가지다. 첫째는 근처에 포식자가 있을 때다. 오리, 닭, 갈매기는 땅에서 잘 때 여우 같은 포식자에게 잡아먹히기 쉽기 때문에 한쪽 눈을 뜨고 있는 게 유리하다. 청둥오리를 연구한 바에 따르면 무리 한가운데에서 자는—상대적으로 안전한—녀석들은 가장자리에서 자는—포식자에게 잡히기 쉬운—녀석들에 비해 눈을 뜬 채 자는 시간이 훨씬 적으며 무리 가장자리에 있는 녀석들은 포식자가 접근할 만한 방향을 바라보는 눈을 뜨고 있을 가능성이 크다.[45]

새가 눈을 뜨고 자는 것이 매우 유용한 두 번째 상황은 날면서 잘 때다. 새가 자면서 날 수 있다니 말도 안 되는 소리 같지만, 조류학자 데이비드 랙은 유럽칼새European swift를 연구하면서 이를 진지하게 고려했다. 랙 연구진은 유럽칼새가 저녁 어스름에 날아올랐다가 이튿날 아침까지 돌아오지 않는 것을 보고 녀석들이 날면서 자는 것이 틀림없다고 추론했다. 더 그럴듯한 증거도 있다. 제1차 세계 대전 때 프랑스의 한 공군 조종사는 특수 야간 작전을 수행하던 중에 약 3000미터 상공에서 엔진을 끄고 활강하다가 신기한 장면을 목격했다. "불현듯 기묘한 새들의 무리에 둘러싸였다. 녀석들은 미동도 하지 않았다. …… 넓게 흩어진 채 흰 구름 바다를 배경으로 항공기에서 고작 몇 미터 아래를 날고 있었다." 두 마리를 잡아서 확인해보니 놀랍게도 칼새였다. 물론 랙이나 프랑스 조종사는 칼새가 눈을 뜨고 있는지 확인하지 못했지만, 그럴 가능성은 있다. 하지만 북아메리카의 수리갈매기Glaucous-winged gull는 한쪽 눈만 뜬 채 홰에 날아오르는 광경이 목격되었다. 이는 홰에 도착하기 전에 이미 자고 있었음을 암시한다.[46]

잠 오는 이야기로 이 장을 마무리할 순 없으니 좀 더 역동적인 현상을 소개하기로 한다. 그것은 일부 새들의 비상하게 빠른 비행이다. 낙하하는 칼새, 이 꽃에서 저 꽃으로 쏜살같이 오가는 벌새, 먹잇감을 쫓아 가지를 누비는 새매sparrowhawk와 가는다리새매sharp-shinned hawk를 생각해보라. 그렇게 빠른 속도로 움직이려면 뇌가 핑핑 돌아야 하는데, 새가 어떻게 그럴 수 있는지 궁금할 때가 많았다. 새에게 이런 능력이 있다는 것이 놀랄 일은 아닐지도 모른다. 뇌가 훨씬 작고 시력이 훨씬 나쁜 곤충도 잘만 날아다니니 말이다.

벌새나 수리매처럼 빠르게 정보를 처리하는 것이 어떤 것인지 상상하려면 죽음을 앞둔 상황에서 시간 감각이 느려지는 것과 비교하면 된다. 나는 현장 조사를 하다가 임사 체험을 한 적이 몇 번 있는데, 독자 중에도 교통사고를 당했을 때 나와 같은 감각을 느낀 사람이 많으리라 생각한다. 브레이크를 꽉 밟으면서 다른 차나 나무로 사정없이 방향을 틀 때 뇌는 매 순간 모든 세부 사항을 인식한다. 시간이 실제보다 열 배는 길게 느껴진다.

새의 감각

이 방법은 빨리 움직이는 새가 된다는 것을 상상하는 데 편리하지만, 묘하게도 심리학자들은 죽음을 앞둔 상황에서 시간이 느려지는 감각이 환각임을 밝혀내고 있다. 시간이 늘어나는 감각은 기억의 장난이다. 끔찍한 사건은 아주 자세하게 기억되므로, 시간이 느려진 것처럼 지각되는데 이것은 사건이 일어난 '뒤'의 느낌일 뿐이다. 이에 반해 벌새나 새매는 사건을 물론 실시간으로 경험한다.[47]

제 2장

청각

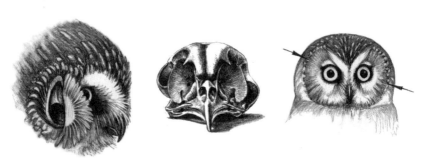

큰회색올빼미great grey owl는 거대한 안반顔盤으로 소리를 모은다.
작은 그림은 애기금눈올빼미saw-whet owl(왼쪽에서 오른쪽으로): 왼쪽 귓구멍, 귓구멍이
비대칭인 두개골(다른 어떤 올빼미보다 비대칭적이다), 귀의 위치(화살표).

조류의 청력이 고도로 발달한 것은 의심할 수 없다. 조류는 단순히 소리를 지각하는 것이 아니라 음높이, 음, 가락, 음악을 구별하고 이해한다.

앨프리드 뉴턴, 『조류 사전』A Dictionary of Birds

메추라기
뜸부기

이상한 곳이다. 어둡고, 습하고, 영국 기준으로 보면 신기할 정도로 외진 곳이다. 피터버러와 위즈비치의 도시 조명에 밤하늘 지평선이 오렌지색으로 물들었고, 앞에 있는 벽돌 공장 굴뚝에서는 연기 기둥이 구름 속으로 힘차게 치솟는다. 평평하고 평범한 지형 위로 이따금, 적막한 시골 도로를 털털거리며 지나가는 자동차의 불빛이 보인다. 하지만 뭐니 뭐니 해도 가장 괴상한 것은 시커먼 목초지에서 들려 오는 메추라기뜸부기corncrake의 단조롭고 반복적인 '크렉 크렉' 소리다(메추라기뜸부기의 학명이 '크렉스 크렉스'Crex crex다_옮긴이). 한 마리는 꽤 가까이에 있고 또 한 마리는 멀찍이 떨어져 있다. 하지만 복화술이라도 하는 듯 누구 소리인지 분간이 안 된다. 새들이 어느 방향을 보는가에 따라 어떤 때는 크게, 어떤 때는 작게 들린다.

기계적인 쇳소리로 다른 수컷을 쫓아내고 암컷을 유혹하고 싶어 하는 이 새는—덩치는 지빠귀와 비슷하거나 약간 크다—번식기 내내 사람 눈에 띄지 않는다. 소리만이 존재를 드러낼 뿐이다.

넨워시스(넨 강 유역) 건너편 집들은 침실에 불이 켜져 있고 창문이 열려 있다. 사람들이 침대에 누운 채 메추라기뜸부기 소리를 듣고 있을 것만 같다. 이 소리가 조류 르네상스의 기쁜 소식임을 알고 있을까?

네덜란드의 솜씨 좋은 엔지니어를 초빙하여 물을 빼기 전까지만 해도 넨워시스에는 메추라기뜸부기가 많이 살았다. 이곳은 널따란 습지였으며 곤충과 새와 야생 동식물로 가득했다. 심지어 지금도, 왕립조류보호협회를 비롯한 여러 단체가 이곳을 복원한 뒤로 점무늬쇠뜸부기spotted crake, 두루미, 흑꼬리도요black-tailed godwit, 목도리도요ruff, 깍도요snipe를 비롯한 특이한 새들이 서식한다.

허리까지 자란 풀은 폭우에 젖었고 공기는 물박하water mint 향에 젖었다. 우리는 풀을 헤치고 나아간다. 가까이에서 메추라기뜸부기의 울음소리가 들린다. 내 귀에는 그렇게 들렸다. 리스가 말한다. "여깁니다. 여기다 그물을 칠 겁니다." 우리는 커버 씌운 헤드랜턴을 쓰고 목소리를 죽인 채 20미터짜리 새그물을 세운다. 괴상한 태엽 장난감처럼, 메추라기뜸부기는 우리가 무슨 일을 꾸미는지 모르는 듯 계속 울음소리를 낸다. 리스는 (습기를 막으려고) 비닐봉지에 대충 넣은 테이프 녹음기를 가지고서 그물을 사이에 두고 메추라기뜸부기를 마주보았고 나는 녹음기를 가지고 새와 그물 사이로 기어간다. 새가 시끄러운 방해꾼(녹음기)을 공격하려다 그물에 걸려야 하는데 일이 잘못되었을 때 녀석을 다시 불러들이기 위해서다.

리스는 왕립조류보호협회의 메추라기뜸부기 전문가로, 이 지역의 메추라기뜸부기 복원 사업을 여러 해 동안 감독했다. 우리는 1971년에 학

새의 감각

생 조류 학술대회에서 처음 만난 뒤로 오랫동안 친구 사이다. 리스의 녹음기에서 귀청을 찢는 듯한 메추라기뜸부기의 거친 울음소리가 터져 나온다. 낮에 다른 곳에서 녹음한 소리다. '크렉 크렉' 하고 뿜어져 나오는 소리 사이사이에 종다리 지저귀는 소리가 들린다.

울음소리는 끊임없는 반복된다. 메추라기뜸부기의 뇌에 들어 있는 프로그램도 그럴 것이다. 새의 머릿속에서 실제로 무슨 프로그램이 돌아가는지 상상할 수는 없지만, 갑자기 소리가 멈춘다. 녀석이 방해꾼을 덮치려다 날개를 퍼덕거리는 소리만 들릴락 말락 한다. 잡았다. "됐어!" 리스가 소리친다. 우리는 새를 끄집어내기 위해 행동에 돌입한다. 그물 속으로 손을 넣어 녀석을 꺼내고 보니 이미 가락지가 끼워져 있다. 그해에 포획·사육한 메추라기뜸부기 몇 마리 중 하나다. 손안에 든 녀석은 적갈색과 회색이 예쁘게 어우러졌다. 양옆에서 꽉 누른 듯한 몸통과 쐐기 모양 머리는 풀을 헤치고 나아가는 데 알맞도록 아름답게 설계되었다. 재빨리 몸 상태를 점검하고 몸무게를 단 뒤에 풀어주고는 차로 걸어 돌아온다.

곳곳이 파인 도로에서 큰 웅덩이를 요리조리 피해 달리다가 다시 차를 멈추고 열린 창문으로 귀를 기울인다. 리스가 말한다. "저기 있네요." 우리는 그물을 챙겨 축축한 들판을 따라 소리 나는 방향으로 걸어간다. 방법은 아까와 같다. 나는 새와 그물 사이에 자리 잡는다. 테이프를 틀자 습하고 평평한 땅 위로 도발자의 소리가 울려 퍼진다. 세력권 territory(동물의 개체, 집단 따위가 포식, 생식을 위하여 다른 개체나 집단의 침입을 허락하지 않는 점유 구역_옮긴이) 주인은 연신 쇳소리를 토한다. 녹음기와 녀석은 주거니 받거니 계속 울어댄다. 장군, 멍군, 장군, 멍군 …… 끝날 기미가 보이지 않는다. 풀밭에 엎드려 있자니 코와 목과 얼굴이 풀에 쓸려 가렵다. 하지만 움직일 엄두가 나지 않는다. 새가 부리를 다문다. 목청 큰 적수에게 항복한 걸까?

그때 갑자기 풀 속에서 소리가 들린다. 마치 먼 곳에서 들려 오는 소 떼의 발소리 같다. 그러다 소리가 멈춘다. 환청일까? 모르겠다. 바스락 거리는 소리가 다시 들리기 시작한다. 이제야 알겠다. 메추라기뜸부기 가 내게 걸어오고 있다. 믿기지 않는다. 내 머리에서 고작 몇 센티미터 떨어진 곳에서, 하지만 모습은 하나도 보이지 않은 채 녀석이 다시 소리 를 내기 시작한다. 엎어지면 코 닿을 거리에서 있는 힘껏 질러대는 '크 렉 크렉' 소리는 녹음기보다 더 우렁차다. 녀석이 다시 움직인다. 바싹 다가온다. 밤하늘 불빛을 배경으로 풀잎 끝에서 홀씨가 흔들린다. 그 순 간 녀석이 내 얼굴을 스쳐 지나간다. 날개를 펄럭이더니 공중으로 날아 올라 …… 그물에 걸린다.

"잡았다!" 리스가 외치는 바람에 정신이 번쩍 든다. 곧장 가락지를 확 인한다. 녀석은 가락지가 없는 완전한 야생이다. 포획·사육한 메추라 기뜸부기들이 이주성 동료들을 불러들이는 임무를 성공적으로 수행했 다는 증거다. 손안의 새는 고분고분하고 끈기가 있다. 가락지를 달아주 는 몇 분 동안 녀석에게 유일한 고통은 헤드랜턴의 불빛뿐이다. 소리가 처음 들린 곳에 돌아가 녀석을 조심조심 풀어준다. 1분 뒤에 녀석은 소 리를 되찾고 암컷을 유혹하려는 집요한 임무에 다시 착수한다.

엄청난 소리를 내는
새들

나중에 알게 된 사실인데, 메추라기뜸부기 소리는 바로 옆에서 들으

새의 감각

면 약 100데시벨에 이른다고 한다. 같은 거리에서 정상적으로 대화를 나누는 소리는 약 70데시벨이며 휴대용 오디오의 최대 음량이 약 105데시벨, 구급차 사이렌이 약 150데시벨이다. 메추라기뜸부기 소리를 이렇게 가까이에서 15분간 들으면 청력이 손상된다.

그렇다면 어째서 메추라기뜸부기의 귀는 멀쩡한 걸까? 우리보다 훨씬 가까운 거리에서 자기 소리를 듣는데 말이다. 비결은 자기 목소리를 줄이는 반사 작용이다. 이 청각 반사가 가장 극단적인 새는 칠면조 크기의 엽조獵鳥(사냥감 새_옮긴이) 큰들꿩capercaillie일 것이다. 큰들꿩 수컷의 구애 과시는 아주 요란하다. 19세기의 조류학자 앨프리드 뉴턴이 이런 글을 남겼다. "발정의 황홀경이 끝나기까지 몇 초 동안 수컷이 바깥 소리를 전혀 듣지 못한다는 사실은 잘 알려져 있다."[1] 1880년대에 청각 반사 메커니즘을 연구한 독일의 조류학자에 따르면 큰들꿩 수컷이 일시적으로 귀가 머는 것은 소리를 내는 동안과 그 뒤로 몇 초간 피부 덮개가 바깥귀를 막기 때문이다. 그 뒤에 여러 종의 새를 연구했더니, 소리를 내려고 부리를 크게 벌리기만 해도 고막의 압력이 달라져 청력이 감소했다.[2]

메추라기뜸부기 울음소리는 기계적이고 단조롭지만 참새의 노랫소리와 쓰임새가 같다. 다른 수컷에게는 "저리 가", 암컷에게는 "이리 와" 하고 장거리 신호를 보내는 것이다. 얼마나 장거리인가 하면 1.6킬로미터 밖에서도 들을 수 있을 정도다. 이 정도만 해도 대단하지만, 더한 녀석도 있다. 3~5킬로미터 밖에서도 들리는 우렁찬 목소리로 음향 전송의 기록을 보유한 새가 두 종류 있다.

첫 번째는 유럽알락해오라기European bittern로, 1600년대 중엽에 라인강 유역에서 살았던 어부이자 박물학자 레오나르 발드네르가 훌륭하게 기재했다. 발드네르는 유럽알락해오라기가 고개를 높이 쳐들고 부리를 다문 채 울음소리를 내며 "5엘[옛 길이 단위]에 이르는 긴 위가 달린 소화관"이 있다고 말했다. 이 팽창한 식도가 발성에 쓰인다.[3]

두 번째는 뉴질랜드의 날지 못하는 대형 앵무 카카포다. 마오리족은 유럽 정착민이 처음 발을 디디기 전부터 카카포의 울음소리에 대해 잘 알았다. "밤이면 카카포들이 나타나 회합 장소나 놀이터에 모여 땅바닥에서 날개를 치고 기이한 울음소리를 내며 부리로는 땅에 구멍을 내는 신기한 짓을 한다."[4] 1903년에 리처드 헨리는 이렇게 썼다. "수컷이 이 우묵땅에 자리 잡고 공기주머니를 팽창시켜 유혹의 사랑 노래를 시작하면 암컷이 공연을 보러 오는 듯하다."[5] 뉴질랜드의 카카포 권위자 돈 머턴(1939~2011)은 야시경으로 카카포를 관찰하여, 수컷이 노래하는 동안 공 모양에 가깝게 몸을 부풀린다는 사실을 확인했다.[6] 여느 새처럼 주로 울음관(후두)을 이용하여 자신의 존재를 알리는 메추라기뜸부기와 달리 알락해오라기는—어쩌면 카카포도—식도를 이용하여 공기를 들이마셨다가 우렁차게 트림을 내뿜는다.

메추라기뜸부기, 알락해오라기, 카카포는 주로 야행성으로, 모두 울창한 풀숲에 숨어 살며 커다란 울음소리로 자신의 존재를 알리고 귀를 쫑긋 세운 채 다른 새의 존재를 탐지한다.

물론 장거리 소통이 밤새의 전유물은 아니다. 대부분의 소형 조류는 불청객과 배우잣감에게 자신을 광고하려고 노래하는데, 노랫소리가 멀리까지 울려 퍼질수록 유리하다. 소형 조류 중에서 목청이 가장 큰 새로는 밤울음새(나이팅게일)를 꼽을 수 있다. 예전에 이탈리아에서 숲 속의 작은 여관에 묵은 적이 있는데 침실 창문에서 1미터 떨어진 곳에서 수컷 밤울음새가 '세레나데'('폭음'이라고 해야 마땅하지만)를 불러대는 통에

한 잠도 못 잤다. 소리가 어찌나 크던지 가슴이 쿵쿵 울렸다! 실험실에서 측정한 밤울음새 노랫소리 크기는 약 90데시벨이었다.[7]

부당하게 외면 받은 감각

사람이 어디까지 들을 수 있는지 알고 싶으면 직접 물어보면 되지만, 새가 무엇을 들을 수 있는지 알려면 다른 방법으로 알아내야 한다. 가장 흔히 쓰는 방법은 새들이 소리에 대해 어떤 행동 반응을 보이는지 관찰하는 것으로, 주로 금화조와 카나리아, 사랑앵무(잉꼬) 같은 포획조를 '모델' 생물로 이용한다. 이런 종류의 연구를 하려면 새가 특정한 소리를 들었을 때 열쇠를 쪼는 등의 단순한 과제를 수행하고 먹이를 보상으로 받도록 훈련시켜야 한다. 과제를 (일관되게) 수행하면, 소리를 들을 수 있거나 서로 다른 소리를 구별할 수 있다고 가정한다(그 역도 마찬가지다).

이렇게만 보면 조류의 청각을 연구하는 것이 쉬워 보이지만, 조류의 청각에 대한 우리의 이해는 시각에 비하면 한참 뒤처졌다. 한 가지 이유는 새에게 바깥귀가 없으며 (여느 척추동물처럼) 귀의 가장 중요한 부위가 두개골 깊숙이 파묻혀 있기 때문이다. 하지만 무엇보다 중요한 이유는 청각에 대한 관심이 시각에 비해 훨씬 작았기 때문이다. 존 레이와 프랜시스 윌러비가 『조류학』이라는 혁신적 저작을 내놓은 1670년대에만 해도 새의 귀 구조에 대해서는 알려진 것이 거의 없었다. 속귀 해부는 17세기와 19세기의 위대한 해부학자에게도 만만치 않은 일이었다.

사람의 귀에 대해 처음으로 진지한 연구가 이루어진 것은 1500년대와 1600년대 이탈리아 해부학자들을 통해서였다. 가브리엘 팔로피우스(1523~1562. 포유류 암컷의 생식기인 자궁관을 일컫는 '팔로피우스 관'이 그의 이름을 딴 것이다)는 1561년에 속귀에서 반고리관을 발견했다. 바톨로마이우스 에우스타키우스(1524~1574. 유스타키오 관이 그의 이름을 딴 것이다)는 1563년에 가운데귀(중이)를 발견했다(달팽이는 고대 그리스 사람들이 이미 발견했다). 줄리오 카세리우스(1552?~1616)는 1660년에 파이크(강꼬치고기)의 속귀에서 반고리관을 발견했으며 새(기러기)의 가운데귀에 뼈가(셋이 아니라) 하나밖에 없음을 알아냈다. 프랑스의 해부학자 클로드 페로는 새의 속귀를 처음으로 기재했는데, 파리 동물원에서 죽은 봉관조 curasow(칠면조를 닮은 새로, 열대 남아메리카에 서식한다)를 해부하여 얻은 성과였다.[8]

이 시기는 구조를 알아내는 단계였다. 귀가 실제로 어떻게 작동하는가를 알아내는 데는 더 오랜 기간이 걸렸다. 심지어 1940년대에도 상황은 썩 나아지지 않았다. 케임브리지 대학 교수 제리 펌프리(1906~1967)는 1948년에 새의 감각을 다룬 짧지만 중요한 개론서에서 이렇게 말했다. "조류의 눈에 대해서는 충분한 지식이 축적되었기에 눈의 기능에 대해, 또한 눈이 조류 행동에서 어떤 역할을 하는지에 대해 지적인 추론이 가능하다고 말할 수 있을 것이다. 하지만 귀에 대해서는 한참 멀었다. [조류의 청각은] 매우 유망하나 부당하게 외면받는 실험 및 관찰 분야다."[9]

1940년대 이후로 새소리 연구가 비약적으로 발전하면서 새가 무엇을 들을 수 있는가에 대해 관심이 커졌다. 새의 청각은 학습에 대한, 또한 인간의 언어 습득을 이해하기 위한 일반 모형으로 활용되었다. 한때 사람들은 아이들이 백지 상태로 태어나기에 어떤 언어든 노출되기만 하면 배울 수 있다고 생각했다. 그런데 새소리를 연구했더니 어린 새는 자신이 듣는 거의 모든 노래를 배울 수 있기는 하지만 무엇을 배우고 어떻게 노래할지를 둘 다 결정하는 유전적 틀을 타고난다는 사실이 입증되었다. 새가 노래를 습득하는 과정을 연구함으로써, 본성과 양육이 뚜렷이 구분되지 않는다는 결정적 증거를 얻을 수 있었다. 새에게서나 아기에게서나 유전과 학습은 서로 밀접하게 연관되어 있다. 새소리의 신경생물학 연구를 통해 우리는 인간의 뇌가 특정한 입력에 반응하여 스스로를 재조직화하고 새로운 연결을 형성하는 커다란 잠재력을 지니고 있음을 깨닫기 시작했다.[10]

새에게는
'귀'가 없다

조류와 (인간을 비롯한) 포유류의 귀는 바깥귀, 가운데귀, 속귀의 세 부분으로 이루어진다. 바깥귀에는 귀길이 있다(대부분의 포유류는 귓바퀴도 있다). 가운데귀에는 고막과 귓속뼈(한 개이거나 세 개다)가 있다. 속귀에는 액체로 가득한 달팽이가 있다. 외부에서 발생한 소리(전문용어로는 음압)는 바깥귀를 통해 귀길을 따라 고막에 전달된 뒤에 작은 귓속뼈를 통해 속귀에 이르러 안에 들어 있는 액체를 진동시킨다. 진동이 일어나면 달팽이의 미세한 털세포가 청각 신경을 거쳐 뇌에 전달되며 뇌는 이 메시지를 해독하고 '소리'로 해석한다.

사람의 귀와 새의 귀는 다른 점이 크게 네 가지 있다. 첫째, 가장 뚜렷한 차이점은 새에게는 귓바퀴(연골을 감싼 피부로, 우리가 '귀'라고 부르는 것)가 없다는 것이다.[11] 새는 귀가 어디 있는지 찾기 힘들 때가 많은데, 그 이유는 몇 종을 제외하고는 귀깃ear covert이라는 깃털로 덮여 있기 때문이다. 귓구멍은 눈 뒤 살짝 아래에 있는데, 우리 귀와 위치가 대략 비슷하다. 키위나 타조처럼 깃털이 듬성듬성한 머리, 또는 신대륙독수리(이를테면 콘도르)나 민목장식새bare-necked fruit crow의 대머리를 보면 쉽게 알 수 있다.[12]

머리에 깃털이 난 새의 경우는 귀깃이 근처의 깃털보다 반들거리는데, 이는 하늘을 날 때 공기가 귀 위로 수월하게 흐르도록 하기 위해서이거나 바람 소리를 걸러내어 다른 소리를 잘 들을 수 있도록 하기 위해서일 것이다.[13] 바닷새의 귀길을 덮은 깃털은 물속에 뛰어들 때 귀에 물이 들어가지 않게 한다. 임금펭귄king penguin 같은 종은 수심 몇백 미터까지 잠수하는데, 수압이 높아서 물이 들어가면 큰 문제가 생길 수 있다. 임금펭귄의 귀는 심해 다이빙으로 인한 문제를 예방하기 위해 해부학적·생리학적으로 적응했다.[14] 뉴질랜드에서 관찰한 키위 중 몇 마리는 귓구멍 안에 진드기가 들어 있었다. 녀석에게 귀길을 보호할 수단이 있었으면 좋을 텐데! 나중에 이런 의문이 들었다. 이 진드기는 인간이 기르는 가축과 그 기생충이 비교적 최근에 뉴질랜드에 상륙한 탓이 아닐까? 하지만 내가 본 키위 진드기는 뉴질랜드 토종인 듯하다. 키위들은 오래전부터 고생했을 것이다.[15]

1713년에 존 레이의 동료 윌리엄 더럼은 이렇게 말했다. "새에게 귓바퀴가 없는 것은 공기 흐름을 방해하지 않기 위해서다." 더럼은 생물의 설계(이 경우는 귓바퀴가 없는 것)와 습성(비행)이 꼭 들어맞는 것이 신의 지혜를 보여주는 증거라고 생각했다. 시쳇말로 비행에 적응한 셈이다. 귓바퀴가 없는 것이 비행에 대한 적응인지는 확실치 않다. 조류의 조상 파충류도 귓바퀴가 없었기 때문에, 포유류에게서 귓바퀴가 진화한 것이 야말로 주로 야행성인 무리 안에서 청각을 향상시키기 위한 적응이었을 가능성이 있다. 귓바퀴가 비행에 방해가 되지 않는 것은 분명하다. 박쥐 중에는 커다란 귓바퀴가 달린 종이 많기 때문이다(물론 박쥐가 새처럼 빠르게 날지는 못하지만). 고려할 사항은 또 있다. 날지 못하는 새 열다섯 과科 중에서 귓바퀴가 있는 것은 하나도 없으며 가장 원시적인 조류도 귓바퀴가 없었다. 따라서 내가 추측하기에 귓바퀴가 없는 것은 비행에 적응해서라기보다는 애초에 조류의 조상에게 귓바퀴가 없었기 때문인 듯하다.[16]

우리의 귓바퀴는 쓰임새가 분명하다. 손으로 귀를 둥글게 감싸 사실상 귓바퀴의 크기를 키우면 극적인 효과가 나타난다. 마찬가지로, 새소리 등을 녹음할 때 마이크에 포물면(파라볼라) 반사면을 씌우면 수집되는 소리의 양을 늘릴 수 있다. 귓바퀴가 없으면 얼마나 잘 듣는가뿐 아니라 음원이 어디인지 알아맞히는 데에도 애로가 생긴다. 물론 (나중에 설명하겠지만) 새는 다른 방법을 진화시켰다.

조류와 포유류의 두 번째 차이점은 (인간을 비롯한) 포유류의 가운데귀에는 작은 뼈가 세 개인 반면에 조류는 파충류처럼 한 개뿐이라는 것이다(파충류에서 조류가 진화했으니까).[17]

세 번째 차이점은 귀의 작동 부위인 속귀다. 속귀는 뼈에 들어 있어서 보호받으며 반고리관(여기서는 논의하지 않겠지만, 균형을 잡는 역할을 한다)과 달팽이로 이루어진다. 포유류의 달팽이는 나선형 구조인 반면에 ('코클리어'cochlea는 라틴어로 '달팽이'라는 뜻이다) 조류의 달팽이는 곧거나 바나나처럼 살짝 구부러졌다. 액체로 가득 찬 달팽이 안에는 막(바닥막 basilar membrane)이 있는데 그 위에 작은 털세포가 많이 나 있다. 털세포는 작은 진동에도 민감하다. 소리에서 발생한 압력파는 귓바퀴 안쪽 귀길을 따라 전달되어 고막을 때리는데, 그러면 가운데귀의 뼈(늘)가 진동하며 이 진동이 속귀의 앞부분과 달팽이로 전달된다. 달팽이 안의 액체에서 압력파가 생기면 털세포의 털이 휘어져 뇌에 신호를 보낸다. 진동수가 다른 소리는—여기에 대해서는 조금 있다 설명할 것이다—달팽이의 다른 부위에 전달되어 다른 털세포를 자극한다. 고주파음이 발생하면 바닥막 밑부분이 진동하고 저주파음이 발생하면 바닥막 끝 부분이 진동한다.

포유류는 달팽이가 돌돌 말려 있어서 기다란 관을 좁은 공간에 욱여넣을 수 있는데, 실제로 포유류는 대부분의 조류보다 달팽이가 길다. 쥐는 약 7밀리미터이지만 비슷한 크기의 카나리아는 2밀리미터밖에 안된다. 이 차이에 대한 한 가지 설명은 꼬인 달팽이가 저주파음을 잘 탐지하며 많은 대형 포유류가 저주파음을 이용한다는 것이다.[18]

새의 특이한 달팽이

조류 속귀 연구의 선구자는 빼어난 재능을 가진 스웨덴의 과학자 구스타브 렛시우스(1842~1919)다. 신문 재벌의 딸 안나 히에르타와 결혼하여 돈 걱정 없이 연구에 전념할 수 있게 된 렛시우스는 정자의 설계에서 시, 인류학에 이르기까지 다양한 분야를 섭렵했다. 하지만 신경계와 속귀 구조에 대한 연구가 가장 유명하다. 렛시우스는 여러 조류를 비롯한 다양한 동물 종의 속귀를 비교하고 아름다운 삽화를 남겼다. 하지만 가련하도다, 렛시우스여! 노벨상 후보로 열두 번 이상 선정되었지만 한 번도 스톡홀름에 발을 디디지 못했으니. 제리 펌프리는 1940년대에 새의 감각에 대해 알려진 지식을 조사하면서 렛시우스의 자세한 설명을 활용하여 새의 청력을 추론했다. 펌프리는 새들을 달팽이 길이에 따라 매우 긴 새(수리부엉이eagle owl), 긴 새(지빠귀와 비둘기), 평균인 새(댕기물떼새lapwing, 멧도요, 잣까마귀nutcracker), 짧은 새(닭), 매우 짧은 새(기러기, 흰꼬리수리)로 분류했다. 펌프리는 이렇게 썼다. "올빼미를 제외하면 달팽이 길이와 음악적 능력 사이에 상관관계를 상정할 수 있을 것이다." 과히 틀리지 않은 생각이었다. 이제 우리는 첫째, 올빼미의 귀와 청각이 여느 새와 다르다는 사실과 둘째, '음악성'을 '소리를 구분하고 구별하는 능력'으로 해석한다면 펌프리의 추론이 놀랍도록 정확하다는 사실을 안다.[19]

달팽이 크기와 청력에 대한 정보가 쌓이면서 이제는 새의 달팽이—특히, 그 안에 있는 바닥막—의 길이가 소리에 대한 민감도를 나타내는 타당한 지표임이 밝혀졌다. 뇌, 심장, 비장 같은 장기와 마찬가지로 달팽이도 몸집이 클수록 더 크다. 하지만 이와 더불어 큰 새는 저주파음에 유달리 민감하고 작은 새는 고주파음에 더욱 민감하다.

여기에 숫자를 붙이면 패턴이 보인다. 다섯 종만 살펴보자. 금화조는 몸무게가 약 15그램이고 바닥막 길이는 약 1.6밀리미터이며, 사랑앵무는 40그램에 2.1밀리미터, 비둘기는 500그램에 3.1밀리미터, 에뮤는 60킬로그램에 5.5밀리미터다. 이런 관계를 토대로 연구자들은 달팽이 길이에 따라 새가 특정한 소리에 얼마나 민감한지 예측할 수 있다. 실제로 최근에 생물학자들은 멸종한 시조새Archaeopteryx의 속귀 크기를 이용하여—화석 두개골을 fMRI로 촬영했다—시조새의 청력이 현생 에뮤와 매우 비슷할 것이라고, 즉 귀가 꽤 어둡다고 주장했다.[20]

올빼미는 예외다. 올빼미는 몸 크기에 비해 달팽이가 거대하며 털세포가 아주 많이 나 있다. 이를테면 몸무게가 약 370그램인 가면올빼미barn owl는 바닥막이 무려 9밀리미터에다 털세포는 약 16,300개다. 몸 크기로 유추한 수치의 세 배를 넘는다. 그래서 청력이 비상하게 뛰어나다.

넷째, 새의 달팽이 안에 들어 있는 털세포는 주기적으로 교체되지만 포유류는 그렇지 않다. 메추라기뜸부기가 내 귀에 바싹 붙어서 울음소리를 내는데 내가 멍청하게도 계속 침대에 누워 있다면 울음소리의 음량 때문에 귀가 상하고 청력이 돌이킬 수 없이 손실되기 시작할 것이다. 속귀에서 소리를 감지하는 털세포는 매우 정교하고 섬세하기 때문에 시끄러운 소리에 쉽게 손상된다. 우리의 귀는 민감한 시스템이다. 얼마나 민감한가 하면, 조금만 더 발달하면 머릿속을 흐르는 혈액 소리도 들을 수 있을 정도다. 록 음악가와 팬은 시끄러운 소리가 귀에 장기적으로 어떤 악영향을 미치는지 체감한다. 손상된 털세포는 교체되지 않는다. 나이가 들면서 고주파음을 잘 듣지 못하는 것은 이런 까닭이다. 내가 알기로 쉰 넘은 탐조가의 상당수가 상모솔새goldcrest의 카랑카랑한 노랫소리를 듣지 못한다. 미국에서라면 검은턱푸른솔새black-throated green warbler나 블랙번솔새blackburnian warbler 같은 종의 노랫소리를 듣지 못할 것이다. 나이든 로커만 그런 것이 아니다. 『셀본의 박물지』The Natural History of Selborne(1789)를 쓴 길버트 화이트는 쉰넷이라는 비교적 젊은 나이에 이렇게 탄식했다. "자꾸 귀가 먹어 지독히 불편하다. 귀가 안 들리면 박물학자의 자질을 반쯤은 잃는 셈이다."[21]

새는 털세포가 교체된다는 점에서 포유류와 다르며 큰 소리로 인한 손상을 견디는 능력도 더 뛰어난 듯하다. 이 분야는 현재 집중적으로 연구되고 있다. 새의 털세포가 교체되는 메커니즘을 알면 사람의 난청을

새의 감각

치료할 가능성이 있기 때문이다. 아직은 전망이 불투명하지만, 이 과정에서 연구자들은 이 메커니즘의 유전적 토대를 비롯하여 청각에 대해 많은 것을 발견했다.[22]

다섯째, 전화 목소리를 인식하는 능력이 겨울마다 사라지면 어떻게 될지 상상해보자. 불편할 것 같다고? 우리의 생활 양식에 따르면 그렇다. 하지만 새의 청력은 연중 들쑥날쑥한다.

조류학에서 가장 눈에 띄는 발견은 온대 지방에 사는 새의 내장이 계절에 따라 큰 변화를 겪는다는 것이다. 이 현상은 생식샘에서 가장 뚜렷이 나타난다. 이를테면 유럽참새house sparrow 수컷은 겨울에는 고환이 핀 대가리만큼 작지만 번식기가 되면 삶은 콩만큼 부풀어 오른다. 사람으로 치면, 번식기 아닌 기간에는 사과 씨만 해지는 셈이다. 암컷도 비슷한 계절적 변화를 겪는다. 자궁관oviduct은 겨울에는 실 같은 조직에 불과하지만 번식기가 되면 난자를 배출할 수 있는 우람한 근육질의 관으로 바뀐다.

이 엄청난 효과를 일으키는 것은 낮 길이의 변화다. 낮 길이는 뇌의 호르몬 분비를 자극함으로써 생식샘 자체의 호르몬 분비를 자극한다. 한편 호르몬은 수컷이 노래를 시작하도록 유도한다. 이런 변화와 관련하여 가장 큰 영향을 미친 발견은 뇌의 각 부위의 크기가 철따라 달라진다는 1970년대의 연구 결과일 것이다. 전혀 예상치 못한 발견이었다. 뇌의 조직과 신경세포는 '고정'되어 있으며 태어나서 죽을 때까지 그대로 가지고 살아야 한다는 것이 통념이었기 때문이다. 사람들은 새도 마찬가지일 거라고 생각했다. 새가 예외라는 발견은 신경생물학과 노래 학습 연구에 혁신과 활력을 가져왔다. 무엇보다 알츠하이머병 같은 신경 퇴행 질병을 치료할 가능성이 열렸다.

계절에 따라 노랫소리가
달라지는 이유

새의 뇌에서 수컷이 노래를 배우고 부르는 것을 통제하는 부위는 번식기가 끝나면 쪼그라들었다가 이듬해 봄에 다시 부풀어 오른다. 뇌는 유지비가 많이 든다(사람의 경우는 다른 장기의 최대 10배나 되는 에너지를 소비한다). 그래서 1년 중 특정 시기에 불필요한 부위의 가동을 중단하는 것은 합리적인 에너지 절약 방법이다.

온대 지역에 서식하는 새는 대체로 봄에 노래를 가장 많이 부른다. 수컷이 자기 세력권을 노래로 방어하고 짝을 노래로 유혹하는 시기이기 때문이다. 하지만 물까마귀dipper와 동고비nuthatch처럼, 온대 지방에 서식하면서 늦겨울에 세력권을 정하고 이듬해 초에 노래를 시작하는 새도 있다. 명금의 청력은 노래가 가장 중요해지는 시기에 가장 예민해진다.

여기에는 그럴 만한 이유가 있다. 노래를 주로 봄철에 부른다면 이때 새의 청력이 좋아지는 것이 유리할 수 있다. 이를테면 수컷은 이웃과 (자신에게 더 큰 위협을 가할 수 있는) 낯선 새를 구별할 수 있어야 하며 암컷은 신랑감의 수준을 구별할 수 있어야 한다. 검은머리박새black-capped chickadee, 댕기박새tufted titmouse, 흰가슴동고비white-breasted nuthatch[23] 등 미국의 명금 세 종을 연구했더니 민감도(소리를 감지하는 능력)와 처리(소리를 해석하는 능력) 둘 다에서 계절적 변화가 관찰되었다. 이 연구를 진행한 제프 루커스는 이 세 종의 청각을 교향곡 감상에 비유한다.

검은머리박새는 번식기에 광대역의 처리 능력이 증가하므로 교향곡이 더 풍부하게 들릴 것이다. 댕기박새는 처리 능력에는 변화가 없지만 민감도가 달라지므로 교향곡이 전혀 풍부하지 않고 크게만 들릴 것이다. 흰가슴동고비는 처리 능력이 협대역에서 증가하여 2킬로헤르츠의 음조를 잘 처리한다. 그래서 C7이나 B6를 연주할 때는 교향곡이 풍부하게 들리지만 악기의 음색은 더 좋게 들리지 않을 것이다.

그런데 (처음 들어보는 말이겠지만) 사람의—적어도 여성의—청력도 규칙적으로 예측 가능하게 변한다. 열쇠는 에스트로겐이다. 에스트로겐 수치가 높으면 음성이 더욱 풍부해진다. 이 효과는 아주 미세하기 때문에 대다수 여성은 알아차리지 못하지만, 짝을 선택할 때 중요한 역할을 한다.[24]

새들은 종류에 따라 다양한 소리를 낸다. 알락해오라기는 저음으로 웅웅거리고 상모솔새는 고음으로 짹짹거린다. 소리의 진동수(음높이)는 헤르츠로 측정한다. 헤르츠는 일정한 시간에 지나가는 음파의 수를 일컫는데, 대체로 1000헤르츠, 즉 킬로헤르츠로 나타낸다. 알락해오라기의 웅웅거리는 소리는 1초에 약 200번 진동하니까 200헤르츠, 즉 0.2킬로헤르츠다. 이에 반해 상모솔새는 약 9킬로헤르츠로 노래한다. 나머지 새들의 노랫소리는 대부분 그 중간이다. 대표적 명금인 카나리아의 노랫소리는 약 2~3킬로헤르츠다. 예상했겠지만, 새가 내는 소리의 진동수는 새의 가청 진동수—더 정확히 말하자면 가장 민감한 진동수—와 거의 맞아떨어진다. 사람은 약 4킬로헤르츠의 소리를 가장 잘 듣지만 가청 영역이 (젊을 때는) 2킬로헤르츠에서 20킬로헤르츠에 달한다. 새는 2~3킬로헤르츠의 소리에 가장 민감하며 가청 영역은 대부분 0.5킬로헤르츠에서 6킬로헤르츠 사이다.[25]

사람과 새가 들을 수 있는 소리는 대체로 '청력도'audiogram나 '가청 곡선'audibility curve으로 표현한다. 이것은 동물이 가청 범위의 각 진동수에서 들을 수 있는 가장 조용한 소리를 시각적으로 나타낸 것이다. 가로축은 진동수(헤르츠)이고 세로축은 음량이다. 그래프가 'U' 자인 것은 새와 사람 둘 다 중간 진동수 범위에서 가장 작은 소리를 들을 수 있다는 뜻이다. 그보다 낮거나 높은 진동수의 소리를 감지하려면 음량이 더 커야 한다. 사람과 대다수 새의 청력도는 대동소이하지만, 사람은 중간 진동수 내지 낮은 진동수의 영역에서 더 잘 듣는다. 올빼미는 여느 새보다—사람보다도—훨씬 작은 소리를 감지할 수 있으며, 명금은 다른 새보다 높은 진동수의 소리를 잘 듣는다. 아직 몇 종밖에 실험하지 않았지만, 알락해오라기는 저주파음에 가장 민감하고 상모솔새는 고주파음에 가장 민감한 듯하다.

새가 소리를
감지하는 법

새는 청각을 이용하여 잠재적 포식자를 탐지하고 먹이를 찾고 자기 종과 그 밖의 종을 구별한다. 이렇게 하려면 소리가 어디에서 나는지 찾아낼 수 있어야 하고, 다른 새와 주위 환경에서 비롯하는 '배경' 잡음을 유의미한 소리와 구별할 수 있어야 하며, 우리가 비슷한 목소리를 듣고서 누구 목소리인지 알듯 비슷한 소리를 구별할 수 있어야 한다.

이렇게 상상해보자. 나는 어둡고 낯선 곳에 홀로 남겨졌다. 이곳이 안전한지 확신이 들지 않는다. 불현듯 이상한 소리가 들린다. 자갈을 밟

새의 감각

는 발자국 소리인 듯도 하지만 …… 어느 방향에서 들려오는지 모르겠다. 뒤일까, 앞일까, 옆일까? 위험할지도 모르는 소리의 출처를 정확히 아는 것은 재빨리 도망칠 준비를 하는 데 꼭 필요하다. 소리의 위치를 파악하지 못하면—특히, 위험한 상황에서는—불안하기 그지없다. 우리는 소리의 위치를 파악하는 능력이 대체로 꽤 뛰어나며, (물론) 어둡지 않을 때는 시선을 돌려 소리의 출처를 확인한다.

우리는 소리가 왼쪽 귀와 오른쪽 귀에 닿을 때 무의식적으로 두 소리를 비교하여 위치를 파악한다. 사람은 머리가 크고 귀가 서로 멀리 떨어져 있어서 소리가 양쪽 귀에 도달하는 데 걸리는 시간이 조금 다르다. 해수면 높이의 시원하고 건조한 공기 중에서 소리는 1초에 340미터를 이동하기 때문에, 양쪽 귀에 도달하는 소리의 최대 시간 차는 0.5밀리초(1밀리초는 1000분의 1초)다. 소리가 양쪽 귀에 도달하는 시간이 같으면 우리는 소리가 정면이나 바로 뒤에서 들려온다고 가정한다. 새는 머리가 우리보다 작을 뿐 아니라 벌새와 상모솔새 등은 더더욱 작기 때문에, 나머지 조건이 모두 같다면 소리의 위치를 파악하는 데 어려움을 겪을 것이다. 양쪽 귀 사이가 1센티미터에 불과하면 소리가 도달하는 시간의 차이는 35마이크로초(1마이크로초는 100만 분의 1초) 이내다. 작은 새는 이 문제를 두 가지 방법으로 해결한다. 첫째, 머리를 우리보다 많이 움직여 사실상 머리 크기가 커지는 효과를 냄으로써 시간 차를 감지한다. 둘째, 양쪽 귀에 도달하는 소리 '크기'의 미세한 차이를 비교한다.

소리 유형도 출처 파악에 영향을 미친다. 새는 이런 특징을 소통에 활용한다. 지빠귀나 검은머리박새 등은 수리매 같은 포식자가 머리 위를 나는 것을 목격하면 고음의 '씨—' 하는 울음소리를 낸다. 이 소리는 진동수가 높아서(8킬로헤르츠) 포식자에게는 들리지 않는다(포식자는 대부분 먹잇감보다 크기 때문에 고주파음을 상대적으로 잘 듣지 못한다). 이런 경고음은 시작과 끝을 알기 힘들고 위치를 파악하기가 유달리 어렵기 때문에, 주의를 끌지 않고 신호를 보낼 때 제격이다. 이에 반해 홰에 앉아 있는 올빼미를 발견했을 때는 전혀 다른 소리를 낸다. 이 울음소리는 거칠고 갑작스러워서 위치가 훨씬 쉽게 파악되는데, 이것이 요점이다. 명금은 사냥 중이 아닌 포식자를 발견하면 다른 명금을 불러들여 포식자를 쫓아내려 한다. 두 유형의 울음소리에서 흥미로운 점은 여러 종이 매우 비슷한 소리를 낸다는 것이다.[26]

프랑스의 위대한 박물학자이자 콩트 드 뷔퐁으로 널리 알려진 조르주 루이 르클레르는 1700년대 중엽에 조류의 역사를 서술한 책에서 올빼미의 소리에 대해 썼다. "올빼미는 청력이 다른 새보다 뛰어난 듯하다. 아마도 다른 어떤 동물보다 뛰어날 것이다. 이는 고막이 네발짐승보다 상대적으로 크기 때문이다. 게다가 올빼미는 고막을 마음대로 열었다 닫았다 할 수 있다. 이것은 어떤 동물에게도 없는 재주다." 여기서 뷔퐁이 말하는 것은 일부 올빼미의 거대한 귓구멍이다. 내가 관찰한 큰회색올빼미를 비롯한 일부 종은 귓구멍 크기가 두개골 전체 길이와 맞먹기도 한다.

큰회색올빼미가 크다는 건 반은 맞고 반은 틀렸다. 녀석이 거대하게 보이는 것은 엄청나게 푹신푹신한 깃털 때문이다. 크고 두툼한 코트를 입은 난쟁이라고나 할까. 내가 관찰한 포획 큰회색올빼미는 주인의 팔에 안긴 채 눈을 동그랗게 뜬 인형처럼 나를 쳐다보았다. 조심스럽게 녀석의 귀 뒤를 만졌다. 깃털이 어찌나 깊숙한지, 두개골이 어찌나 작은지 믿기지 않을 정도였다. 10센티미터에 이르는 깃털이 대두大頭의 이유였다. 두 눈을 둘러싼 안반 가장자리에는 황갈색 깃털이 테두리를 이루

새의 감각

었다. 이곳이 귓구멍이 자리 잡은 틈새의 뒤쪽 끝이다. 깃털을 부드럽게 한쪽으로 쓸어 올리자 귓구멍이 드러났다. 거대한 귓구멍은 위아래 길이가 4센티미터에 달했으며 어리둥절할 정도로 복잡했다. 움직이는 덮개가 귓구멍을 덮었으며 특이한 깃털이 가장자리를 둘러쌌다. 덮개의 앞쪽 가장자리는 딱딱하고 굵은 기둥 모양 깃털로 위에서 아래까지 울타리를 쳤으며 뒤쪽 가장자리는 섬세한 실 모양 깃털이 테두리를 그렸다. 그 뒤의 촘촘한 깃털 벽은 검을 든 로마 병사들의 방진$_{phalanx}$을 연상시켰다. 귓구멍은 큼지막했으며, 더러운 사람 귀처럼 피부 조각이 너덜너덜 붙어 있었다. 이번에는 반대쪽을 보았다. 이 종의 귀가 비대칭이라는 사실은 알고 있었지만 이 정도일 줄은 몰랐다. 큰회색올빼미의 얼굴을 정면에서 바라보면 오른쪽은 5시 방향으로 눈보다 아래에 있고 왼쪽은 10시 방향으로 눈보다 위에 있다. 얼굴의 커다란 깃털은 안반을 지탱하기 위한 것이다. 안반은 거대한 반사판으로, 소리를 귓구멍으로 모으는 역할을 한다.

1940년대의 어느 날 오후, 클래런스 트라이언은 몬태나의 숲에서 먹잇감을 사냥하는 큰회색올빼미를 목격했다. 녀석은 땅에서 4미터쯤 위의 가지에 앉아 있었다.

올빼미는 몇 분 동안 가지에서 세 번 공습을 가했으나 그때마다 아무것도 잡지 못했다. 네 번째 시도에서는 힘껏 땅에 부딪치더니 …… 죽은 흙파는쥐를 발톱으로 움켜쥔 채 날아갔다. 올빼미는 흙파는쥐가 흙 파는 소리를 들었는지도 모르겠다. 녀석을 덮치기 전에 소리 듣는 시늉을 했으니 말이다. 현장을 조사했더니 올빼미는 얕은 굴의 얇은 지붕을 뚫고 흙파는쥐를 잡은 것이 분명했다(흙파

눈쥐는 먹이를 나르기 위한 얕은 굴과 이동하기 위한 깊은 굴을 판다_옮긴이).[27]

이후에 다른 사람들이 관찰한 바에 따르면 큰회색올빼미는 눈 아래에 있는 설치류를 잡을 때에도 같은 수법—즉, 소리만으로 위치를 알아내는 것—을 쓴다는 사실이 밝혀졌다.

큰회색올빼미는 고개를 좌우로 돌리고 이따금 땅을 뚫어져라 노려보면서 시각과 청각을 동원했다. 먹잇감을 발견하면 수직으로 낙하하는데, 머리를 눈雪에 처박는 것처럼 보이지만 마지막 순간에 먹이를 발로 낚아챈다.[28]

소리만으로 사냥할 수 있으려면 큰회색올빼미는 청력이 극도로 뛰어날 뿐 아니라 소리 나는 위치를 수직선상과 수평선상에서 매우 정확하게 알아맞힐 수 있어야 한다. 그 비결은 놀라운 청각적 적응이다. 그중에서도 안반은 일종의 거대한 귓바퀴로, 눈에 띄지 않는 귓구멍으로 소리를 집중시키는 깔때기 역할을 한다. 존 레이와 프랜시스 윌러비를 비롯한 초창기 박물학자들은 1670년대에 가면올빼미barn owl의 눈을 이렇게 묘사했다. "구덩이나 골짜기 바닥처럼 [얼굴 깃털] 한가운데가 움푹 꺼져 있었다." 레이와 윌러비가 알아차리지 못한 것은 안반으로 형성된 얼굴 양쪽의 골짜기 덕분에 소리를 '수집'하는 효과와 소리 출처를 파악하는 능력이 동시에 향상된다는 사실이었다. 300년이 지나 지식이 훨씬 많이 쌓인 뒤에 고니시 마사카즈는 올빼미의 청각을 연구하다가 이렇게 썼다. "안반의 전체 디자인을 보면 소리 수집 장치라는 생각을 하지 않을 수 없다."[29]

(중세 이후로 알려진) 두 번째 적응은 큰회색올빼미 같은 종의 비교적 거대한 귓구멍이다. '귀'라는 단어는 오해의 소지가 있다. 큰뿔부엉이great horned owl, 칡부엉이long-eared owl, 쇠부엉이short-eared owl의 머리 꼭대기에 난 깃털(귀깃)은 귀처럼 보이지만 듣는 것과는 전혀 관계가 없다. 내가 말하는 '귀'는 진짜 귀인 귓구멍이다. 큰회색올빼미에서처럼 비대칭이어서 한쪽이 다른 쪽보다 높이 달린 경우도 있다. 많은 올빼미 종의 귓구멍이 비대칭이며, 대부분은 바깥귀의 연조직軟組織에만 영향을 미치지만 북부애기금눈올빼미boreal saw-whet owl(텡말름애기금눈올빼미Tengmalm's saw-whet owl라고도 한다), 긴점박이올빼미Ural owl, 큰회색올빼미는 두개골 자체가 비대칭이다(양쪽 귀의 내부 구조는 같다).

1940년대에 제리 펌프리는 이 현상의 중요성을 인식하고 귀가 비대칭이면 소리 출처를 알아맞히기가 훨씬 수월하다고 지적했다. 1960년 대에 뉴욕동물학회의 로저 페인(훗날 고래의 노래를 연구하여 유명해졌다)은 포획 가면올빼미를 암실에 넣고 기발한 실험을 통해 이를 입증했다. 며칠에 걸쳐 조명 밝기를 단계적으로 줄였더니 올빼미는 완전한 어둠 속에서 생쥐가 바닥에 깔린 잎을 바스락 밟는 소리만으로 녀석을 잡을 수 있었다(올빼미가 못 보는 적외선으로 관찰했다). 페인은 올빼미가 어떤 정보를 이용하는지 알기 위해 바닥에 발포 고무를 깔고 생쥐 꼬리에 바삭바삭 마른 잎을 매달았다. 그러자 올빼미는 생쥐가 아니라 (소리의 출처인) 잎을 덮쳤다. 이로써 올빼미가 적외선 같은 감각이 아니라 소리만을 단서로 이용한다는 것이 확인되었다.[30]

흥미롭게도 올빼미는 방의 구조를 완전히 숙지했을 때에만 암흑에서 먹잇감을 잡을 수 있었다. 낯선 방에서는 암흑 사냥을 하려 들지 않았다. 여기에는 그럴 만한 이유가 있다. 빛이 전혀 없는 곳에서 급강하하는 것은 매우 위험한 행동이기 때문이다. 물론 (잠시 뒤에 설명할) 기름쏙독새처럼 또 다른 감각 메커니즘이 있지 않다면 말이다. 또 한 가지 놀라운 사실은 올빼미가 암흑에서 먹잇감을 잡은 뒤에는 곧장 홰로 돌아가, 불필요한 암흑 비행을 회피한다는 것이다. 암흑 속에서 사냥하기 전에 지형을 익혀두어야 한다는 사실에서, 일부 야행성 올빼미가 일생 동안 같은 세력권에서 사는 이유를 알 수 있다. 칠흑같이 어두운 밤은 드물지만, 이런 경우가 생기면—이를테면 구름이 짙게 깔리고 달이 뜨지 않은 밤에는—올빼미가 부상을 입지 않고 먹이를 구하려면 지형을 자세히 알아야만 한다.[31]

무엇보다 흥미로운 특징은 아주 조용히 비행하는 능력이다. 올빼미는 날갯짓 소리가 거의 들리지 않는다. 고니시 마사카즈는 자신이 기르는 가면올빼미의 날갯짓 소리를 분석하다가 진동수가 낮은 것에 놀랐다. 녀석의 날갯짓 진동수는 1킬로헤르츠에 불과했다. 그 덕에 올빼미는 날면서도 먹잇감의 소리를 놓치지 않는다. 생쥐가 풀 속에서 바스락거리는 소리는 훨씬 높은 6~9킬로헤르츠다. 게다가 생쥐는 3킬로헤르츠 이하의 소리에 상대적으로 둔감하기 때문에 올빼미가 접근하는 소리를 듣지 못한다.[32]

나는 해마다 여름이면 스코머 섬에 돌아가 1970년대에 시작한 바다오리 연구를 계속한다. 계절의 하이라이트는 녀석들이 번식하는 바위턱에 올라가 새끼 새 수백 마리를 잡아서 가락지를 달아주는 작업이다.

새의 감각

그러면 녀석들이 몇 살에 번식을 시작하는지 몇 살까지 사는지 알 수 있다. 우리는 가락지를 달기 위해 바위 턱 번식지로 기어 올라가서는 탄소섬유 낚싯대 끝에 달린 갈고리로 새끼 새를 잡는다. 작업은 혼자서 할 수 없다. 한 명은 잡고(새끼 새를 갈고리에서 빼내어, 가락지를 달 수 있도록 그물 주머니에 넣는다), 한 명은 가락지를 매달고, 한 명은 기록한다(몇 번 가락지를 어느 새에게 달았는지 적는다). 작업 현장은 시끌벅적하다. 새끼 잃은 어미 바다오리가 큰 소리로 울면 어미 잃은 새끼 바다오리가 더 큰 소리로 대답한다. 하도 시끄러워서 기록자에게 가락지 번호를 알려주려면 고래고래 소리를 질러야 하는 경우도 있다. 가락지 달기가 끝나면 귀가 먹먹하다.

새끼 바다오리는 어미를 기막히게 구별하고 어미도 새끼를 기막히게 구별한다. 심지어 새끼가 알에서 나오기 전부터 서로의 울음소리를 배운다. 알에 첫 구멍이 뚫리자마자 새끼와 어미는 서로를 부르기 시작한다. 바다오리 무리는 정상적인 상황에서는 꽤 소란하지만, 새끼가 어미 곁에 꼭 붙어 있기 때문에 끊임없이 음성 접촉을 주고받을 필요성이 크지는 않다. 하지만 갈매기 같은 포식자를 피하려다 어미가 일시적으로 새끼를 버리면 나중에 서로를 알아볼 수 있어야 상봉할 수 있다. 이것은 어린 바다오리가 보금자리를 벗어날 때가 되었을 때 더더욱 중요하다. 녀석들은 3주쯤 지났을 때 저녁 어스름에 떼 지어 독립을 감행한다. 새끼는—여전히 날지 못하므로—바위 턱에서 바다로 뛰어내리는데, 새끼가 바다에서 기다리는 아빠를 찾아내거나 아빠가 새끼를 찾아낸다. 둘은 반드시 붙어 있어야 한다. 뉴펀들랜드의 펑크 섬처럼 매우 넓은 서식지에서는 어린 새 수만 마리가 같은 날 밤에 보금자리를 떠나기 때문에 아빠와 새끼가 함께 붙어 있기가 여간 힘들지 않다. 둘은 독특한 울음소리로 서로를 찾는다. 새끼 바다오리가 출가하는 날은 울음소리로 바다가 시끌벅적하다. 새끼는 새된 소리로 '윌로 윌로 윌로' 하고 울고 아빠는 목 뒤쪽에서 거친 소리를 내뱉는다. 대부분의 아빠와 새끼가 물에서 서로를 찾아내어 함께 바다로 헤엄쳐 나가는 광경은 경이롭다. 이들은 바다에서 몇 주 동안 함께 머문다.

칵테일 파티 효과와
롱바르 효과

바다오리는 청력이 매우 뛰어나서, 사방을 둘러싼 소음을 뚫고 자신에게 중요한 소리를 콕 집어낸다. 이것은 그야말로 생사가 걸린 문제다. 홀로 남겨진 새끼는 죽기 때문이다. 자연선택을 통해 뛰어난 청력을 얻은 덕분에, 아빠 바다오리와 새끼 바다오리는 서로의 울음소리를 알아들을 뿐 아니라 자신을 둘러싼 온갖 잡음 속에서 상대방의 소리를 구별할 수 있다. 이를 위해 바다오리는 자신과 무관한 잡음을 걸러내어 무시하고 오로지 자기 종과 특정 개체를 식별하는 데 중요한 소리에만 집중한다.

시끄러운 배경 잡음에 둘러싸인 채 특정한 목소리나 노랫소리에 집중하는 능력을 '칵테일 파티 효과'라 한다. 소란한 세상에 사는 새들에게는 이것이 일상이다. 동틀 녘 합창을 생각해보라. 사람의 발길이 닿지 않은 서식지에는 많게는 30종의 명금이—종마다 몇 마리씩—일제히 노래하는데, 노랫소리를 듣다 보면 귀가 먹을 것 같다. 새들은 자기 종뿐 아니라 개체도 구별해야 한다. 마찬가지로, 도심에 깃드는 찌르레기는 교회 첨탑 같은 높은 구조물에 앉아 수백 마리가 한꺼번에 노래하기 시작한다. 녀석들은 이런 혼란스러운 와중에 서로를 구별할 수 있을까? 대답은 아마도 '그렇다'일 것이다. 몇몇 실험에서—우리가 흔히 보는 수많은 무리가 아니라 비교적 적은 수를 대상으로—포획 찌르레기는 여러 마리가 한꺼번에 노래하는데도 노랫소리로 개체를 구별할 수 있었다.[33]

물리적 환경에 따라, 새들은 다른 새의 소리 이외의 소리도 알아들어야 한다. 바닷새는 집단 서식지의 절벽에 부딪치는 파도 소리를 알아듣고, 갈대밭에서 알을 품고 새끼를 키우는 새는 숱한 갈댓잎 바스락거리는 소리를 알아듣고, 우림에 서식하는 새는 뭇 잎에 떨어지는 빗소리를 알아듣는다.

거리가 멀어질수록 소리가 희미해진다는 것은 오래전부터 알려진 분명한 사실이다. 이렇게 소리 크기가 줄어드는 현상을 '감쇠'attenuation라 하는데, 서식지마다 감쇠 정도가 다르다는 사실은 널리 알려져 있다. 평평하고 탁 트인 서식지에서는 숲이나 갈대밭에 비해 소리가 더 멀리까지 전달된다. 서식지에 따른 새소리의 감쇠 효과를 처음으로 연구한 것은 1970년대다. 1940년대에 타잔 영화를 만든 제작진은 그 결과를 (무의식적이기는 하지만) 이미 예견했다.

타잔 영화의 사운드 트랙에는 우림에 서식하는 새들의 울음소리, 즉 저주파로 길게 끄는 플루트 같은 휘파람 소리가 자주 등장한다. 파나마의 생물학 연구소인 스미스소니언열대연구소의 진 모턴은 이러한 현상을 관찰하고서, 이런 울음소리가 울창한 서식지에서 더 잘 전달될 수 있도록 자연선택에 의해 형성된 것인지 궁금했다. 소리의 특성이 전달 거리에 어떤 영향을 미치는지 알려면 무엇보다 서식지에 따라 각 특성의 소리가 얼마나 감쇠하는지 측정해야 한다. 모턴은 테이프 녹음기에서 소리를 재생하면서 서식지와 거리를 달리하여 소리를 측정했다. 우림에서 저주파 순음이 다른 울음소리보다 멀리 전달된다는 사실을 밝혀낸 모턴은 숲과 인근 공터에서 새소리를 녹음한 뒤에 울음소리들을 비교했다. 예상대로 숲에 사는 새의 울음소리는 진동수가 낮았다. 일반적으로, 낮은 울음소리는 높은 울음소리보다 멀리 전달된다. 무적(안개가 끼었을 때에 선박이 충돌하는 따위를 막기 위하여 등대나 배에서 울리는 고동_옮긴이)이 굵은 소리를 내고 알락해오라기와 카카포가 멀리울기 기록을 보유하고 있는 것은 이 때문이다.[34]

모턴은 서로 다른 종을 비교 연구했지만, 다른 조류학자들은 종이 같더라도 서식지가 다르면 마찬가지 결과가 나올 것인지 궁금했다. 단일 종을 처음으로 연구한 인물은 페르난도 노테봄이다. 중앙아메리카와 남아메리카에 매우 흔하고 널리 퍼진 붉은목참새rufous-collared sparrow(현지어로는 '칭골로'라 한다)가 대상이었다. 모턴의 종 간 비교 연구에서 예측되었듯 칭골로의 노랫소리는 숲 서식지에서는 더 길고 느린 휘파람 소리인 반면에 탁 트인 서식지에서는 트릴이 많았다.[35] 유라시아박새Eurasian great tit가 울창한 숲에서 번식하는 경우와 탁 트인 산림지대에서 번식하는 경우를 비교한 연구에서도 비슷한 결과가 나왔다.[36]

새가 배경 잡음에 따라 다르게 반응한다는 극적인 증거는 도시 환경의 새를 대상으로 한 최근 연구에서 발견되었다. 베를린에 사는 밤울음새는 시골에 사는 밤울음새보다 더 큰 소리로 노래하며(차이가 14데시벨이나 된다) 도로 소음이 가장 심한 평일 오전 출근 시간에는 더더욱 크게 노래한다. 이에 반해 박새가 도시 소음에 대처하는 방법은 음량을 바꾸는 것이 아니라 진동수나 음높이를 달리하는 것이다. 밤울음새와 박새가 노래하기 행동을 조절하는 이유는 배경 잡음에도 불구하고 자신의 소리가 들리도록 하기 위해서다.[37]

새의 감각

시끄러운 환경에서 음량을 키우는 것은 '롱바르 효과'라는 반사 운동이다. 1900년대 초에 프랑스의 이비인후과 의사 에티엔 롱바르가 사람에게서 이 현상을 발견했다. 상대방이 내게 말하고 있을 때 내 아이팟 헤드폰이 켜지면 나도 모르게 대답하는 소리가 커지는데—상대방이 "소리 안 질러도 다 들려!"라고 말할 정도로—이것이 바로 롱바르 효과다.

나는 이 책을 쓰면서 뉴질랜드를 찾았는데, 키위와 카카포를 쫓아다니지 않을 때 남섬 피오르드랜드에 며칠 쉬러 갔다. 날씨는 더할 나위 없었고 풍광은 눈부셨지만 이곳의 가장 놀라운 특징은 고요함이었다. 이렇게 조용한 곳은 처음이었다. 물론 평화롭긴 했지만, 우울한 적막이었다. 가파른 골짜기의 숲에 살던 새들은 초창기 정착민들이 어리석게 들여 온 어민족제비stoat와 위즐weasel 같은 포식자에게 몰살당했다. 이제는 뉴질랜드 어디에서도 토착종 새의 노랫소리를 들을 수 없다. 외래종인 유럽억새풀새, 대륙검은지빠귀, 지빠귀는 경쟁이 사라진 이곳 뉴질랜드에서 원산지 유럽에서보다 더 나직하게 노래하지 않을까, 하는 궁금증이 들었다.

**노랫소리와
세력권**

앞에서 설명한 연구들은 서식지가 새의 노래 유형에 영향을 미치며 어떤 면에서 소리 감쇠와 일치함을 분명히 보여준다. 하지만 새가 소리를 듣는 방식이 서식지에 따라 달라지는가에 대한 증거는 산섭석인 것에 불과하다. 새들이 정말로 소리를 다르게 듣는다는 확고한 증거는 북아메리카의 캐롤라이나굴뚝새Carolina wren 연구에서 나왔다. 이 새들은 1년 내내 노랫소리로 세력권을 지킨다. 나무에 잎이 있느냐 없느냐, 즉 여름이냐 겨울이냐는 소리에 큰 영향을 미친다. 캐롤라이나굴뚝새의 노랫소리가 거리에 따라 음질이 저하하는 정도는 나무에 잎이 없는 겨울보다는 잎이 있는 계절에 더 크다. 마크 나기브가 음질이 저하한 노랫소리와 저하하지 않은 노랫소리를 같은 음량으로 같은 위치에서 들려줬더니 캐롤라이나굴뚝새는 음질이 저하하지 않은 노랫소리를 들었을 때는 스피커를 향해 곧장 날아갔지만 음질이 저하한 노랫소리를 들었을 때는 상대방이 더 멀리 있다고 생각하는 듯 스피커를 지나쳐 날아갔다. 말하자면 캐롤라이나굴뚝새는 음질이 저하한 노랫소리와 저하하지 않은 노랫소리의 차이를 분간하고 그에 따라 행동을 조정했다.[38]

소노그래프sonograph는 망원경이나 고속 카메라에 해당하는 오디오 장치로, 소리를 시각적으로 나타낸다. 소노그래프는 1940년대에 미국의 벨 전화연구소에서 발명했으며 케임브리지의 W. (빌) H. 소프가 새소리 연구에는 처음 사용했다. 소노그래프로 소리를 '볼' 수 있게 되면서 새소리 연구에도 변화가 생겼다. 물론 그 전에도 테이프 녹음기를 쓰기는 했지만, 새소리를 들어서는—저속으로 재생하더라도—영상만큼 분명하게 파악하거나 이해할 수 없다. 복잡한 새소리를 있는 그대로 파악하고 새가 얼마나 복잡한 소리를 듣고 이해하는지 추측하려면 청각 신호를 시각 신호로 변환해야 한다. 나는 학부생 때 황금가슴밀랍부리golden-breasted waxbill의 안부 울음소리contact call를 연구하는 3개월짜리 프로젝트를 수행한 적이 있는데, 감열지에 열을 가해 음상音像(소노그램)을 표시하는 소노그래프 장치의 톡 쏘는 냄새가 아직도 기억난다.

위퍼윌whippoorwill(북아메리카에 서식하는 쏙독새nightjar) 노랫소리는 이름에서 짐작할 수 있듯 세 개의 음으로 들린다. 데이비드 시블리는 『조류 안내서』Guide to Birds에서 이 소리를 '윕 퓨 위'WHIP puwiw WEEW로 묘사했다. 그런데 이 소리를 소노그램으로 표현하면 세 개의 음이 아니라 '다섯' 개의 독립적 음으로 이루어졌음을 확실히 알 수 있다. 하지만 사람 귀로 들으면 너무 빨리 지나가기 때문에 음이 분리된 것을 분명히 감지하기 힘들다. 조류학자 허드슨 앤슬리가 1950년대에 이 사실을 발견했을 때는 위퍼윌이 듣는 음이 세 개인지 다섯 개인지 분명하지 않았다. 당시에는 새의 청각에 대해 아는 것이 별로 없었기 때문이다. 하지만 앤슬리 말마따나 위퍼윌을 흉내 내는 흉내지빠귀mockingbird의 소노그램을 보면 음이 세 개가 아니라 다섯 개다. 이것은 흉내지빠귀가 위퍼윌의 노랫소리를 고스란히 알아듣는다는 뜻이다.[39]

사람의 청각을 실험한 바에 따르면, 소리를 다르게 지각하는 능력에 문제가 생기기 시작하는 것은 소리의 간격이 10분의 1초에 가까워질 때다. 하지만 새의 노랫소리는 음 간격이 이보다 훨씬 짧은 경우가 많으며, 새들이 이러한 차이를 감지할 수 있다는 증거가 속속 드러나고 있다. 이것은 새의 청각이 사람보다 훨씬 뛰어난 한 가지 측면이다. 새는 마치 머릿속에 청각적 슬로 모션 옵션이 있는 것 같아서, 우리가 전혀 알아차리지 못하는 세부 사항을 듣는 듯하다. 여기에서 흥미로운 문제가 제기된다. 우리가 새의 노랫소리를 새가 듣는 것과 똑같이 들을 수 있다면 그때에도 그 소리를 아름답다고 여길까? 그때에도 새소리가 음악을 닮았다고 생각할까?

새가 노래의 미세한 부분까지 들을 수 있음을 보여주는 놀라운 증거는 카나리아 노랫소리의 이른바 '섹시한 악절'sexy syllables과 관계가 있다. 암컷 카나리아가 알을 낳을 때 수컷이 앞에서 노래하면 암컷은 몸을 웅크려 교미 자세를 취한다. 이 노랫소리를 자세히 분석하면 이 반응을 이끌어내는 부분은 고주파음과 저주파음이 빠르게—약 17분의 1초 간격으로—번갈아 가며 반복됨을 알 수 있다(고주파음은 후두에 해당하는 울음관의 오른쪽에서, 저주파음은 왼쪽에서 발성된다). 노래 중간에 터져 나오는 섹시한 악절이 우리 귀에는 이어진 트릴처럼 들리지만 암컷은 세세한 차이를 분간한다. 에릭 발레는 섹시한 악절의 간격을 컴퓨터로 조절하여 빠르기를 변화시킨 뒤에 암컷에게 들려주었다. 암컷 카나리아는 두 노랫소리의 차이를 수월하게 구별했으며, 빠른 트릴이 나올 때 교미 자세를 취함으로써 선호도를 표현했다.[40]

에콰도르의 멋진 산악 지대를 자동차로 통과하자 골짜기 숲으로 향하는 내리막길이 시작되었는데, 어찌나 가파른지 구글 어스에서 화면을 확대하나 싶었다. 울퉁불퉁한 도로를 이리 미끄러지고 저리 미끄러지며 45분 동안 내려가고 또 내려가 마침내 먼지구름 속 작은 협곡에 도착했다. 희망적인 상황은 아니었다. 바위 틈새로 검은색 플라스틱 파이프가 삐져나와 있었고, 얼기설기 지은 대나무 다리가 파이프를 떠받치고 있었다. 우리는 플라스틱 쓰레기, 돌멩이, 낙엽을 밟으며, 햇빛 들지 않는 골짜기를 조심조심 나아갔다. 몇 미터 못 가 모퉁이를 돌아드니 난데없이 기름쏙독새 세 마리가 낮은 흙투성이 바위 턱에 앉아 있었다. 우리가

지척에서 녀석을 목격하고 놀란 것 못지않게 녀석들도 불청객을 보고 깜짝 놀랐다. 녀석들은 악귀처럼 비명을 지르며 공중으로 푸드득 날아올랐다. 열대 조류라기보다는 마치 해리 포터 영화에 등장하는 중세의 새 같았다. 기름쏙독새는 현지어로 '과차로'라 부르는데, '울고 탄식하는 자'라는 뜻이다. 누군가는 기름쏙독새 소리를 비단 찢는 소리에 비유하기도 했는데 이것을 흉내 낸 의성어인지도 모르겠다. 학명인 '스테아토르니스'Steatornis는 '기름 새'라는 뜻으로, 과거에 살찐 새끼 기름쏙독새를 끓여서 요리용 기름을 얻은 것에서 유래했다.

녀석들은 결국 10미터 위의 바위 턱에 바싹 붙어 앉았다. 겉모습은 수리매hawk와 쏙독새nightjar를 합친 것 같아서 '쏙독수리매'nighthawk라는 이름도 어울릴 것이다. 습성은 수리매와 딴판이지만 말이다. 녀석들은 눈이 크고 검었으며, 부리 가장자리에서 뻗은 기다란 센털 열두 가닥이 팔자수염을 이루었고, 수리매를 닮은 커다란 부리에는 타원형 콧구멍이 뚜렷이 뚫려 있었으며, 무엇보다 놀라운 것은 적갈색 깃털을 장식한 빛나는 흰 점 줄무늬였다. 점 줄무늬는 세 가닥으로, 날개와 꼬리, 가슴을 따라 났으며 머리 꼭대기에도 흩뿌려져 있었다. 우리는 경외감에 휩싸인 채, 또한 이 놀라운 새를 놀라게 할까봐 그 자리에 미동도 없이 서 있었다. 15분이 지나자 녀석들은 긴장이 풀렸는지 눈을 감고 다시 잠을 청했다. 우리의 눈이 어둠에 익숙해지고 기름쏙독새의 눈이 빛에 익숙해지자 바위 턱과 작은 동굴에서 녀석들이 하나 둘 눈에 띄기 시작했다. 가이드는 이 동굴의 기름쏙독새가 모두 해서 100마리가량이라고 말했다. 이곳은 에콰도르에서 기름쏙독새가 서식하는 몇 안 되는 장소 중 하나일 것이기 때문에 더욱 놀라웠다. 하지만 녀석들은 위태로운 처지였다. 골짜기를 가로지르는 플라스틱 수도관은 공사 중인 도로로 연결되는데, 도로와 새들의 거리가 10미터에 불과했다.

도로 공사는 골짜기 숲바닥을 사정없이 찢어발겼다. 도로가 뻗어 나갈수록 숲은 양쪽으로 더욱 넓게 파헤쳐졌다. 도로가 개통되면 과차로가 얼마나 버틸 수 있을지 걱정이다. 머리 위에서 트럭이 굉음과 디젤 연기를 내뿜으며 달리는데 녀석들이 낮잠을 즐길 수 있을까? 나무가 잘려나가면 열매는 또 어디서 구하려나?

박쥐의
반향정위

기름쏙독새는 (박쥐처럼) 암흑 속에서 자신의 목소리가 반사되는 것을 듣는 몇 안 되는 새 중 하나다. 지금은 박쥐가 반향정위를 이용하여 어둠 속에서 방향을 찾는다는 사실이 잘 알려져 있지만, 이것은 오랜 우여곡절 끝에 얻은 발견이었다.

박쥐의 감각을 비롯한 박쥐 연구의 개척자는 예수회 신부이자 이탈리아 파비아 대학의 자연학 교수 라차로 스팔란차니(1722~1799)였다. 자연에 대한 호기심이 끝이 없었던 스팔란차니는 뛰어난 관찰자이자 기발한 실험가였다. 스팔란차니는 포획 가면올빼미를 관찰하다가 방을 밝히던 촛불을 녀석이 실수로 꺼뜨리면 장애물을 피하는 능력을 완전히 잃어버린다는 사실을 알았다. 그런데 박쥐는 그런 문제가 없었다. 스팔란차니는 근처 동굴에서 박쥐를 채집하여 완전한 암흑 속에 두었다. "[박쥐는] 여느 때처럼 날아다니며 장애물에는 한 번도 부딪히지 않았다. 올빼미 같은 밤새와 달리 추락하지도 않았다." 스팔란차니는 박쥐 두 마리의 눈에 까만 안대를 씌웠는데, 이렇게 해도 정상적으로 날아다녔다.

> 이 현상에 자극받아 결정적 실험을 하기로 했다. 그것은 바로 박쥐의 눈알을 뽑는 것이었다. 가위로 녀석의 눈알을 완전히 도려냈다. …… 이 박쥐를 여러 지하 통로에서 허공에 던졌더니 눈알이 멀쩡할 때와 같은 속도와 자신감으로 이쪽 끝에서 저쪽 끝까지 잽싸게 날아갔다. 눈이 없는데도 이렇게 분명히 볼 수 있다니 놀랍기 그지없었다.[41]

스팔란차니는 박쥐에게 여섯 번째 감각이 있을지도 모른다고 생각했다. 그래서 도움이 될 만한 사람들에게, 장님 박쥐가 어둠 속에서 '볼' 수 있는 비결을 알아내보라고 도전장을 보냈다. 1793년 9월에 스팔란차니의 편지 한 통이 제네바 자연사학회에서 낭독되었는데, 청중 중에는 스위스의 의사이자 자연사학자 찰스 쥐린이 있었다. 호기심이 발동한 쥐린은 직접 실험해보기로 마음먹고 스팔란차니의 방법을 따르되 기발한 변화를 주었다. 눈알을 뽑는 것뿐 아니라 밀랍으로 귀까지 틀어막은 것이다. 그랬더니 박쥐는 놀랍게도 "온갖 장애물에 속절없이 부딪혔"다.[42] 뜻밖의 결론이었다. 박쥐는 들어야만 '볼' 수 있었다.

이튿날 쥐린의 놀라운 결과를 전해 듣자마자 스팔란차니는 자신의 귀 먹은 박쥐를 대상으로 새로운 실험에 착수했다. 박쥐는 반사되는 소리를 듣는 것이 확실했다. 하지만 소리가 어디에서 오는지 도무지 알 수 없었다. 어리둥절한 스팔란차니는 이렇게 썼다. "이 청각 가설을 어떻게 설명할 수 있을까? 아니 상상이나 할 수 있을까?" 박쥐는 아무 소리도 내지 않았는데 어떻게 귀로 장애물을 피한 것일까? 실험을 아무리

거듭해도 결과는 늘 같았다. 인간의 가청 범위를 넘어선 소리가 있으리라는 것을 상상할 수 없었기에 실험 결과를 이해할 노리가 없었던 것이다.

저명하고 영향력 있는 프랑스의 해부학자 조르주 퀴비에(1769~1832)는 박쥐가 촉각으로 장애물을 피한다고 추론했다. 촉각 가설은 일찍이 스팔란차니가 실험하여 폐기했음에도 퀴비에의 아이디어는 그럴듯한 설명으로 간주되었으며 그는 "스팔란차니와 쥐린이 남긴 혼란에서 질서를 이끌어낸 인물로 칭송받"았다. 퀴비에가 승리를 거둔 이유는 사람이 들을 수 없는 소리를 박쥐가 내리라고 생각하지 못한 탓에 스팔란차니와 쥐린의 아이디어가 헛소리로 치부되었기 때문이다.[43]

하지만 촉각 아이디어가 승승장구한 지 100년 만에 두 가지 가능성이 새로 제기되었다. 첫 번째 아이디어는 1912년 4월에 타이타닉 호가 침몰한 뒤에 떠올랐다. 귀 먹은 박쥐가 장애물을 피하는 능력에 감명받은 공학자 겸 발명가 하이럼 맥심은 강력한 저주파음으로부터 반사된 반향을 감지하는 장치를 선박에 장착하면 안개 자욱한 바다에서 빙산이나 다른 선박과의 충돌을 피할 수 있지 않을까, 하고 생각했다. 맥심은 박쥐가 날갯짓에서 발생하는 저주파음의 반향을 듣고 반응한다고 가정했다. 박쥐가 사람 귀에 들리지 않는 소리를 이용할지도 모른다고 처음 생각한 것이다.

두 번째 아이디어는 생리학자이자 음향 전문가 해밀턴 하트리지(1886~1976)가 내놓았다. 제1차 세계 대전 중에 개발된 수중 물체 감지 기법에서 영감을 얻은 것이었다. 하트리지는 박쥐가 고음의 울음소리 반향으로 장애물을 피할지도 모른다고 추측했다.

두 아이디어 중에서 하트리지의 고주파음 가설이 더 그럴듯해 보였

새의 감각

다. 1930년대 초에 하버드 대학의 학부생 돈 그리핀이 가설을 검증하기로 마음먹었다. 고주파음을 감지하고 분석할 수 있는 유일한 장비는 물리학자 조지 퍼스가 곤충의 고주파음을 감지하려고 만든 전자 기기였으므로, 그리핀은 이것을 이용했다. 연구자들이 연구 장비를 직접 설계하고 만드는 것은 드문 일이 아니었으며, 다행히 퍼스는 자신의 기술을 기꺼이 알려주었다. 결과는 놀라웠다. 그리핀은 박쥐가 정상적인 사람의 가청 범위를 넘어선 소리를 낸다는 사실을 명쾌하게 입증했다. 대부분의 사람은 진동수가 2~3킬로헤르츠에서 20킬로헤르츠 이내인 소리를 들을 수 있지만, 그리핀이 연구한 박쥐는 120킬로헤르츠나 되는 울음소리를 냈다.[44]

그리핀은 동료 학생 로버트 걸램보스와 함께 더 상세한 연구를 시작했다. 1940년대 초에 이들이 진행한 연구는 박쥐가 연속 고주파음을 낼 수 있을 뿐 아니라 복잡한 물체를 만나면 진동수를 더 높일 수도 있다는 기념비적 발견으로 이어졌다. 이것은 박쥐가 고음의 울음소리 반향을 이용하여 장애물을 피한다는 하트리지의 아이디어를 입증하는 강력한 정황 증거였다. 공교롭게도 이 즈음에 시각 장애인이 소리를 내고 이 소리의 반향을 이용하여 장애물을 감지할 수 있다는 사실이 밝혀졌다. 그리핀은 이 과정을 일컫는 '반향정위'echolocation라는 용어를 만들었다. 10년 뒤에 그리핀은 박쥐가 반향정위를 이용하여 장애물을 피할 뿐 아니라 먹잇감 곤충을 사냥하기도 한다는 사실을 밝혀냈다. 이 또한 전혀 뜻밖의 발견이었다. 그 전에는 작은 날벌레는 "들을 수 있는 반향을 발생시킬 만한 음향 에너지를 돌려보낼 수 없으므로, 진지하게 고려할 만한 가설과는 거리가 멀"다는 것이 통념이었다.[45] 하지만 바로 이 가설을 그리핀이 입증했다. 박쥐의 반향정위 체계는 우리가 상상하는 것보다 훨씬 정교했다.

발견에 고무된 그리핀은 이번에는 기름쏙독새가 완전한 어둠 속에서 반향정위를 이용하여 방향을 찾을 수 있는지 알아보기로 했다. 스팔란차니가 세상을 떠난 해인 1799년에 독일의 박물학자이자 탐험가 알렉산더 폰 훔볼트는 식물학자인 동료 에메 봉플랑과 함께 아메리카 열대 지방에 있었다. 그들은 베네수엘라 카리페의 과차로 동굴을 찾아갔다. 현지인들은 밤새 수천 마리가 들끓는 이 거대한 동굴에 들어가기를 꺼렸다. 훔볼트는 이렇게 말했다. "카리페의 동굴은 그리스의 타르타로스다. 급류 위를 맴돌며 구슬픈 울음소리를 내는 과차로는 스틱스 강의 새들을 연상시킨다."[46] 훔볼트는 과차로에게 '스테아토르니스 카리펜시스' Steatornis caripensis, 즉 '카리페의 기름쏙독새'라는 이름을 붙였다. 단, 과차로가 동굴 속을 날면서 굉음을 낸다는 사실에 깊은 인상을 받았음에도 이 새들이 깜깜한 어둠 속에서 날아다닐 수 있다는 사실은 언급하지 않았다.

1951년에 베네수엘라 카라카스의 조류학자 윌리엄 (빌리) H. 펠프스 2세가 사람을 시켜 훔볼트 동굴(지금은 '쿠에바 델 과차로' Cueva del Gucharo라 한다)에서 필름을 노출하게 하면서 비로소 이 동굴이 완전한 암흑이며 새들이 완전한 어둠 속에서 날아다닐 수 있음이 밝혀졌다. 그리핀은 펠프스를 대동하고 카리페 동굴을 제 눈으로 보러 갔다. 훔볼트는 동굴까지 올라가느라 고생해야 했지만, 1953년에는 이곳이 관광 명소가 된 덕에 그리핀은 입구까지 차를 타고 가서 동굴 관리인과 가이드의 영접을 받을 수 있었다. 훔볼트 시대처럼 수천 마리를 잡지는 않았지만, 당시에도 기름을 얻기 위해 어린 새를 잡는 풍습은 남아 있었다.

펠프스와 아내 케이시, 매커디 씨 부부, 술로아가 씨와 아들로 구성된 그리핀 탐험대는 기름쏙독새 보금자리—그리핀은 이곳을 '빛이 도달하는 바닷속의 가장 깊은 층'에 빗대어 '약광층'twilight zone이라고 불렀다—를 지나쳐 더 안쪽으로 들어갔다. 이들의 주목적은 기름쏙독새가 얼마나 깜깜한 곳에서 날 수 있는지 알아보려는 것이었기 때문이다. (훔볼트의 현지 가이드가 들어가기를 거부한) 동굴 가장 깊은 곳에서 그리핀 탐험대는 손전등을 끄고 자리에 앉아 눈이 어둠에 익숙해지기를 기다렸다. 20미터 위에서 기름쏙독새가 시끄럽게 울며 맴돌았지만 모습은 보이지 않았다. 20분이 지나자 이 깊숙한 동굴 안쪽에는 빛이 하나도 없다는 데 모두 동의했다. 그리핀이 9분 동안 노출한 필름에서도 확인된 사실이었다. "그리하여 우리의 첫 번째 의문은 확실히 풀렸다. 과차로는 완전한 어둠 속을 날고 있었다." 기름쏙독새는 침묵하지도 않았다. "짹짹거리고 꽥꽥거리는 온갖 울음소리 때문에 귀가 멍멍했다. …… 하지만 과차로의 기묘한 울음소리가 방향 찾기에 쓰였는지는 여전히 불분명했다."[47]

그리핀과 동료들은 동굴 입구로 나왔다. 그때 놀라운 일이 벌어졌다. 바깥에 어둠이 깔리고 있었는데, 새들이 새끼에게 먹일 열매를 찾아 동굴 밖으로 나오기 시작한 것이다. 동굴 입구를 향해 밀려드는 새들의 울음소리는 방금 전에 들었던, 귀청을 찢는 굉음이 아니었다. 전혀 다른, "상상할 수 있는 가장 날카로운 딸깍 소리"였다. 이후에 이 소리를 분석했더니 진동수가 사람이 들을 수 있는 범위 안에 있었으며 그리핀에게 친숙한 대부분의 박쥐보다는 훨씬 낮았다.[48]

다음 의문은 기름쏙독새가 이 '귀에 들리는' 딸깍 소리를 어둠 속에서 길 찾는 데 쓰는가였다. 답을 알려면 실험을 해야 했다. 펠프스 씨와 현지 가이드는 동굴 입구에 그물을 매달아 간신히 기름쏙독새를 몇 마리

잡았다. 술로아가 씨는 자신이 근무하는 크리올석유회사의 세탁실을 그리핀에게 실험실로 내주었다. 세탁실은 가로, 세로 3.6미터, 높이 2.4미터였으며 조명을 모두 없앴다. 기름쏙독새는 벽을 건드리지 않은 채 이 좁은 공간을 날아다녔다. 어둠 속에서 녀석들의 날갯짓 소리와 (물론) 딸깍 소리가 들렸다. 하지만 녀석들은 천장에 매달린 전구용 전선은 피하지 못했다. 그리핀은 녀석들이 자연 상태에서도 이렇게 작은 물체를 감지하지 못하는지 알아보기로 했다.

실험을 위해 기름쏙독새의 귀에 탈지면을 끼우고 접착제로 봉했다. 기름쏙독새가 반향정위를 이용하여 방향을 찾는다면 녀석들에게는 청각이 필수적일 터였다. 그리핀은 가장 팔팔한 세 마리를 골라 귀를 틀어막고는 접착제가 굳을 때까지 몇 분 동안 기다렸다. 그러고는 어두운 방에 풀어놓았다. 결과는 놀라웠다. 새들은 열심히 딸깍 소리를 냈지만 금세 벽에 처박고 말았다. 하지만 귀마개를 뺐더니 다시 벽을 피해 날아다녔다. 불을 켜면, 여전히 벽을 피해 날지만 딸깍 소리도 훨씬 드물게 냈다. 즉, 기름쏙독새는 밝기가 충분하면 시각을 주로 이용했다.[49]

그리핀은 기름쏙독새 몇 마리만을 이용한 간단한 실험으로 기름쏙독새가 박쥐처럼 반향정위를 이용한다는 사실을 확실히 입증했다. 박쥐가 사람 귀에 거의 들리지 않는 고주파음을 주로 이용하는 데 반해 기름쏙독새는 저주파음을 이용한다는 사실도 밝혀냈다.

1970년대에 고니시 마사카즈와 에릭 크누센은 기름쏙독새의 딸깍 소리가 2킬로헤르츠로, 가청 범위에서 가장 예민한 영역과 정확히 일치한다는 사실을 밝혀냄으로써 이 놀라운 결과를 확증했다. 고니시와 크누센은 박쥐의 반향정위에 대한 지식과 이 결과를 조합하여 기름쏙독새의 반향정위가 매우 조잡하며 비교적 큰 물체만 감지할 수 있을 것이라고 추측했다. 박쥐는 높은 고주파음을 쓰지만, 소리를 가늘게 쏘고 매우 예민한 귀로 반향을 감지하기 때문에 아주 작은 물체, 심지어 날고 있는 나방도 감지할 수 있다. 고니시와 크누센은 기름쏙독새의 칠흑 같은 동굴 속 비좁은 지역에 여러 크기의 장애물(플라스틱 원반)을 놓았다. 새가 이 지점을 통과하려면 장애물을 감지해야 한다. 적외선을 이용하여 관찰했더니 기름쏙독새는 원반 지름이 20센티미터 미만이면 감지하지 못하고 부딪혔다. 더 큰 원반은 수월하게 피해 다녔다.[50]

반향정위를 이용하는 또 다른 새로는 동남아시아에 서식하는 동굴흰집칼새cave swiftlet가 있다. 기름쏙독새처럼 깊숙한 동굴 속 암흑에서 번식하지만, 기름쏙독새와 달리 타액을 굳혀 둥지를 만든다(둥지는 제비집 수프 재료로 채집된다). 1925년에 G. L. 티헬만은 두 시간 동안 카누를 타고 보르네오의 동굴 속으로 들어간 경험을 묘사했다. "들어가는 내내 새들 지저귀는 소리가 비처럼 주룩주룩 내렸다. 헤아릴 수 없이 많은 동굴흰집칼새가 카누 주위를 날아다녔다. 여기저기 더러운 흰색 바위 위에 동굴흰집칼새 둥지가 수없이 널려 있었는데 어찌나 다닥다닥 붙었던지 검은 피클 무더기처럼 보일 정도였다."[51]

미국의 조류학자 딜런 리플리는 싱가포르의 또 다른 흰집칼새 동굴을 이렇게 묘사했다.

입구는 꽤 좁은 반원형 틈새 두 곳으로 이루어졌는데 새들이 속도를 줄이지 않은 채 들락날락했다. 새들이 내 곁을 지나갈 때면 비단 찢는 소리가 났다. 입구에 서 있으면 녀석들이 30센티미터 앞을 스쳐 날아가며, 날갯짓 소음이 귀청을 찢는 듯했다. …… 딸깍 소리는 동굴 벽에 부딪히는 것을 막아주는 음향 장치임이 틀림없었다. 녀석

들은 어둠 속으로 돌진하면서도 속도를 전혀 늦추지 않는 듯했다.[52]

이후에 앨빈 노빅은 기름쏙독새와 비슷한 실험 방법을 써서 흰집칼새가 완전한 어둠 속에서 기름쏙독새처럼 저주파음을 이용하여 반향정위로 길을 찾는다는 사실을 입증했다.[53]

제리 펌프리는 이렇게 지적했다. "[박쥐의 고주파음과 비교할 때] 저주파음을 반향정위에 이용하는 것은 현실적으로 단점이 많기 때문에 이 새들의 귀는 초음파에 대한 민감도를 증가시키는 방향으로 쉽사리 변형될 수 없으리라고 생각할 만하다."[54]

대다수 새의 청각은 전반적으로 우리와 비슷하며, 눈에 띄는 예외로는 야행성 종과 올빼미, 기름쏙독새, 동굴흰집칼새처럼 소리로 사냥하고 길을 찾는 종이 있다. 하지만 내 생각에는 큰회색올빼미야말로 조류의 청각이 얼마나 정교한가를 가장 잘 보여주는 듯하다. 비대칭 귀를 이용하여 눈[雪] 밑의 생쥐를 포착하는 솜씨를 보면 입이 다물어지지 않는다.

제3장

촉각

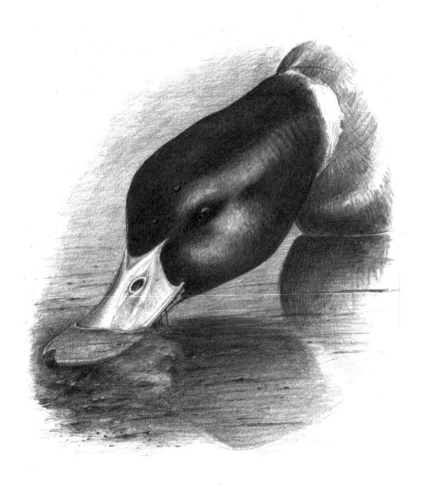

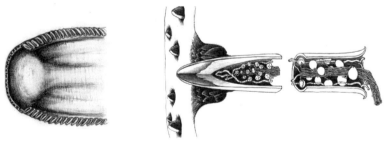

흙탕물에서 부리로 참방거리는 청둥오리.
왼쪽 작은 그림은 윗부리의 안쪽 가장자리에 있는 촉각 수용기의 끝 부분이고
오른쪽 작은 그림은 두 유형의 신경종말이 있는 촉각 수용기(확대),
그란드리 소체(작은 것)와 흰 공 모양의 헤르프스트 소체(큰 것)다.

새의 딱딱한 부리는 정교한 촉각에 알맞은 기관이 아닌 듯하다. …… 종말기관(신경종말)이 있다는 것은 이 부위가 촉각적으로 가장 민감함을 시사한다.

제리 펌프리, 「새의 감각기관」The sense organs of birds(1948),
《따오기》The Ibis, 90, 171~199

아이들이 어릴 때 빌리라는 금화조를 키웠다. 날 때부터 앞을 못 보는 빌리는 사람 손에서 무럭무럭 자랐다. 새끼 때부터 빌리를 돌본 우리 딸 로리는 녀석을 유독 좋아했다. 빌리는 로리의 목소리를 알았다. 하지만 더 인상적인 것은 발자국 소리까지 알아들었다는 것이다. 신기한 일이었다. 로리는 일란성 쌍둥이였는데, 빌리는 동생의 발자국 소리에는 꿈쩍도 하지 않았다. 하지만 로리가 오는 소리를 들으면 갑자기 노래를 시작하더니, 새장 문을 열자마자 다시 노래를 부르다가, 로리의 손가락에 팔짝 뛰어오른다. 흥분이 가라앉으면 로리에게 자기 목의 깃털을 다듬어달라며 고개를 한쪽으로 기울이고 깃털을 세운다. 동료 금화조에게 부탁할 때와 똑같은 자세다.[1]

조류학자들은 남의 깃을 다듬어주는 행위를 (더 일반적인) '자기 깃 다듬기'self-preening와 구별하여 '상대방 깃 다듬기'allopreening라 부른다. 금화조처럼 내 엄지손가락보다도 작은 새의 깃을 다듬어본 사람이라면 손가락이 얼마나 크고 뭉툭한지 절감했을 것이다. 우리 딸은 손이 작아서 집게손가락으로 진짜 새들이 하는 것처럼 상대방 깃 다듬기를 할 수 있었으며 빌리도 마음에 들어 했다. 녀석은 목을 긁어달라고 내맡긴 사람처럼 눈을 감았으며 이따금 딴 곳을 긁으라는 듯 목을 돌리기도 했다. 내가 빌리에게 깃 다듬기를 해줄 때면, 내 손가락이 얼마나 큰지, 때리지 않고 긁으려면 얼마나 조심해야 하는지 실감했다. 손가락이 빗나가면 녀석은 화들짝 놀라 내 손을 쪼거나 달아났다.

내가 아는 한, 빌리는 깃 다듬기의 감각을 속속들이 즐겼으며 암수 금화조가 서로 깃을 다듬어줄 때에도 이와 같으리라 생각한다. 깃 다듬기를 받는 쪽이 좋아하리라는 것은 쉽게 예상할 수 있지만, 해주는 쪽이 어떤 느낌일지는 판단하기 힘들다.

나는 빌리의 목을 긁어줄 때 손가락 끝이 녀석의 살갗과 깃털에 닿는 감각을 똑똑히 느꼈으며 그 정보를 이용하여 압력을 조금씩 조절했다. 금화조도 서로 깃 다듬기를 할 때 비슷한 피드백을 이용할까?

부리는
둔감하다?

딱딱한 각질 부리는 언뜻 보기에는 감각이 무딜 것 같다. 둔감한 부리로 깃 다듬기를 하는 느낌을 알고 싶어서, 마른 풀대로 빌리를 긁어보았다. 풀대는 금화조 부리보다 가늘었다. 사실 풀대는 생각만큼 둔감하지 않았다. 풀대를 거쳐 내 손가락에 전달되는 촉감을 느낄 수 있었기 때문이다. 게다가 빌리는 풀대로 정교하게 긁어주는 것을 꽤 좋아했다.[2]

사실 새 부리는 둔감과는 거리가 멀다. 새의 부리와 혀 곳곳에는 작은 구멍 속에 수많은 촉각 수용기가 들어 있다. 금화조 등이 깃 다듬기

새의 감각

를 미세하게 조정할 수 있는 것은 이 때문이다.[3]

사람 손가락에 있는 촉각 수용기는 1700년대에 처음 발견되었지만[4] 새의 부리에서는 1860년에야 앵무를 비롯한 몇 종에게서 발견되었다.[5] 부리의 성질을 보건대 앵무는 부리 끝의 촉각이 예민할 것 같지 않지만, 예상과 달리 앵무는 민감한 부리를 가지고 있다. 앵무가 놀라운 묘기를 부리는 것은 이 덕분이다.

부리 끝 기관은 1869년에 프랑스의 해부학자 D. E. 구종이 발견했다. 사랑앵무를 비롯하여 그가 관찰한 모든 앵무에게 이 기관이 있었다. 윗 부리와 아랫부리에 구멍이 한 줄로 나 있었는데 구멍마다 촉각 민감성 세포가 들어 있었다. 구종의 짧은 설명에는 놀라운 열정이 담겨 있다. "기관의 정확한 형태를 아는 것만으로는 충분치 않다. 가능하다면 본질을 꿰뚫고 기본 요소를 밝혀내야 한다." 구종은 촉각 수용기의 본질을 꿰뚫고 기본 요소를 밝혀냈다.[6]

새의 부리 끝 기관을 관찰하면서 손가락이 성하고 싶다면 앵무보다는 오리를 택하는 쪽이 훨씬 안전하다. 나는 오리 부리의 신경 그림을 처음 보고서[7] 1960년대 말 동물학 학부생이던 때를 떠올렸다. 그때 즐겨 읽던 책으로는 1938년에 첫 출간된 랠프 북스바움의 『등뼈 없는 동물』Animals Without Backbones이 있다. 북스바움은 빼어나고 설득력 있게 무척추동물 생물학의 연구에 생명을 불어넣었다. 한 장章은 이렇게 시작한다. "선충을 제외한 우주의 모든 물질을 없애도 우리의 세상은 어렴풋하게나마 알아볼 수 있을 것이다."[8] 마찬가지로 신경을 제외한 오리 부리의 모든 물질을 없애도 부리는 뚜렷이 알아볼 수 있을 것이다. 신경 조직의 기막힌 네트워크를 관찰하기만 했는데도, 조류 부리가 둔감한 도구이기는커녕 (적어도 일부 종에서는) 매우 민감한 구조임을 똑똑히 알 수 있었다.[9] 영국 크로프턴의 교구 목사 존 클레이턴은 1600년대 후반에 오리 부리의 신경이 정교하게 배열되어 있음을 발견하고 왕립학회에 이런 편지를 썼다.

> 제가 런던에 있을 때 물랭 박사와 해부학을 함께 연구했는데, 부리가 납작하고 부리로 더듬어 먹이를 찾는 모든 새들의 부리에 세 쌍의 신경이 있음을 왕립학회에 보고했습니다. 이로써 저희는 오리가 먹이를 보지 않고서도 무엇이 먹을 만하고 무엇이 못 먹을 것인지를 맛으로 정확히 구별한다고 추정했습니다. 이것은 오리의 부리와 머리에서 가장 뚜렷했기에 그림을 그려 귀 학회에 상신합니다.[10]

존 클레이턴의 말은 이런 뜻이다. 우유를 탄 뮤즐리 시리얼에 고운 모래를 한 줌 넣었다고 상상해보자. 이 시리얼에서 뮤즐리만 골라 먹을 수 있을까? 우리에게는 어림도 없는 일이지만, 오리에게는 식은 죽 먹기다.

비결을 알려면, 일단 오리를 한 마리 사로잡아야 한다. 바닥에 누인 뒤에 부리를 열어 입천장을 검사한다. 가장 눈에 띄는 특징은 가장자리 굴곡면을 따라 바깥을 향해 나 있는 일련의 홈이지만, 우리가 보아야 할 곳은 부리의 바깥쪽 가장자리다. 이곳에 작은 구멍이 한 줄로 나 있는 것이 보일 것이다. 갯수는 서른 개가량 된다. 아랫부리에는 더 많아서 약 180개나 된다. 돋보기로 구멍을 관찰하면 구멍마다 원뿔 모양의 뾰족한 끄트머리(유두papilla)가 튀어나와 있는 것이 보인다. 그 안에는 미세한 감각신경종말(감각 수용기)이 20~30개가량 무리 지어 있는데, 이것은 신경망을 거쳐 뇌로 연결된다.

새의 감각

19세기 독일의 해부학자들은 오리의 부리 끝 기관에서 처음으로 촉각 수용기를 관찰했다. 오리의 촉각 수용기는 두 종류가 있다. 크고 정교한 수용기는 에밀 프리드리히 구스타프 헤르프스트(1803~1893)가 발견하여 자신의 이름을 따라 명명했다. 그는 이 수용기를 1848년에 오리의 뼈에서 먼저 발견한 뒤에 1849년에 입천장에서, 1850년에는 피부에서, 1851년에는 혀에서 발견했다. 헤르프스트 소체는 압력과 (따라서) 촉각에 민감하며 길이가 약 150마이크로미터(1마이크로미터는 1000분의 1밀리미터다)이고 너비가 약 120마이크로미터인 타원형이지만 이따금 길이가 1밀리미터에 이르기도 한다. 두 번째 수용기는 그란드리 소체로, 1869년에 이 수용기를 처음 발견한 벨기에의 생물학자 그란드리의 이름을 땄다. 그란드리 소체는 작고(길이와 너비가 약 50마이크로미터) 구조가 단순하며 움직임에 민감하다. 두 수용기는 유두의 원뿔형 몸체에 함께 들어 있는데, 작은 그란드리 소체가 헤르프스트 소체 위에 분포하여 매우 아름다운 구조를 이룬다.

오리 부리 안팎의 다른 부위, 특히 부리 끄트머리와 가장자리에도 헤르프스트 소체와 그란드리 소체가 많이 있지만, 부리 끝 기관의 유두에서처럼 다닥다닥 붙어 있지는 않다. 청둥오리 부리 1제곱밀리미터에 수용기가 700개나 들어 있는데, 모든 수용기는 부리와 접촉하는 물체나 입 안에 있는 물체에 대한 정보를 수집하는 역할을 한다.[11]

연못 가장자리 흙탕물에서 부리를 재빨리 열었다 닫았다 하며 참방거리는 오리는 진흙에서 먹이를 걸러, 먹을 수 있는 것을 남기고 진흙과 모래, 물을 뱉는 중이다. 오리는 이 동작을 매우 빨리 하는데, (눈으로 볼 수 없어서) 예민한 부리 끝 기관과 입 전체의 촉각 수용기, 그리고 (다음 장에서 보겠지만) 맛봉오리를 이용한다. 우리는 이에 해당하는 감각(또는 기계적) 기관이 없기 때문에, 뮤즐리와 모래를 입으로 구분하지 못한다. 물론 오리도 다른 때는—이를테면 아이의 손에 있는 빵을 낚아챌 때—눈을 이용한다. 하지만 빵을 차지한 뒤에는 부리 끝 기관으로 질감을 감지하고는 맛이 괜찮으면 꿀꺽 삼킨다.

딱따구리의
도끼 같은 부리

금화조는 어떻게 해서 짝의 깃을 그렇게 섬세하게 다듬을 수 있을까? 금화조 부리에는 앵무나 오리의 부리처럼 신경종말이 모여 있다.[12] 입 안쪽과 혀 위에도 촉각 수용기가 많이 있는데, 혀의 주된 기능은 금화조의 먹이인 씨앗의 겨를 벗기는 것이다. 금화조는 혀와 윗부리 사이에 씨앗을 올려놓고 솜씨 좋게 씨앗을 쓿는다.[13] 하지만 이 촉각 감각기는 기계적 감각을 신경 자극으로 변환하는 역할도 한다. 상대방의 깃을 다듬을 때 이 피드백을 이용하여 압력을 조절하는 것이다.

그런데 여기에는 모순이 있는 듯하다. 새의 부리가 생각보다 훨씬 민감하다면 딱따구리가 부리를 도끼로 쓰는 것은 어찌 된 영문일까? 부리는 어떻게 민감한 동시에 둔감할 수 있을까? 답을 알려면 우리의 손을 보면 된다. 우리의 손은 주먹을 쥐면 무기가 되지만 손바닥을 펴면 감각이 아주 예민해진다. 와일더 펜필드가 호문쿨루스의 손을 아주 커다랗게 만든 것은 이 때문이다. 딱따구리는 나무에 구멍을 낼 때 부리의 날카롭고 둔감한 부위를 쓴다. 훨씬 민감한 입 안쪽을 쓰는 것이 아니다. 문제는 멧도요와 키위처럼 부리가 상대적으로 부드럽고 극도로 민감한 섭금류다. 흙을 뒤적거리다 실수로 부리가 돌에 부딪히면 어떻게 될까? 우리가 척골 신경(팔꿈치 사이_옮긴이)을 부딪혔을 때처럼 찌릿할까?

촉각 수용기는 여러 종류가 있어서 각각 압력, 운동, 진동, 질감, 통증 등을 감지한다. (현미경으로 들여다보면) 모양이 다르고 분포하는 위치도 다르다. 사람의 촉각 수용기가 손등보다 손가락 끝에 훨씬 많은 것처럼 새의 촉각 수용기는 (몸 전체에 퍼져 있기는 하지만) 부리와 발에 더 많다. 상대방 깃 다듬기를 할 때에는 헤르프스트 소체만 관여하지만, 부리로 먹이를 골라낼 때에는 여러 촉각 수용기와 자유신경종말이 일사불란하게 협력한다.[14]

꼬리치레babbler와 후투티사촌woodhoopoe처럼 집단적으로 번식하거나 협력하여 번식하고 사회성이 매우 발달한 새는 상대방 깃 다듬기에 시간을 많이 할애한다. 왜 그럴까? 금화조 같은 새의 경우는, 간단히 설명하자면 상대방 깃 다듬기가 유대 관계를 유지하는 방법이기 때문이다. 한 쌍의 금화조가 서로 목덜미를 부리로 긁어주는 것을 보면, 꼭 둘이 사랑하고 있는 것 같다. 모란앵무의 영어 이름이 '사랑새'lovebird인 것은 이 때문이다. 예전에는 배우자 사이에 일어나는 거의 모든 행동―깃 다듬기, 부리 비비기, 서로 먹여주기―이 "유대 관계를 유지하"는 데 기여한다고 간주하는 경향이 있었지만, 나는 이것이 불완전한 설명이라고 늘 생각했다. 아주 최근까지도, 이런 행동이 유대 관계를 유지하는 데 도움이 된다는 확실한 증거는 거의 없었다.

새들의 상대방 깃 다듬기―또한 영장류의 상대방 털 고르기―에 대한 또 다른 설명은 먼지나 기생충을 없애는 위생적 기능을 한다는 것이다. 진화의 논리는 간단하다. 배우자에게서 진드기를 없애주는 것이 내게 유리한 이유는 내가 옮을 가능성이 감소하기 때문이다. 또한 배우자에게서 진드기를 없애주면 우리의 자식에게 피해가 미칠 가능성도 줄일 수 있다. 새의 경우는 상대방 깃 다듬기에 위생적 기능이 있다고 생각할 만한 이유가 적어도 두 가지 있다. 첫째, 상대방 깃 다듬기의 대상이 되는 부위는 스스로 다듬기 힘든 머리와 목의 깃털이다. 둘째, 상대방 깃 다듬기는 개체군 밀도가 높은 종에게서 특히 흔하다. 개체군 밀도의 기록 보유자는 바다오리로, 1제곱미터에서 최대 70마리가 몸을 맞댄 채 번식한다. 진드기 같은 외부 기생충이 이 새에게서 저 새에게로 옮겨 다니기에 안성맞춤이다. 바다오리는 배우자뿐 아니라 몸을 맞댄 이웃에게도 상대방 깃 다듬기를 해준다.

나는 스코머 섬에서 다 자란 바다오리 수백 마리를 관찰했지만 진드기에 감염된 녀석은 거의 보지 못했다. 녀석들이 번식하는 바위 턱에서도 가끔씩만 보았을 뿐이다. 하지만 1980년대에 찾아간 펑크 섬에는 바다오리가 50만 마리가량 서식했는데 번식지의 돌멩이마다 진드기가 득시글거렸다. 바다오리가 얼마나 심하게 감염되었는지, 상대방 깃 다듬기가 진드기 제거에 효과가 있는지는 아쉽게도 알아볼 기회가 없었다. 하지만 상대방 깃 다듬기가 얼마나 중요한지 알 수 있는 일화가 하나 있다. 초대형 유조선 토리 캐니언 호가 1967년에 좌초하여 바다오리를 비롯한 바닷새 수천 마리가 석유 유막을 뒤집어쓰고 죽은 지 얼마 지나지 않았을 때, 연구자들은 깃털을 청소하는 방법을 알아내려고 살아 남은 몇 마리를 포획·사육했다. 한 연구자가 말하길, 바다오리 한 마리가 진드기에 감염되었는데—진드기는 뒤통수 피부에 박혀 있었다—다른 새들이 감염된 녀석의 깃을 다듬어주려고 안간힘을 썼다고 했다. 깃털에 붙은 진드기는 강력한 시각 자극임에 틀림없었다. 또 다른 연구에서 케임브리지 대학의 마이크 브룩은 야생 마카로니펭귄macaroni penguin과 바위

새의 감각

뛰기펭귄rockhopper penguin이 상대방 깃 다듬기를 하면 진드기 수가 부쩍 감소한다는 사실을 밝혀냈다.[15]

깃 다듬기의
사회적 기능

영장류와 사회성 조류는 공통점이 많다. 영장류는 스트레스를 받으면—이를테면 힘센 녀석에게 공격당하면—그 즉시 마치 위안을 얻으려는 듯 털 고르기 해줄 상대를 찾는다. 사람도 마찬가지다. 팔이나 어깨를 살짝 만지는 것은 상대방에게 위안을 주려는 몸짓이다. 내가 셰필드 근방에서 연구한 까치European magpie는 상대방 깃 다듬기를 별로 하지 않기 때문에, 깃 다듬기 광경을 볼 때마다 기록을 해두었다. 녀석들은 여느 새처럼 배우자에게만 깃 다듬기를 해주되, 흥미롭게도 다른 까치가 세력권을 호전적으로 침범한 뒤에만 깃 다듬기를 했다. 다른 까치가 침범하면 으레 세력권 다툼이 벌어지는데, 그러면 둘은 키 큰 나무로 물러나 바싹 붙은 채 암컷이 수컷의 깃을 다듬어준다. 수컷이 암컷의 깃을 다듬는 경우는 매우 드물었다. 따라서 상대방 깃 다듬기가 사회적 관계의 스트레스와 연관된 것은 분명하다. 앤드루 래드퍼드와 모르네 뒤 플레시가 연구한 아프리카초록후투티사촌African green woodhoopoe에게서는 더더욱 분명하다.

초록색과 자주색이 어우러진 깃털과 아래로 구부러진 진홍색 부리를 뽐내는 아프리카초록후투티사촌은 매우 사회적이며 협력하여 번식하는 새다. 녀석들은 6~8마리가 모여 살며, 번식 중인 암수 한 쌍과 이들을 돕는 조력자로 이루어지는데 대체로 지난해 번식기에 태어난 어린 새들이 조력자 역할을 한다. 밤이면 무리 전체가 나무 구멍에 모이기 때문에 외부 기생충이 옮기 쉽다. 그래서 이들의 상대방 깃 다듬기는 위생적 기능을 할 가능성이 있다. 여느 새처럼 머리와 목을 중점적으로 다듬는 것을 보면 더욱 그럴 만하다. 하지만 상대방 깃 다듬기에 사회적 기능이 있는 것 또한 분명하다. 녀석들은 이웃 무리와 충돌하는 일이 빈번한데, 그때마다 까치처럼 상대방 깃 다듬기를 한다. 하지만 이런 상황에서는 머리보다는 몸의 깃털을 주로 다듬어준다. 이웃과의 싸움이 치열할수록 상대방 깃 다듬기에도 더 정성을 들인다. 이긴 무리보다는 진 무리가 상대방 깃 다듬기를 더 많이 했는데, 지는 것이 스트레스가 더 크기 때문일 것이다. 녀석들은 상대방 깃 다듬기에 많은 시간을 할애하며—최대 하루의 3퍼센트—영장류처럼 이를 통해 특별한 사회적 관계를 강화하는 듯하다.[16]

조류의 상대방 깃 다듬기와 스트레스 감소의 연관성을 탐구한 유일한 연구는 도래까마귀raven를 대상으로 한 것으로, 영장류에서 발견된 결과를 뒷받침하는 듯하다. 상대방 깃 다듬기를 많이 하는 도래까마귀일수록 코르티코스테론corticosterone이라는 스트레스 호르몬이 덜 분비되었다. 이것이 새에게서 일반적인 현상임을 확신하려면 더 많은 연구가 필요하지만, 나는 그럴 것이라고 추측한다.[17]

털깃털의
비밀

바다오리, 까치, 도래까마귀, 후투티사촌이 상대방 깃 다듬기를 할 때 수혜자 피부의 촉각 수용기가 관여하는 것은 분명하다. 새의 피부에는 우리와 마찬가지로 압력, 통증, 운동 등을 감지하는 여러 수용기가 많지만, 특수하게 변하여 (아마도) 상대방 깃 다듬기에서 중요한 역할을 하는 깃털이 따로 있다.

이런 깃털에는 세 종류가 있다. 가장 많고 기능이 분명한 것은 큰깃털contour feather이다. 여기에는 날개와 꼬리의 길고 억센 깃털뿐 아니라 몸을 덮은 짧은 깃털과 입 가장자리의 입가센털rictal bristle도 포함된다. 두 번째 종류는 폭신폭신한 솜깃털down feather로, 몸 근처에 나 있기 때문에 큰깃털에 가려 보이지 않는다. 솜깃털은 주로 보온 역할을 하기 때문에, 침낭이나 점퍼의 충전물로 효과적이다. 세 번째 종류의 깃털은 훨씬 낯설다. 닭이나 비둘기의 털을 뽑아본 적이 없다면 이 깃털을 보지 못했을 것이다. 큰깃털과 솜깃털을 모두 뽑으면 가는 머리카락 같은 털깃털filoplume만 남는다. 털깃털은 몸 전체의 표면에 드문드문 나 있는데 큰깃털의 뿌리 가까이에 몰려 있다.

털깃털은 줄기 모양으로, 끝에 깃가지barb가 촘촘하게 나 있으며 대체로 솜깃털처럼 큰깃털에 가려서 보이지 않는다. 하지만 일부 명금은 푸른머리되새chaffinch의 목덜미나 (이름 그대로) 등에털난직박구리hairy-backed bulbul의 등에서 보듯 털깃털이 큰깃털 위로 삐져나왔다. 털깃털을 과시용으로 쓰는 종도 있다. 가마우지cormorant는 볏이 털깃털로 되어 있으며, 털깃털이 가장 멋진 새는 흰수염작은바다오리whiskered auklet다. 흰수염작은바다오리는 북태평양에 서식하는 작은 바닷새로—몸무게가 약 120 그램에 불과하다—번식기가 되면 빼어난 미모를 자랑한다. 점을 찍은 듯한 동공을 둘러싼 눈부신 흰색의 홍채는 새까만 깃털과 대조를 이루며, 앞쪽을 바라보는 검은 볏(큰깃털이 변한 것)과 은빛 털깃털 세 다발이 얼굴을 장식한다. 털깃털 한 다발은 눈 앞쪽에서 목으로 늘어졌으며 두 번째 다발은 눈 뒤에서 첫 번째와 나란히 아래로 쳐졌고 세 번째 다발은 눈 위에서 마치 더듬이처럼 머리 뒤로 몇 센티미터 삐죽 튀어나왔다. 흰수염작은바다오리는 야행성으로 무리를 이루어 살며, 녀석들의 얼굴 장식은 여느 바다오리auklet처럼 짝을 고르는 기준이 되는 듯하다. 하지만 칠흑같이 깜깜한 바위 틈 보금자리로 들어갈 때 부딪히지 않도록 고양이 수염 같은 역할을 하기도 한다.[18] 이뿐만이 아니다. 쥐와 몇몇 포유류의 코털vibrissae은 아주 예민해서 물체의 크기뿐 아니라 매끈한 표면과 거친 표면도 구별할 수 있기 때문이다.[19]

하지만 일반 털깃털의 쓰임새는 오랫동안 수수께끼였다. 1964년에 출간된 조류학 사전에서는 '털깃털'을 '퇴화하여 아무 기능이 없는 구조'로 풀이한다.[20] 하지만 1950년대에 독일의 연구자 쿠니 폰 페퍼는 털깃털이 촉각으로 진동을 전달하여 새들이 깃털 매무새를 가다듬는 데 쓰일 것이라고 예측했다. 페퍼가 옳았다. 털깃털은 매우 민감하며, 털깃털이 움직이면 신경 자극이 발생하는데 새는 이 경고 신호에 따라 깃털을 바로잡는다.[21] 털깃털은 사회적 과시에서 특히 중요한—간접적이기는 하지만—역할을 한다. 꼬리를 부채처럼 펼치는 공작, 날개 깃털을 탁탁 치는 무희새, 깃털을 화려하게 부풀리며 과시 동작을 하는 느시great bustard 수컷, 겁먹으면 깃털에서 윤이 나는 푸른박새에서 보듯 깃털 매무새는 쓰임새가 무궁무진하다. 털깃털은 민감하기 때문에 상대방 깃 다

새의 감각

듣기에서도 중요하다. 깃을 다듬다가 직접 털깃털을 만질 수도 있고 옆에 있는 큰깃털을 만지다가 간접적으로 만질 수도 있다.

털깃털 이야기를 마무리하기 전에, 털깃털과 비슷하지만 더 친숙한 구조를 하나 언급하겠다. 첫째, 여러 새는, 그중에서도 쏙독새, 기름쏙독새, 솔딱새flycatcher는 입가에 억세고 털처럼 생긴 센털이 한 줄로 나 있다. 이것은 큰깃털이 변한 것으로, '입가센털'이라고 하며 밑동에 신경이 잘 발달한 것으로 보아 감각 기능이 있음을 알 수 있다. 쏙독새와 솔딱새의 센털은 날아다니는 곤충을 잡는 데 쓰인다. 기름쏙독새는 야행성이어서 어둠 속을 날아다니는데, 나무에서 열매를 딸 때 센털을 쓴다. 둘째, 일부 넓은부리쏙독새frogmouth와 포투쏙독새potoo(쏙독새와 비슷한 열대 지방의 밤새), 키위와 일부 바닷새는 흰수염작은바다오리처럼 머리 꼭대기에 볏이나 길고 성긴 깃털이 나 있다. 이것은 털깃털이 아니라 큰깃털이 변한 것일 테지만, 입가센털과 털깃털처럼 감각 기능을 하는 듯하다. 최근 연구에 따르면 얼굴 깃털이 있는 새는 탁 트인 곳보다는 울창한 숲이나 동굴, 작은 굴처럼 복잡한 환경에서 서식할 가능성이 훨씬 크다. 이것을 보면 얼굴 깃털이 쥐와 고양이의 수염처럼 장애물을 피하는 기능을 한다고 추측할 수 있다.[22]

키위의 부리
딱따구리의 혀

구종은 19세기에 앵무의 부리 끝 기관을 발견하고서 꺅도요와 도요sandpiper처럼 모래나 진흙을 뒤져 먹이를 찾는 섭금류의 부리에서도 비슷한 구조를 보았다고 말했다. 나는 어릴 때 새의 두개골을 열심히 수집했다. 내가 가장 아낀 수집품은 탐지새probing bird인 멧도요의 두개골이었는데 눈구멍이 엄청나게 크고 부리 끝에 구멍이 뚜렷하게 나 있었다. 구멍을 보려면 부리를 감싼 가죽 싸개ramphotheca를 벗겨내야 했다.

도요, 멧도요, 꺅도요처럼 부리 끝이 민감한 탐지새는 벌레나 연체동물 같은 먹잇감을 탐지할 때 직접 만지거나 진동을 감지하거나 (더 놀랍게는) 진흙이나 모래의 압력 변화를 감지한다.[23]

네덜란드의 조류학자 퇴니스 피르스마는 1990년대에 기발한 실험을 통해 붉은가슴도요red knot가 모래에 숨어 꼼짝하지 않는 작은 두껍질조개bivalve(홍합이나 백합 등)를 어떻게 찾아내는지 밝혀냈다. 붉은가슴도요는 축축한 모래에 부리를 박으면서 모래 알갱이 사이에 있는 극미량의 물에 압력파를 발생시킨다. 이 압력파는 두껍질조개 같은 단단한 물체에 닿으면 교란되는데, 이렇게 물의 흐름이 막히는 '압력 교란'pressure disturbance을 감지하는 것이다. 섭금류인 붉은가슴도요는 탐지 행동을 빠르게 반복함으로써 모래 속에 숨은 먹잇감의 3차원 영상을 조합할 수 있는 듯하다.[24]

뉴질랜드의 연구자 수전 커닝엄과 그녀의 박사 과정 지도교수 이사벨 카스트로는 피르스마의 발견에 영감을 얻어 탐지새 중의 탐지새인 키위의 부리에서도 비슷한 현상이 일어나는지 알아보기로 했다. 키위의 부리 끝에는 도요처럼 윗부리와 아랫부리 안팎에 벌집 같은 구멍이 나 있다. 흥미롭게도 리처드 오언은 1830년대에 키위를 조심스럽게 해부하고서도 이 구멍을 알아보지 못한 듯하다. 구멍을 언급한 적도 없고, 논문에 수록된 키위 두개골의 정교한 삽화에도 구멍을 표시하지 않았기 때문이다. 키위의 부리 끝에 특이한 구멍이 숭숭 뚫려 있음을 처음으로 보고한 사람은 뉴질랜드 더니든 대학의 생물학 교수 제프리 파커였다. 1891년에 파커는 이 구멍들이 "안와비眼窩鼻orbitonasal 신경의 등가지dorsal ramus와 다량으로 연결되었"다고 기술했다. 말하자면 구멍은 신경과 다량으로 연결되었다.[25] 월터 불러는 『뉴질랜드의 새』Birds of New Zealand(1873)에서 키위가 먹이 찾는 광경을 아름답게 묘사했다. "키위는 먹이를 찾으면서 끊임없이 코를 킁킁거린다. 콧구멍은 윗부리 끝에 뚫려 있다. 녀석이 먹이를 촉감으로 찾는지 냄새로 찾는지 꼬집어 말할 수는 없지만, 아마도 두 감각이 다 작용하는 듯하다. …… 촉각이 매우 발달한 것은 분명해 보인다. 킁킁 소리를 내지 않더라도 우선 부리 끝으로 물체를 건드리는 것을 보면 말이다. …… 우리에 가두면, 벽을 살살 두드리는 소리가 밤새도록 들릴 것이다."[26]

키위의 부리 끝에 있는 감각 구멍의 방향을 보면 녀석이 어떻게 먹잇감을 감지하는지에 대해 또 다른 실마리를 얻을 수 있다. 붉은가슴도요의 부리 끝에는 정면을 향한 감각 구멍 안에 헤르프스트 소체가 가지런히 들어 있다. 이러한 배치는 압력 교란 패턴을 감지하는 데 필요한 듯하다. 진동으로 먹잇감을 감지하는 다른 도요 종[27]은 구멍이 바깥을 향해 나 있는 데 반해 키위는 정면, 바깥, 뒤를 향한 구멍이 다 있다. 이는 키위가 압력과 진동 단서를 둘 다 이용하여 먹잇감을 감지함을 암시한다. 키위와 섭금류는 부리 구조가 비슷하지만 가까운 친척은 아니다. 이것은 비슷한 선택압, 즉 표면 아래에 숨은 먹이를 찾을 필요성에 대응하여 비슷한 적응이 진화한 수렴진화convergent evolution의 좋은 예다.

또 다른 '탐지' 습성에서도 잘 발달한 촉각(과 미각)을 발견할 수 있다. 우리가 살펴볼 곳은 딱따구리, 개미잡이wryneck, 애기딱따구리piculet의 긴 혀 끝 부분이다.

딱따구리의 신기한 혀를 처음 언급한 사람은 레오나르도 다빈치이지만[28] 초창기에 훌륭한 그림으로 표현한 사람은 네덜란드의 박물학자 폴허르 코이터르(1534~1576)다. 코이터르는 개미잡이도 혀가 길다는 사실을 알아냈다.[29] 토머스 브라운은 1600년대 중엽에 딱따구리의 "혀와 연결된 커다란 신경"을 언급했으며[30] 동료 조류학자 프랜시스 윌러비와 존 레이는 청딱따구리green woodpecker를 관찰하고는 이렇게 썼다. "쭉 내민 혀는 매우 길며 끝에는 뼈처럼 딱딱한 물질이 있다. …… 이 부위를 다트처럼 휘둘러 곤충을 잡는다." 청딱따구리를 매우 정교하게 해부한 뒤에는 이렇게 썼다.

> 청딱따구리는 이 혀를 8~10센티미터가량 뻗었다가 끌어들이는데, 이 동작에는 앞에서 언급한 딱딱한 혀끝에 고정되어 혀뿌리까지 이어진 작고 둥근 연골 두 개가 관여한다. 연골은 혀뿌리에서 귀 위로 굽어들어 정수리로 휘어진 모양이 마치 커다란 활 같다. 인대 아래로는 시상봉합을 따라 내려가 오른쪽 눈구멍 바로 위를 지나서는 부리 오른쪽으로 돌아 그곳의 구멍에 들어간다. 구멍이 연골의 출발점이다.

두 사람은 청딱따구리가 혀를 내밀었다 움츠리는 광경을 묘사한 뒤에 이렇게 끝맺는다. "하지만 여기에 대해서는 더 언급하지 않고 다른 사람들이 더 흥미를 가지고 연구하기를 기대한다."[31]

그로부터 한 세기 뒤에 콩트 드 뷔퐁은 청딱따구리의 딱딱한 혀끝이 "뒤로 휘어진 작은 갈고리가 달린 비늘 모양 뿔로 덮여 있는데 이것으로 먹잇감을 붙잡을 수도 있고 꿰뚫을 수도 있을 것이며, 두 개의 배설관에

새의 감각

서 나오는 끈끈한 액체로 축축히 젖어 있"다고 썼다.[32]

딱따구리가 혀로 먹잇감을 찌른다는 생각은 그 뒤로도 살아남았으며 1950년대에 야생 영화 제작의 선구자 하인츠 질만이 한층 힘을 실었다. 질만은 오색딱따구리great spotted woodpecker의 "작살 모양 혀가 곤충 애벌레와 번데기를 꿰뚫는 데 제격"이라고 말했다. 하지만 질만의 영상을 다시 분석했더니 애벌레는 꿰뚫린 것이 아니라 끈적끈적한 침 때문에 혀 끝에 달라붙어 있었다. 소앤틸리스 제도에 서식하는 과들루프딱따구리Guadeloupe woodpecker를 몇 주 동안 포획 상태에서 연구했더니 똑같은 행동이 관찰되었다. 긴 혀를 구멍 속으로 뻗은 과들루프딱따구리는 혀가 먹잇감과 닿았는지 (촉각이나 미각을 이용하여) 즉시 알아차렸으며, 꼼꼼한 해부 연구에 따르면 혀끝에 촉각 감각기가 많이 분포해 있다(맛봉오리에 대해서는 알려진 것이 없지만, 나는 혀끝에 맛봉오리가 있다고 확신한다). 한편 곤충 애벌레는 딱따구리의 혀를 감지하고 가만히 있지 않았다. 딱따구리가 자기를 떼어내지 못하도록, 다리를 움직여 벽 쪽으로 물러나거나 달라붙었다. 과들루프딱따구리는 끈적끈적한 침, 표면의 미늘, 잡는 힘이 뛰어난―하지만 물체를 꿰뚫지는 못하는―혀끝을 한꺼번에 활용하여, 버티는 먹잇감을 끌어낼 수 있었다.[33]

ϵ⸺ϵᵗϵϵ

나는 지금 플로리다 북부에서도 잘 알려지지 않은 지역인 촉토해치 강에 와 있다. 이곳은 1970년대 영화 〈서바이벌 게임〉Deliverance에서 본 듯한 백인 마을이다. 나는 카약에서 조용히 휴식을 취하며 도가머리딱따구리pileated woodpecker 네 마리가 요란한 소리를 내며 나무 사이로 쫓고

쫓기는 광경을 넋을 잃고 바라본다. 판근板根(나무의 곁뿌리가 평판平板 모양으로 뇌어 땅 위에 노출된 것_옮긴이) 사이프러스의 올리브색 잎에 걸러진 늦은 오후 햇빛이 완벽하다. 새들은 즐거워 보인다. 이 나무에서 저 나무로 휙휙 건너다니며 나무를 두드리고 울음소리를 내지만 빨간색, 검정색, 흰색의 아리따운 깃털은 이따금씩 감질나게만 보여준다. 도가머리딱따구리를 이렇게 가까이서 본 적은 처음이지만, 내가 이곳에 온 목적은 따로 있다. 나는 도가머리딱따구리의 큰 사촌 흰부리딱따구리ivory-billed woodpecker를 목격하고 싶어 하는 조류학자 몇 명과 함께 있다.

흰부리딱따구리는 20세기 후반에 멸종한 줄 알았으나, 1999년에 루이지애나 남부의 펄 강에서 (논란의 여지가 있지만) 보았다는 이야기가 있는 것으로 보아 적어도 한 마리가 생존했던 것으로 생각된다. 그 뒤로도 촉토해치 강을 비롯한 외딴 습지에서 흰부리딱따구리를 목격했다는 보고가 몇 건 있었으나, 동영상 증거는 아직 하나도 없다(요즘은 동영상 증거가 필수적이다).[34]

흰부리딱따구리는 '주 하나님 새'Lord God Bird라고도 하는데, 끌 모양의 거대한 부리가 달렸다. 녀석은 나무껍질 밑에 숨어 있는 커다란 딱정벌레 애벌레를 찾아 나무를 수색한다. 애벌레를 찾으면—목질부 씹는 소리로 탐지하는 것이 거의 틀림없다—나무를 난도질하여 손 크기만 한 나무껍질 덩어리를 파내서는 애벌레의 은신처를 까발린다. 망치와 끌을 가지고 이렇게 하려면 얼마나 힘들지 생각해보면 흰부리딱따구리가 얼마나 힘센 장사인지 짐작할 수 있을 것이다. 애벌레가 벗어나려고 몸을 꿈틀거릴 때 흰부리딱따구리가 기다란 혀를 전광석화처럼 뻗어 녀석을 낚아챈다. 이 날렵한 동작에서, 강철처럼 둔감한 부리와 사람 손가락보다 민감한 혀의 대조가 두드러진다.

흰부리딱따구리의 능력은 전설적이다. 1794년에 스코틀랜드 출신으로 미국에 이민하여 미국 조류학의 창시자 중 한 명이 된 알렉산더 윌슨이 노스캐롤라이나에서 흰부리딱따구리 한 마리를 총으로 쏘았다. 녀석은 경미한 총상을 입었는데, 윌슨은 데려가 길러야겠다고 마음먹었다. 그런데 말을 타고 마을로 돌아가는 길에 녀석이 아기 울음소리를 냈다. "소리를 들은 사람은 모두, 특히 여자들이 놀라고 걱정스러운 표정으로 문가로, 창가로 달려 나왔다." 윌슨은 윌밍턴 호텔에 여장을 풀고 새를 객실에 놓아둔 채 말을 돌보려고 방에서 나왔다. 한 시간이 채 지나지 않아 돌아와보니 엄청난 사태가 벌어져 있었다. "[침대는] 큼지막한 석고 조각으로 뒤범벅이었으며, 벽에는 약 40제곱센티미터 넓이로 윗가지(흙벽을 바르기 위하여 벽 속에 엮은 나뭇가지_옮긴이)가 드러나고 주먹이 들어갈 만큼 커다란 구멍이 뚫려 있었다. 한 시간만 늦었더라면 녀석은 탈출에 성공했을 것이다. [녀석을 붙잡아] 다리를 탁자에 끈으로 묶고는 녀석에게 줄 먹이를 찾으려고 다시 밖으로 나왔다. 계단을 올라가는데 다시 부산한 소리가 들렸다. 방에 들어서니, 녀석을 묶어둔 마호가니 탁자가 산산조각 나 있었다. 분풀이를 단단히 한 모양이다." 흰부리딱따구리는 어떤 먹이도 먹으려 들지 않았으며 애석하게도 사흘 뒤에 죽었다.[35]

흰부리딱따구리는 단단하기로는 둘째가라면 서러워할 낙우송bald cypress의 살아 있는 조직에 1.2~1.5미터 깊이로 구멍을 뚫어 둥지를 마련한다. 부리는 한때 인디언들이 부적으로 쓰기도 했는데, 효과적으로 강화된 두개골에 달린 매우 강력한 연장이다. 존 제임스 오듀본은 흰부리딱따구리의 머리를 해부하여 18센티미터에 이르는 혀를 자세히 묘사했는데, 여느 딱따구리처럼 혀끝에 정교한 감각기가 달려 있었다고 한다.[36]

오듀본은 흰부리딱따구리의 먹이 찾기 방법도 처음으로 묘사했다.

흰부리딱따구리의 혀는 점액이 두껍게 덮였으며 가늘고 뾰족한 혀 끝에 잔가시가 안쪽 방향으로 나 있다. 나무껍질 틈에서 애벌레를 발견하면 혀를 내밀어 애벌레를 잡아서는 입안으로 끌어당긴다. 가 시는, 길이가 5~8센티미터나 되는 커다란 애벌레를 나무 속 은신 처에서 끄집어내는 특수 용도로 쓰이지만, 까칠까칠한 혀끝으로 물 체를 찌르는 것 같지는 않다. 그랬다면 혀를 뺄 때 가시가 부러질 테니 말이다. 가시는 극히 섬세하며 여러 방향으로 구부러질 수 없 기 때문이다.[37]

피부 민감성과
알 낳는 개수

조류와 포유류의 피부는 둘 다 촉각과 온도에 민감하다. 이 민감성은 새가 알을 품거나 새끼를 키울 때 특히 중요하다. 알과 새끼에게 알맞은 온도를 유지해야 할 뿐 아니라 실수로 밟거나 깨뜨리면 안 되기 때문이 다. 어미새의 난로는 육반育斑 brood patch이라는 피부 부위다. 이곳은 알을 품기 며칠이나 몇 주 전에 깃털이 빠지고 혈액 공급이 증가한다.

어떤 새들은 암컷이 낳는 알의 개수가 육반에 따라 달라지기도 한다. 1670년대에 박물학자 마틴 리스터는 자기 집 근처에 둥지를 지은 제비 에게 간단한 실험을 했다가 뜻밖의 결과를 얻었다. 리스터는 제비가 알 을 낳을 때마다 꺼내어 딴 곳에 치웠는데, 녀석은 여느 때처럼 다섯 개 를 낳고 마는 것이 아니라 무려 19개를 낳았다. 더 낳을 수 있으면서 그 동안 다섯 개만 낳은 이유는 나중에야 밝혀졌다. 이후에 다른 종을 대상으로 한 실험에서도 비슷한 결과가 나왔는데, 평소에 4~5개를 낳던 유럽참새house sparrow는 50개를 낳았으며 5~8개를 낳던 북아메리카좁은부리딱따구리northern flicker는 73일에 걸쳐 무려 71개를 낳았다! 하지만 댕기물떼새lapwing 같은 일부 종은 알을 치워도 평소보다 더 낳지 않는다. 이를 토대로 조류학자들은 새를 알 개수가 정해진 부류(예: 댕기물떼새)와 정해지지 않은 부류로 나누었으나 왜 이런 차이가 생기는지는 전혀 몰랐다. 하지만 중요한 사실은 제비, 참새, 좁은부리딱따구리처럼 알 개수가 정해지지 않은 새들이 알을 몇 개 낳느냐가 육반에 따라 좌우된다는 것이다. 낳은 알을 꺼내면 육반에 촉각 자극이 없어서, 알을 그만 낳으라는 메시지가 뇌에 전달되지 않는다. 알을 꺼내지 않으면 육반의 촉각 감각기가 둥지에 알이 있음을 감지하여 복잡한 호르몬 과정을 통해 '올바른' 개수의 난자만이 난소에서 발달하도록 한다.[38]

한배의 알을 다 낳았으면, 각각의 알에 들어 있는 배아가 정상적으로 발달하도록 온도를 알맞게 유지해야 한다. 온도가 일정할 필요는 없으며 너무 낮거나 너무 높지만 않으면 된다. 어미새가 알을 품다가 먹이를 찾아 둥지를 떠나면 알이 차가워지는데, 배아는 잠깐의 더위보다는 잠깐의 추위를 훨씬 잘 견딘다. 대다수 종은 약 30~38도에서 알을 품으며 어미새는 행동으로 온도를 조절한다. 알의 온도를 인위적으로 높이거나 낮추는 실험에서 어미새는 알 품는 자세를 조정했으며, 특히 육반과 알의 접촉면을 바꾸어 알의 온도를 조절했다. 알이 차가워지면 알에 열을 더 많이 공급했으며 알이 뜨거워지면 알에 바싹 붙어서 여분의 열을 흡수했다.

육반은 언뜻 보기에는 분홍색이 너무 짙어서 좀 야해 보이는 피부에 불과한 듯하지만, 실은 놀랍도록 예민하고 정교한 기관이다. 새는 육반에 공급되는 혈류를 늘리거나 줄여 알의 온도를 조절한다. 게다가 육반이 알과 맞닿으면 뇌하수체에서 프로락틴이라는 호르몬이 분비되어 어미새가 계속 알을 품도록 한다. 둥지의 알을 모두 꺼내면 프로락틴 분비량이 곤두박질한다. 이 과정에서 촉각 자극이 매우 중요한 역할을 한다는 사실은 알을 품은 청둥오리의 육반을 마취하는 기발한 실험에서 입증되었다. 청둥오리는 알을 계속 품었지만 촉각으로 느낄 수 없어서, 알을 치웠을 때처럼 프로락틴 수치가 뚝 떨어졌다.[39]

체온으로 알을 부화하지 않는 유일한 조류로 무덤새megapode가 있다 (큰 발로 땅을 파며, 영어 이름으로 'brush turkey', 'malleefowl', 'talegallas', 'maleo', 'scrubfowl' 등이 이에 속한다). 무덤새는 종류에 따라 두엄 둔덕이나 따뜻한 화산흙에 알을 묻어 약 33도를 유지한다. 오스트레일리아무덤새Australian brush turkey처럼 둔덕을 쌓는 종은 수컷이 몇 달이고 둔덕을 돌보며, 둔덕이 뜨거워지면 구멍을 뚫어 열을 내보내고 둔덕이 차가워지면 재료를 더 넣는다. 둔덕 쌓는 종을 오랫동안 연구한 대릴 존스는 내게 이렇게 말했다. "이 새들이 둔덕 온도를 어떻게 측정하는지 완전히 알려지지는 않았어요. 암컷과 수컷의 입천장이나 혀에 온도 센서가 달려 있을 가능성이 가장 커요. 둔덕을 돌보면서 수시로 재료를 부리 가득 무는 광경이 모든 종에게서 관찰되었거든요."[40]

알을 품는 새의 새끼는 서로에 대해 또한 부모에 대해 민감해야 한다. 해논병아리sungrebe라고도 하는 남아메리카오리발새South American finfoot(에콰도르에서 찾아보려 했지만 허사였다)는 부모와 새끼가 촉각으로 서로를 알아봐야만 하는 대표적 예다. 사람 눈에 잘 띄지 않고 거의 알려지지 않은 이 새는 유속이 느린 강 유역의 빽빽한 풀숲에 둥지를 짓고 알을 두세 개 낳아 고작 열흘 만에 부화한다. 갓 태어난 새끼는 앞을 못 보고 깃털도 아직 나지 않았고 혼자서는 아무것도 못하며, 연작류 passerine 아닌 새보다는 연작류에 더 가깝다. 해논병아리 수컷은 특이하게도 날개 아래의 피부로 이루어진 특수 주머니에 새끼 두 마리를 넣어 다닌다. 심지어 새끼를 달고 날 수도 있다. 이런 사실을 발견한 사람은 멕시코의 조류학자 미겔 알바레스 델 토로인데, 자신이 관찰하던 수컷 한 마리를 겁주어 둥지에서 쫓아냈더니 녀석이 "날개 아래 양쪽 깃털 틈으로 작은 머리 두 개가 튀어나온 채" 날아오르는 것을 보았다. 놀랍게도 암컷은 주머니가 없었으며 가까운 근연종인 오리발새 두 종의 수컷도 주머니가 없었다. 두 종의 새끼는 훨씬 발달한 상태로 부화했다. 해논병아리 수컷의 주머니는 가장 기이한 적응의 예다. 갓 부화한 새끼는 자기가 올바른 장소에 있는지 알아야 하고 어른 수컷은 날아오르기 전에 새끼가 절대적으로 안전한지 알아야 하는데, 여기에 어떤 촉각 수용기가 관여하는지는 아직 밝혀지지 않았다.[41]

탁란조의
극악무도한 만행

일부 탁란조의 경우 갓 부화한 새끼의 촉각 민감성이 나쁜 짓에 쓰이기도 한다. 열대 지방에 서식하는 탁란조 큰벌앞잡이새greater honeyguide의 새끼는 둥지 주인의 새끼를 잔인하게 쫓아낸다. 갓 부화한 큰벌앞잡이새는 눈을 뜨지 못하지만 아래로 휜 뾰족한 부리 끝에 바늘 같은 기관이 달려 있다. 이 무기를 가지고 주인집 새끼를 죽인 뒤에, 둥지에 돌아온 주인집 어미에게서 먹이를 모조리 받아먹는다. 나는 이 무시무시한 기관을 처음 보고서 새끼 큰벌앞잡이새가 주인집 새끼의 두개골이나 몸통을 찔러서 죽이는 줄 알았지만, 녀석은 뜻밖의 방법을 썼다. 클레어 스포티스우드는 작은 벌잡이새bee-eater의 둥지에 적외선 비디오카메라를 설치했는데, 새끼 큰벌앞잡이새는 날카로운 부리로 새끼 벌잡이새를 물고는 핏불 테리어처럼 마구 흔들어 목숨을 끊었다. 주인집 새끼가 명줄이 길면 이 동작을 몇 차례 반복하기도 한다. 새끼 큰벌앞잡이새는 쉬는 시간에 숨을 고르고는 다시 시작한다. 아직 눈도 뜨기 전이고 벌잡이새 둥지는 매우 어두운 구멍 속이기 때문에, 새끼 큰벌앞잡이새는 언제까지 흔들어야 하는가를 알기 위해 움직임(촉각)과 온도를 둘 다 쓰는 듯하다. 주인집 새끼가 죽으면 새끼 큰벌앞잡이새는 반응을 멈추며, 가련한 어미는 새끼를 둥지에서 내다 버린다.[42]

새끼 뻐꾸기European cuckoo가 주인집 알이나 새끼를 둥지에서 직접 밀어내어 경쟁자를 제거한다는 사실은 잘 알려져 있다. 갓 부화한 새끼 뻐꾸기는 새끼 큰벌앞잡이새처럼 눈을 뜨지 못하며 예민한 촉각에 의지하여 주인집 알이나 새끼를 감지하고 밀어낸다. 에드워드 제너가 1788년에 새끼 뻐꾸기의 밀어내기 동작을 직접 관찰하기 전까지만 해도, 많은 사람들은 주인집 알이나 새끼를 어른 뻐꾸기가 없애주는 줄 알았다. 게다가 많은 사람들은 갓 부화한 새끼 뻐꾸기가 그렇게 못된 짓을 할 수 있다는 사실을 믿을 수 없었다. 하지만 제너가 관찰 결과를 발표한 뒤로 회의론자들도 새끼 뻐꾸기의 행동을 두 눈으로 확인했다. 길버트 화이트는 『셀본의 박물지』에서 이러한 행동을 '모성애를 능욕하는 극악무도한 만행'이라고 표현했다. 새끼 뻐꾸기는 부화한 지 몇 시간이 지나면 주인집 알이나 새끼를 두 어깨뼈 사이의 좁은 오목 부위에 하나씩 얹은 뒤에 다리로 몸을 지탱한 채 둥지 벽에 기대고는 희생자를 하나씩 둥지

너머로 떨어뜨린다. 조사해보지는 않았지만, 새끼 뻐꾸기 등背의 오목 부위에는 촉각 수용기가 있어서 알이나 새끼 크기의 물체가 닿으면 밀어내기 반응ejection response을 촉발할 것이다. 새끼 뻐꾸기의 밀어내기 반응은 며칠 뒤에 사그라드는데, 이때쯤이면 주인집 알이나 새끼, 심지어 다른 뻐꾸기의 알이나 새끼는 모조리 제거된 뒤일 것이다.[43]

$$\mathfrak{k}_{\mathfrak{k}}^{\mathfrak{k}}\mathfrak{k}_{\mathfrak{k}}$$

나의 연구 주제는 새의 난혼亂婚이다. 부정不貞한 새의 행동과 해부학적 사실, 진화적 의미를 밝히는 것이 내 목표다. 새들은 오랫동안 교미하거나 하루에도 여러 번씩 교미한다. 그래서 이런 의문이 들었다. 새들도 섹스를 하면 기분이 좋을까?

유럽억새풀새European dunnock처럼 번갯불에 콩 구워 먹듯 교미를 해치워버리는 새는—고속 촬영으로 측정했더니 10분의 1초 만에 끝났다—섹스에서 쾌감을 느낄 것이라 상상하기 힘들다. 그런가 하면 새의 삶은 대부분 빠르게 진행되므로 유럽억새풀새의 10분의 1초는 사람에게는 몇 분에 해당할지도 모른다. 사실 대다수 소형 조류는 1∼2초 만에 교미를 끝내는데, 이른바 '똥꼬맞춤'cloacal kiss(조류의 암컷과 수컷이 총배설강을 맞댄 상태에서 수컷이 정액을 암컷에게 내뿜는 행위_옮긴이)에서는 육체적 쾌감의 기미를 전혀 찾아볼 수 없다.[44]

훨씬 오래 교미하는 새들에게서도 황홀경은 물론이고 쾌감의 기미는 전혀 없다. 이를테면 마다가스카르의 큰바사앵무greater vasa parrot는 어떤 새보다 오래—최대 1시간 반 동안—교미하며, 개처럼 교미교착交尾膠着 copulatory tie(교미 중에 생식기가 빠지지 않는 상태로, '포로음경'penis captivus이라고도 한다_옮긴이)을 겪는다. 이런 일을 처음 당하는 개 주인은 무슨 일인지 영문을 몰라 당황할 때가 많다. 게다가 수컷이 반대쪽으로 몸을 돌리고 있어 두 마리가 서로 마주보지도 않는다. 이에 반해 바사앵무는 교미교 착 상태에서 두 마리가 나란히 앉아 수컷이 암컷의 머리 깃털을 긁어주 기 때문에—마치 암컷에게 밀어를 속삭이는 듯하다—개보다는 다정해 보인다. 엄밀히 말하자면 바사앵무 수컷은 개와 달리 음경이 없는 대신 크고 둥근 총배설강 돌기cloacal protrusion가 있는데, 이 부위가 암컷 몸속에 들어가면 개의 음경처럼 피가 몰려 암컷의 총배설강에서 빠지지 않게 된다. 바사앵무 두 마리는 나란히 앉아 있지만 거의 움직이지 않으며 쾌 감의 기미는 더더욱 보이지 않는다. 이 이례적 행동의 기능과 이에 따르 는 독특한 해부학적 형태는 나의 박사 과정 학생 조너선 엑스트뢈이 입 증했듯 정자 경쟁sperm competition의 산물이다. 바사앵무는 새 중에서 가장 문란한 축에 든다.[45]

내가 바사앵무에게 흥미를 느낀 계기는 체스터 동물원에서 조류 큐 레이터로 일하던 동료 로저 윌킨슨이 보내준, 오래고 괴상한 교미 전, 중, 후의 바사앵무 사진이었다. 얼마 지나지 않아 마다가스카르에서 탐 조 활동을 하던 또 다른 동료 앤드루 콕번이 야생 바사앵무의 교미 광경 을 관찰하고 내게 편지를 보냈다. "조류의 교미에 대한 자네의 관심을 알기에"라는 구절로 시작하는 그의 편지는 로저의 포획 앵무와 사실상 똑같은 행동을 묘사하고 있었다. 나는 바사앵무의 교미가 대담하고 진 취적인 학생에게 흥미진진한 연구 주제가 될 것이라고 판단했다. 조너 선은 이 고된 연구 활동의 적임자였다. 조너선은 고온다습한 기후와 싸 워야 했고 거대한 바오바브나무 수관으로 기어오른 뒤에 줄기 속 구멍 을 따라 바사앵무가 서식하는 둥치까지 내려가야 했을 뿐 아니라 영양

실조에 시달리는 현지인을 위해 아마추어 의사 노릇까지 해야 했다.

새들의
성생활

이런 악조건에서도 몇 가지 성과가 있었다. 바사앵무의 번식 체계는 한마디로 어떤 새와도 다르다. 암컷은 노래로 수컷을 유혹하여, 숲에서 나온 수컷과 교미하는데 수컷 여러 마리와 여러 날 동안 교미가 이어진다. 암컷은 혼자서 알을 품지만, 새끼가 부화하면 다시 노래를 불러 수컷을 불러 모은다. 암컷은 수컷이 게워 낸 열매를 새끼에게 먹인다. 새끼들의 DNA 지문을 분석했더니 한배에서 나왔는데도 아비가 제각각이었다. 무엇보다 놀라운 사실은 마다가스카르 숲 곳곳에 흩어진 둥지에 있는 새들도 이 수컷들의 자식이라는 것이었다. 바사앵무는 혼인 관계에 속박되지 않았다. 윌러비와 레이의 선례를 따라, 이렇게 기이한 체계가 왜 진화했는지 알아내는 과제는 기꺼이 후학에게 맡기고자 한다. 다만 합리적으로 추측컨대, 바사앵무의 오랜 교미는 암컷의 난혼으로 인한 격렬한 정자 경쟁에 대응하여 진화한 것이 거의 틀림없다. 교미 시간이 길면—고유한 교미교착도 여기에 한몫한다—수컷이 자신의 정자로 암컷의 난자를 수정시킬 가능성을 극대화할 수 있을 것이다. 암컷이나 교미 상대방이 교미에서 조금이라도 쾌감을 느끼는지는 알려지지 않았지만, 교미 행위를 할 수 있으려면 적어도 어느 정도의 촉각 민감성은 필요하다.[46]

하지만 성적 쾌감을 느끼는 것이 분명한 새가 한 종류 있다. 바로, 아프리카에 서식하는 찌르레기 크기의 붉은부리큰베짜는새red-billed buffalo weaver다. 1868년 2월, 성선택에 대한 책을 준비하던 찰스 다윈은 자신에게 사육조 정보를 알려주던 존 제너 위어에게 "암컷이 특정한 수컷을— 또는 반대로 수컷이 특정 암컷을—선택하거나 수컷이 암컷을 유혹하거나 하는 사례를 알려달"라고 요청했다. 편지를 받자마자 위어는 자신이 사육하던 몇몇 종의 구애 및 짝짓기 행동을 묘사한 답장을 보냈는데, 붉은부리큰베짜는새에게 특별히 신기한 점은 전혀 없다고 썼다.[47]

터무니없는 소리였다. 붉은부리큰베짜는새 수컷의 총배설강 앞에는 가짜 음경이 달렸다. 이것은 2센티미터 길이의 손가락 모양 살덩이 부속지다. 물론 붉은부리큰베짜는새의 평상시 모습에서는 해부학적으로 특이한 점을 전혀 알아차릴 수 없다. 검은 몸통 깃털에 가려서 가짜 음경이 잘 보이지 않기 때문이다. 녀석을 손에 거꾸로 놓고 아랫부분에 살살 바람을 불면 이 괴상한 기관이 고스란히 드러난다. 프랑스의 해군 군의관이자 박물학자로 많은 종을 기재한 르네 프림베르 레송(1794~1849)이 처음으로 기재한 붉은부리큰베짜는새는 새 중에서도 무척 독특하다.

나는 레송의 설명과 러시아의 조류학자 페트르 수시킨이 1920년대에 제시한 설명에 자극받아 더 연구해보기로 마음먹었다. 이 괴상한 기관은 정자 경쟁 때문에 진화했음이 틀림없다는 확신이 들었다. 첫 단계는 붉은부리큰베짜는새를 직접 관찰하는 것이었다. 운 좋게도 나미비아 빈트후크에 있는 나미비아국립박물관에 표본이 있다는 사실을 알게 되었다. 보존액에 절여진 채 제때 우편으로 도착한 표본은 완벽했다. 번식 조건을 완전히 갖춘 수컷이었다. 동봉된 안내문에 따르면 붉은부리큰베짜는새는 나미비아에서 유해 조수로 분류되었다. 녀석들은 풍차에 거대하고 끈적끈적한 둥지를 짓는데, 이 때문에 땅에서 물을 뽑아 사막의 메

마른 토양에 공급하는 데 차질이 생겨 농부들이 골머리를 썩인다는 것이었다. 표본을 해부했더니 수시킨 말이 모두 옳았다. 음경기관(가짜 음경)은 딱딱한 막대기 모양 결합조직으로, 관이 하나도 없고 혈액도 전혀 공급되지 않았으며 앞선 설명에 따르면 신경조직도 전무했다. 이상한 일이었다. 음경기관의 겉모습을 보건대 촉각 민감성이 없다는 것은 말이 안 되기 때문이었다. 조류의 생식생물학을 연구하면서 수컷의 정력을 이보다 더 예리하게 상징하는 기관은 거의 본적이 없었다.[48]

해부에서 드러난 중요한 사실은 붉은부리큰베짜는새의 고환이 상대적으로 크다는 것이었다. 이것은 암컷이 난혼을 하며 정자 경쟁이 치열하다는 확실한 증거였다. 발견은 또 다른 발견을 낳을 터였다. 열성적인 젊은 연구생 마크 윈터보텀과 함께 나미비아에서 붉은부리큰베짜는새를 현장 조사하게 된 것이다. 언뜻 보기에 붉은부리큰베짜는새를 조사하는 것은 식은 죽 먹기 같았다. 붉은부리큰베짜는새는 매우 흔했으며, 어떤 지역에서는 풍차마다 녀석들의 가시투성이 둥지가 떡하니 놓여 있어서 손쉽게 접근할 수 있었다. 아카시아나무에 튼 둥지는 접근하기가 조금 불편했다. 우리가 묵은 엽조 농장 숙소 위에도 그런 둥지가 하나 있었다. 아침마다 붉은부리큰베짜는새 수컷의 울음소리에 잠을 깨는 것은 경이로운 경험이었다. 이보다 좋을 수는 없다 싶은 느낌이 들었다.

느낌은 적중했다. 붉은부리큰베짜는새의 둥지는 너비가 약 1미터에 이르는 것도 있었으며 여러 개의 방으로 나뉘었는데, 대체로 수컷 두 마리가 짝을 이뤄 공동으로 소유했다. 정자 경쟁을 벌여야 하는 상황임을 감안하면 이례적인 행동이었다. 숙소 위에 있는 여러 개의 둥지는 여러 수컷 '연합'이 차지하고 있었다. 우리는 수컷을 잡아서, 개체를 구별할 수 있도록 색색의 가락지를 달았다. 하지만 암컷은 보이지 않았다. 수컷은 이른 아침에 둥지에 머물면서 작대기 몇 개를 가져다 놓고 이따금 과시 행동을 하거나 서로 옥신각신하기도 했다. 그러던 어느 날 아침 우리의 수컷들이 예고도 없이 불쑥 날아올라 날개를 펄럭이고 인사하듯 상체를 숙이고 울음소리를 냈다. 머리 위를 보니 암컷 몇 마리가 날고 있었다. 암컷들은 그냥 지나갔다. 암컷이 사라지자 우리 수컷들의 열정도 금방 식어버렸다. 결국 마크와 나는 붉은부리큰베짜는새의 번식 체계가 우발적임을 깨달았다. 수컷의 짝짓기 성공 여부는 암컷이 수컷 집단과 수컷 둥지에 호감을 느껴서 머물러 번식하기로 마음먹느냐에 전적으로 달렸다. 숙소 위의 수컷들은 절망적일 정도로 매력이 없었다. 현장 조사를 시작한 지 넉 달 동안 한 번도 짝짓기를 하지 못했으니 말이다.

농장 다른 곳에서는 사정이 괜찮아서, 또 다른 둥지에는 금세 암컷들이 찾아와 순식간에 짝짓기가 시작되었다. 하지만 우리의 주된 관심사는 교미였다. 수컷은 음경기관을 정확히 어떻게 활용할까?

현지의 흑인 농장 인부는 우리가 시간 낭비를 하고 있다고 말했다. 자기네는 왜 수컷에게 이 기관이 달려 있는지 안다고 했다. 둥지를 지을 때 가시 달린 아카시아나무 가지를 나르는 수단이라는 것이었다. 하지만 아무리 살펴보아도, 그렇다는 증거는 전혀 찾아볼 수 없었다. 현지인들도 틀림없이 이 사실을 알았을 것이다. 그런데 왜 이런 속설이 퍼져 있는지 의아했다.

교미를 관찰하기란 쉬운 일이 아니었다. 어느 날 아침에 암컷 한 마리가 (내가 보기에) 의미심장한 동작으로 둥지의 방에서 나오는 것을 보았다. 무리에서 벗어나 땅 위를 낮고 빠르게 스치는 이 이례적인 비행에 나만 관심을 가진 것이 아니었다. 둥지 주인인 수컷 두 마리 중 한 마리가 곧장 암컷 뒤를 따랐다. 암컷과 수컷은 약 200미터를 날다가 아카시아나무의 낮은 가지에 나란히 내려앉았다. 나도 그 뒤를 따랐지만, 40도의 폭염 속에서 달리기란 여간 힘든 일이 아니었다. 땀이 비 오듯 흐르고 쌍안경조차 제대로 들지 못할 정도로 기진맥진한 채, 두 마리가 과시 동작으로 고개를 위아래로 까딱거리는 광경을 관찰했다. 처음에는 서로 박자가 맞지 않았지만, 이내 동작을 일치시키고는 점점 속도를 올려 절정을 향해 치달았다. 수컷이 암컷을 올라타려는 순간, 드디어 음경기관을 보겠구나 싶었는데 암컷이 다시 날아올랐다. 수컷도 뒤따랐다. 나도 뛰었다. 아까와 같은 상황이 되풀이되었으나, 이번에도 성과가 없었다. 녀석들은 몇 번이고 날아오르더니 결국 시야에서 사라졌다. 녀석들은 내가 있는 것에 개의치 않았으므로 나 때문에 놀라서 달아난 것은 아니다. 암컷이 공들여 수컷을 시험하는 방법이었을 뿐이다.

3년의 연구 기간 동안 마크와 내가 교미 장면을 관찰한 것은 손으로 꼽을 정도였다. 대부분 박자를 맞춰 고개를 끄덕거린 뒤에 교미가 시작되었으며 교미 시간은 유별나게 길었다. 수컷은 암컷 등에 매달려 매우 이상한 자세로 몸을 뒤로 젖히고는 균형을 잡으려고 날개를 파닥거리며 총배설강을 격렬하게 접촉했다. 이에 반해 암컷은 무아지경에 빠진 듯, 수컷의 끝없는 부비부비를 참아냈다. 하지만 무엇보다 속상한 것은 음경기관을 가지고 무엇을 하는지 보이지 않았다는 것이다. 거리가 너무 멀고 깃털이 너무 많았다. 야생 붉은부리큰베짜는새를 관찰해서는 답이 없었다. 포획 상태에서 관찰할 수 있어야 했다.

ϵϵϮϵϲ

나는 어릴 때 새 키우기에 열중했다. 영국의 애조가를 위한 신문 《관상조》Cage & Aviary Birds에서 광고를 보다가 붉은부리큰베짜는새 판매글을 본 기억이 난다. 하지만 30여 년이 흐른 뒤에 다시 들춰본 신문에는 붉은부리큰베짜는새 광고가 하나도 없었다. 우리는 좌절하지 않고 나미비아에서 몇 마리를 잡아 영국에 들여오기로 마음먹었다. 지금은 우리가 이런 일을 했다는 게 믿기지 않지만, 어쨌든 허가를 신청하고 항공 운송을 준비하고, 수의사의 건강 증명서를 발급받는 등의 과정을 모두 치렀다. 붉은부리큰베짜는새를 데려올 수 있었던 것은 아마도 유해 조수로 분류되었기 때문인 듯싶다. 우리는 새들을 독일 남부의 막스 플랑크 조류연구소에 보냈다. 그곳에는 나의 동료가 몇 명 일하고 있었으며 기사 카를하인츠 지벤로크는 열성적인 새 사육 전문가였다.

우리가 보낸 수컷 열두 마리와 암컷 여덟 마리는 카를하인츠가 (녀석들이 으레 이용하는) 가시 돋은 아카시아나무 대신 마련해준 산사나무 가지에 금세 둥지를 틀었다. 나는 새들이 적어도 교미는 하겠거니 하고 생각했다. 연구를 시작하기 전에 (바사앵무의) 로저 윌킨슨이 조류 큐레이터로 일하는 체스터 동물원을 찾았다. 그곳에서는 대형 조류사鳥類舍에서 붉은부리큰베짜는새 수컷 세 마리를 기르고 있었다. 우리는 전에도 녀석들을 관찰한 적이 있었다. 로저는 심지어 우리의 붉은부리큰베짜는새들을 자기네한테 데려오라고 권하기까지 했다(하지만 독일 남부의 따뜻한 여름 기후가 번식에 더 알맞을 것 같아서 거절했다). 동물원의 대형 조류사에 들어가 (어울리지 않게도) 무성한 열대 식물 사이에 있는 붉은부리큰베짜는새들을 목격했을 때 기묘한 움직임이 내 눈길을 사로잡았다. 쌍안경을 눈에 갖다 대자 신기한 장면에 눈앞에 펼쳐졌다. 붉은부리큰베짜는새 한 마리가 격렬히 반복해서 교미를 하고 있었는데 그 상대는 약간 당혹스러워 하는 듯하는 작은 비둘기였다. 붉은부리큰베짜는새가 몇 번이고 교미하는 동안 비둘기는 자세를 낮춘 채, 떨어질세라 가지를 꽉 붙들고 있었다. 붉은부리큰베짜는새 암컷이 없어서 수컷이 심기가 불편한 것은 분명했지만, 이 우연한 관찰에서 보듯 수컷은 교미 욕구가 매우 컸으며 교미 시간도 길었다.

오르가슴을
느끼는 새

우리의 포획 수컷은 비둘기와의 교미에도 열중했지만, 진짜 붉은부리큰베짜는새 암컷에 대해 더 큰 자극을 느꼈다. 마크는 독일에 머물면서 붉은부리큰베짜는새를 관찰하고 진행 상황을 정기적으로 알렸다. 붉은부리큰베짜는새 수컷이 흥분하고 번식 가능한 상태가 되면 녀석의 성욕에는 끝이 없었다. 우리가 구하고 싶던 것 중 하나는 정액 표본이었는데, 예전에 훨씬 얌전한 금화조를 연구하다가 기발한 정액 채취법을 개발해두었다. 동결 건조한 금화조 암컷을 교미 유도 자세로 놓고 수컷에게 보여주면 수컷은 구애하고 교미하려 들었다. 그러면 암컷에게 만들어둔 가짜 총배설강에서 정액을 채취할 수 있었다. 죽은 붉은부리큰베짜는새 암컷을 예전에 발견한 적이 있었는데, 나는 마크에게 이걸로 비슷한 시도를 해보라고 말했다. 결과는 놀라웠다. 수컷은 부리나케 암컷 모형에 올라타더니 오래고 온전한 교미 행위를 벌였으며, 우리는 그토록 바라던 정액 표본을 얻을 수 있었다. 훗날 마크가 암컷 모형의 사진을 보여주었는데, 경악을 금할 수 없었다. 철사로 몸통을 만들고 머리와 날개를 달아준 어설픈 복제품에 지나지 않았던 것이다. 하지만 수컷이 그녀를 거부할 수 없었으니 모형은 제 몫을 해낸 셈이다.

붉은부리큰베짜는새 수컷의 고삐 풀린 성욕은 하늘이 내린 신물이있다. 녀석의 교미 행동에 별로 영향을 미치지 않으면서 음경기관의 기능을 탐구할 수 있었으니 말이다. 붉은부리큰베짜는새를 제외한 어떤 새도 그런 상황에서 번식을 시도하지는 않았을 것이다. 물론 붉은부리큰베짜는새가 진짜 암컷과 교미하는 사례도 얼마든지 있었다. 마크는 여러 기법을 이용하여 음경기관이 교미 중에 암컷의 총배설강에 삽입되지 않음을—내 기대와 반대로—확실히 입증했다. 첫째, 근접 동영상에는 음경기관이 암컷에게 삽입된 증거가 전혀 없었다. 둘째, 암컷 모형의 인조 총배설강 안쪽에 작은 스펀지를 넣어두었는데 교미 중에 스펀지 위치가 전혀 달라지지 않았다. 셋째, 음경기관은 교미 후에 젖어 있던 경우가 거의 없었던 반면에 모형 음경은 암컷에게 살살 삽입했다 꺼내면 대부분 축축하게 젖어 있었다.

무엇보다 놀라운 사실은 꼬박 30분 동안 격렬하게 교미한 뒤에 붉은부리큰베짜는새 수컷이 오르가슴을 느낀 것처럼 보였다는 것이다. 듣도 보도 못한 일이었다. 절정에 도달한다고 알려진 새는 세상 어디에도 없었다. 마크는 흥분에 휩싸여 독일에서 내게 전화를 걸었다. 나는 처음에는 시큰둥했다. "수컷이 오르가슴을 경험하고 있다는 걸 어떻게 알지?" 인간 아닌 동물의 수컷이 우리와 비슷한 방식으로 황홀경을 경험하는지 어떻게 알 수 있단 말인가? 마크가 답을 찾아낸 방법은 기묘하게—심지어 변태처럼—들릴지도 모르겠다. 하지만 생물학자들은 진리를 찾기 위해서라면 이따금 우스꽝스러운 짓을 해야 하는 법이다.

마크는, 수컷이 오래도록 교미하는 동안 자신의 음경기관을 암컷의 총배설강 근처에 문질러 자신과 암컷을 동시에 자극한다고 추측하고는

새의 감각

손으로 수컷을 마사지하면서 어떤 일이 일어나는지 알아보기로 했다. 25분 동안 애무한 뒤에 음경기관을 지그시 누르자 엄청난 일이 벌어졌다. 녀석의 날갯짓이 느려지고 몸 전체를 부르르 떨더니 발로 마크의 손을 꽉 움켜쥐고 사정한 것이다.[49]

새의—적어도 붉은부리큰베짜는새의—생식기가 촉각이 잘 발달했다는 결정적 증거였다. 이 결과는 음경기관에서 신경조직의 증거를 하나도 찾지 못했다는 초기 연구자들의 보고와 딴판이었다. 하지만 신경조직이 없다는 것은 말이 안 된다. 이렇게 극적인 반응을 보이려면 음경기관 안에 감각 메커니즘이 있어야만 했다. 나는 관찰을 더 해야겠다고 마음먹었다.

나는 농부의 총에 맞은 붉은부리큰베짜는새 암컷 두 마리와 수컷 두 마리에서 음경기관을 잘라내어 독일의 신경생물학자 츠데네크 할라타에게 보냈다. 츠데네크는 광학 현미경으로 들여다볼 박편薄片과 전자 현미경으로 들여다볼 초박편을 만든 뒤에 신경조직을 탐색했다. 수컷에게는 분명했고 암컷의 경우는 애매했지만, 자유신경종말과 촉각 민감성 헤르프스트 소체로 이루어진 신경조직이 정말로 있었다(다만 다른 종의 다른 신체 부위에서 관찰한 신경조직보다 훨씬 작았다). 그게 다였지만, 이것만 해도 충분하다 싶었다.

인간 남성의 오르가슴에는 자유신경종말과 촉각 감각기, 그 밖에도 여러 기관이 관여한다. 사실 오르가슴은 '인지적, 정서적, 신체적, 내장 감각적, 신경적 과정의 총체'라거나 더 시적으로는 '쏟아지는 별들'로 정의된다.[50] 흥미롭게도 남성의 음경에 있는 감각 수용기는 오르가슴에 필수적이지 않다. 전쟁이나 사고로 생식기를 잃고도 여전히 오르가슴을 느끼는 경우가 있기 때문이다.

우리의 주된 의문은 붉은부리큰베짜는새 수컷이 왜 오르가슴을 느껴야 하는가였다. 게다가 그렇게 자극을 가했으면 암컷도 오르가슴을 즐겼어야 하지 않겠는가? 물론 암컷도 느꼈을지 모르지만, 겉으로 드러난 표시는 전혀 없었다.

우리에게 가장 중요한 의문은 교미를 그토록 오래 하는 것이 수컷에게 어떻게 이로운가였다. 음경기관이 암컷의 난혼에 대응하여 진화한 것은 꽤 분명하다. 분자적 분석에 따르면 연합을 이룬 수컷 두 마리는 아버지 노릇을 함께했으며 암컷은 연합 이외의 수컷과도 교미했으므로 정자 경쟁이 치열할 수밖에 없었다. 한 가지 가능성은 수컷이 음경기관을 이용하여 암컷에게 자신의 정자를 간직하도록 설득한다는 것이었다. 실제로 물리적 자극이 클수록 암컷이 정자를 간직할 가능성이 컸다. 말하자면 수컷은 일종의 군비 경쟁에 빠진 셈이었다. 기나긴 구애, 특수 기관, 오랜 교미를 조합하여 암컷을 가장 많이 자극하는 수컷이 승리를 차지했다. 이 가설을 붉은부리큰베짜는새에게서 검증할 방법은 없었지만, 난잡한 딱정벌레의 연구는 이런 현상이 얼마든지 일어날 수 있음을 보여주었다. 딱정벌레 수컷은 암컷을 수정시킨 뒤에 다리로 암컷을 쓰다듬는 교미 구애를 한 뒤에야 암컷 뒤에서 내려왔다. 연구진이 딱정벌레 수컷의 교미 구애를 방해하면 암컷은 정자를 훨씬 적게 보관했다.[51]

요약하자면, 새의 촉각이 우리 생각보다 더 발달한 것은 분명하지만 이 분야 연구는 아직 걸음마 단계인 듯하다. 아직 발견할 것이 얼마든지 있다. 안타깝게도 빌리는 오래전에 세상을 떠났지만, 금화조나 다른 새를 키울 기회가 생긴다면 덥석 받아들일 것이다. 새들의 촉각 세계를 간단하게 또한 간접적으로 탐구할 방법을 쉽게 생각해낼 수 있을 테니 말이다.

새의 감각

제4장

미각

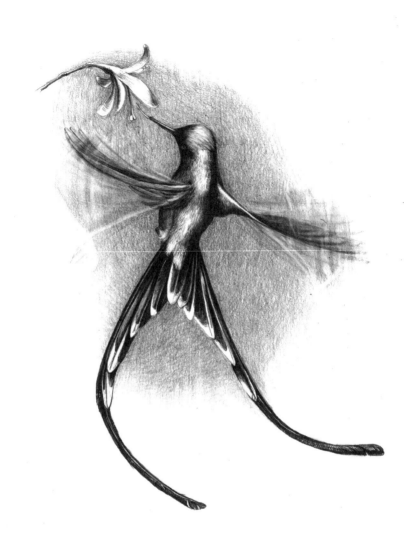

벌새는 꽃꿀(화밀)에 농축된 당의 맛을 느낄 수 있다.
부른두꼬리벌새long-tailed sylph가 꽃에서 꽃꿀을 핥고 있다.
부리 끝에서 혀가 삐죽 나와 있는 데 유의하라. 맛봉오리는 혀가 아니라 부리 안에 있다.

이 사실들을 비롯하여 비슷한 종류의 수많은 사실들을 보건대 적어도 어떤 새들은 미각 능력을 타고난다고 결론 내려도 무방하다고 생각한다. 관찰력이 예리하기로 소문난 일부 저자들이 이를 노골적으로 또는 부분적으로 부정하기는 하지만 말이다.

제임스 레니, 『새의 능력』The Faculties of Birds

새에게도 미각이
있다

1868년 어느 날 아침, 열정적인 아마추어 애조가 존 위어가 새에게 먹일 털애벌레를 가지고 새장으로 간다. 새들은 평상시에 주는 인조 사료보다 이런 천연 먹이를 더 좋아하지만 이번에는 털애벌레 중 몇 마리만 잽싸게 먹어치우고 나머지는 내버려둔다. 위어가 자세히 살펴보니 새들이 먹는 털애벌레는 모두 보호색을 하고 있는 반면에 외면하는 털애벌레는 밝은 색깔이다. 색깔이 맛과 어떤 관계가 있는지 궁금해진 위어는 나중에 집나방ermine moth 털애벌레를 몇 마리 가져다준다(집나방 털애벌레가 맛이 없음은 이미 알고 있다). 대부분 거들떠보지도 않는다. 한두 마리가 입질하는가 싶더니 당장 뱉는다. 놀란 듯 고개를 내젓고 부리를 닦는다. 위어는 새에게 미각이 있다는 증거를 처음으로 목격한 것이다.

존 위어는 앨프리드 러셀 월리스의 요청으로 이 실험을 진행했다. 월리스는 찰스 다윈과 별개로 자연선택을 발견한 인물인데, 다윈과 월리스는 동물의 색깔, 그중에서도 새의 색깔에 매혹되었으며 대체로 수컷이 암컷보다 색깔이 더 화려하다는 사실에 흥미를 느꼈다. 다윈은 암수의 색깔 차이가 이른바 성선택에서 비롯한다고 설명했다. 암컷이 화려하고 매력적인 수컷과 짝짓기하고 싶어 하기 때문이라는 것이다.[1]

하지만 나비와 나방의 털애벌레는 이런 식으로 설명할 수 없었다. 털애벌레는 성적으로 미성숙하며 생식을 할 수 없기 때문이다. 당시에 성선택에 대한 책을 쓰고 있던 다윈은 다른 이유를 찾다가 헨리 베이츠에게 조언을 청했다. 빼어난 박물학자인 베이츠는 1850년대에 아마존을 두루 여행하고 그곳의 곤충을 자세히 기재한 바 있었다. 베이츠는 자신과 남아메리카에 동행했던 앨프리드 월리스를 추천했다.

월리스는 1867년 2월 24일에 다윈에게 이런 편지를 보냈다. "며칠 전에 베이츠를 만났는데, 털애벌레 문제로 골머리를 썩이신다고 들었습니다. 이 문제는 특별한 관찰이 아니고서는 해결할 수 없으리라 생각합니다." 월리스의 추측은 아래와 같았다.

새는 털애벌레의 천적이라고 생각됩니다. 털 없는 애벌레가 고약한 맛이나 냄새를 보호 수단으로 삼는다고 가정하면, 맛있는 털애벌레로 결코 오인되지 않는 것이 유리할 것입니다. 성장 중인 털애벌레는 새의 부리에 살짝만 찍혀도 대부분 죽기 때문입니다. 따라서 갈색과 초록색의 먹음직스러운 털애벌레와 뚜렷이 구별되는, 화려하고 눈에 확 띄는 색깔을 하면, 새들이 먹잇감으로 적합하지 않겠다고 여겨 건드리지 않을 것입니다. 부리에 물리는 것은 먹히는 것만큼 치명적이니까요.[2]

월리스는 계속해서 이렇게 말한다. "각종 벌레잡이 새를 기르는 사람이 있으면 이를 실험으로 검증할 수 있습니다. 제 추측이 옳다면 새들은 화려한 털애벌레는 원칙적으로 먹기를 거부하고 일반적으로 만지는 것도 거부하되 보호색을 한 털애벌레는 덥석 잡아먹을 것입니다. 블랙히스의 제너 위어 씨에게 물어보겠습니다."

존 제너 위어는 동생 윌리엄 해리슨 위어와 더불어 박식하고 성실한 애조가였으며 다윈은 이들에게서 곧잘 정보를 얻었다. 월리스의 요청을 받은 존 위어는 남는 시간에 실험을 수행하여—위어는 회계사였다—1868년 초에 다윈에게 결과를 보고했다.

저명한 곤충학자 헨리 스테인턴이 존 위어의 관찰을 검증했다. 스테인턴은 1867년에 앨프리드 월리스에게 자신이 나방을 포획한 뒤에 흔한 종을 모두 가금에게 먹이로 주었다고 말했다. 언젠가 한배의 어린 칠면조가 나방을 게걸스럽게 먹고 있었다. "그중에 흔한 흰나방이 한 마리 있었습니다. 어린 칠면조 한 마리가 부리로 흰나방을 집더니 고개를 흔들며 내팽개쳤습니다. 다른 칠면조가 달려와 똑같은 행동을 반복하더군요. 이윽고 한배의 칠면조가 모두 차례로 흰나방을 집었다 버렸습니다." 그 흰나방은 집나방에 속했는데, 바로 위어의 새들이 맛없어 한 그 털애벌레의 성체였다.

월리스, 위어, 스테인턴의 선구적 연구는 스웨덴 스톡홀름 대학의 행동생태학자이자 밥 딜런 팬인 크리스테르 비클룬드를 비롯한 여러 연구자들이 훗날 충분히 입증한 바 있다. 1980년대에 비클룬드는 동료들과 이런 실험을 진행했다.

실험 경험이 없는 박새great tit, 푸른박새blue tit, 찌르레기starling, 메추라기

common quail 등 네 종의 새를 대상으로 새에게 미각이 있다는 사실과 맛없어 보이고 경고색을 한 곤충은 부리로 물자마자 뱉는다는 사실을 밝혔다. 새들은 곤충에게 상처를 입히지 않았는데, 감상이나 연민 때문이 아니라 입을 더럽히고 싶지 않아서였을 것이다.[3]

이 모든 관찰에서 보듯 새는 미각과 시각을 이용하여 먹잇감의 겉모습을 맛과 연관시키는 것이 분명하다. 그 뒤로 곤충, 어류, 양서류, (지금 살펴볼) 조류를 비롯한 다양한 동물에서 보호색이 발견되었다.

새의
맛봉오리

새에게 미각이 있는가는 다윈 시절에도 오래전부터 논의되던 주제였다. 한편으로, 새의 딱딱한 부리는 우리의 말랑말랑하고 민감한 입과 전혀 달라서 새가 맛을 느낄 수 있으리라고 상상하기란 여간 힘들지 않다. 사람의 입은 구조가 복잡하다. 입은 부드럽고 촉촉하며 크고 두툼한 혀는 맛과 열과 촉감—먹을 때나 입맞춤할 때—에 예민하다. 우리의 입과 새의 부리는 전혀 다르다. 새의 부리는 딱딱하고 대개 뾰족하며 부리 안은 아무 감각이 없을 것처럼 보인다. 대다수 종은 혀가 작고 딱딱하고 화살 모양이고 아래턱 안에 놓여 있으며 언뜻 보기에는 맛봉오리도 거의 없는 듯하다. 게다가 이빨이 없어서 먹이를 씹지 않고 그냥 삼키기 때문에 맛을 느끼지 못할 것만 같다. 무엇보다 새의 부리는 맛과 연관된 표정(쾌감이나 혐오감)을 드러내지 못하기 때문에 새에게 미각이 거의 또

는 전혀 없다는 것이 통념이라 해도 놀랄 일이 아니다.[4]

사람의 맛봉오리는 19세기에 처음으로 묘사되었다. 물론 사람들이 맛에 매혹된 것은 그보다 훨씬 오래전이다. 아리스토텔레스는 미각이 혀에서 혈류를 거쳐 심장과 간으로 전달된다고 믿었다(기원전 4세기에는 심장과 간이 영혼의 보금자리이며 모든 감각의 근원이라고 생각했다). 로마의 해부학자 클라우디오스 갈레노스(129~201)는 혀의 신경이 뇌 아래쪽으로 연결된다는 사실을 들어 아리스토텔레스를 반박했다. 이탈리아의 해부학자 로렌초 벨리니가 1665년에 사람의 혀에서 맛유두papilla(젖꼭지처럼 생긴 조직)를 발견했는데, 틀림없이 마르코 말피기(1628~1695)가 이전 해에 소의 혀에서 유두를 발견한 것에서 영감을 얻었을 것이다. 벨리니의 묘사에서는 의욕이 넘쳐 흘렀다. "많은 유두가 뚜렷이 보이며, 수가 어마어마하고 겉모습이 매우 근사하다고 말할 수 있겠다." 벨리니는 유두의 겉모습을 '가늘고 촘촘한 풀잎 사이로 돋아난 무수한 버섯'에 비유했다. 진짜 맛봉오리(미세한 신경종말)는 두 세기 뒤에야 발견되었다. 1850년대에는 개구리와 물고기에게서, 1860년대에는 사람에게서 발견되었다. 맛봉오리가 혀의 유두와 연결되었다는 사실은 맛과 연관성이 있음을 강하게 시사했다.[5]

스코틀랜드의 박물학자 제임스 레니는 1835년에 『새의 능력』에서 "적어도 어떤 새들은 미각 능력을 타고나"지만 "여러 종의 혀가 '단단하고 딱딱하며 신경이 없어서 미각기관에 알맞지 않다'는 이유로 몬터규 대령과 블루멘바흐 씨처럼 관찰력이 예리하기로 소문난 일부 저자들이 이를 노골적으로 또는 부분적으로 부정했"다고 말한다. 하지만 레니가 날카롭게 지적하듯, "나머지 대부분의 동물에서 혀가 주요 미각기관이라고 해서 새가 먹이를 맛으로 구별하지 못한다고 결론 내릴 수는 없다.

입의 나머지 부분이 이 역할을 수행할 수도 있기 때문이다."[6]

당시에 새에게 미각이 있다고 생각한 사람은 거의 레니 혼자였지만, 조금만 생각해보면 새에게 미각이 없어도 된다는 주장이 터무니없음을 알 수 있다. 맛은 먹을 수 있는 것과 먹을 수 없는—또는 위험한—것을 구별하는 데 꼭 필요하기 때문이다. 그럼에도 60년 뒤에 앨프리드 뉴턴은 대작 『조류 사전』Dictionary of Birds에서 이렇게 말한다.

> 혀는 대체로 미각의 주요 기관으로 여겨지지만, 새의 경우는 그렇지 않음이 분명하다. 새의 혀에 감각기관—감각신경의 종말기관—이 매우 풍부한 것은 사실이나, 이 소체들은 불투과성의 딱딱한 껍질 안에 깊숙이 숨어 있는 경우가 많으므로 촉각기관은 몰라도 미각기관 역할을 할 수는 없다.[7]

마침내 새에게서도 맛봉오리가 발견되었는데—새에게 미각이 없을 까닭이 없지 않은가?—한동안 이 분야의 권위 있는 개론서는 찰스 무어와 러시 엘리엇이 1946년에 출간한 책이었다. 이 책에서는 새에게 있는 소수의 맛봉오리가 혀에 몰려 있다고 주장했는데, 이후의 연구자들은 이 주장을 의문 없이 받아들였다.[8]

시간을 훌쩍 건너뛰어 1970년대로 가보자. 이곳은 네덜란드의 레이덴 대학이다. 젊은 박사 과정 대학원생 헤르만 베르크하우트가 여기서 연구한다. 그의 연구 주제는 새의 부리에 있는 현미경적 촉각 구조다.

1974년 1월 어느 날, 베르크하우트는 오리 머리의 얇은 2차원 절편으로 3차원 영상을 구성하는 (친한 해부학자의) 작업에 참여한 학생 두 명을 감독하다가 흥미로운 현상을 발견했다.

베르크하우트는 학생들이 관찰하던 절편이 잘 보이도록 탁자에 투사하여 확대했는데, 영상 하나가 예사롭지 않았다. 오리의 부리 끄트머리에서 달걀 모양의 기묘한 세포 군체가 부리 끝 안쪽에 있는 구멍으로 연결되어 있었다. 베르크하우트는 내게 이렇게 말했다. "그 순간 맛봉오리를 찾아냈다는 사실을 알아차렸습니다. 아드레날린이 솟구쳤죠!" 새로운 발견이었다. 새의 맛봉오리에 대한 모든 선행 연구에서는 혀나 입 뒤쪽에만 맛봉오리가 있다고 주장했기 때문이다.

베르크하우트는 이 발견을 계기로 원래 연구 주제이던 촉각에서 미각으로 방향을 틀었다. 몇 해 전에 그와 같은 학과의 동료 몇 명은 청둥오리가 완두를 부리 끝으로 집기만 해도 (청둥오리가 좋아하는) 일반 완두와, 맛없게 처리한 완두를 구별하는 놀라운 능력이 있음을 밝혀낸 바 있었다. 청둥오리의 판단은 틀리는 법이 없어서 언제나 맛있는 완두를 골라냈다. 녀석들이 어떻게 완두를 구별했는지 정확하게 알아내는 것이 베르크하우트의 주목표가 되었다.

그 뒤로 몇 해 동안 베르크하우트는 청둥오리의 입을 현미경으로 꼼꼼히 관찰하여 위아래 턱에 맛봉오리가 총 400개가량 있으며 앞선 연구에서와 달리 혀 자체에는 하나도 없음을 밝혀냈다. 맛봉오리는 다섯 개의 덩어리로 되어 있었는데 네 개는 위턱에, 한 개는 아래턱에 있었다. 다음 단계는 맛봉오리가 왜 그 위치에 있는지 알아내는 것이었다. 이를 위해 베르크하우트는 청둥오리가 먹이를 집어서 삼키는 광경을 고속 엑스선으로 촬영하는 기발한 기법을 동원했다. 그랬더니 청둥오리가 먹이를 집는 부분(부리 끝)과 먹이가 목으로 이동할 때 입안에서 접촉하는 부분이 맛봉오리 위치와 정확히 일치했다. 이로써 청둥오리가 진짜 완두와 일부러 맛없게 만든 완두를 구별할 수 있는 이유가 명쾌하게 해명되었다.[9]

사람과는 다른
맛감각

박사 과정의 연구에서 중요한 점은 자신의 연구 주제에 대해 앞서 발표된 문헌을 숙지해야 한다는 것이다. 이것은 학문의 필수 요소이며, 이것을 빼먹으면 그간의 노력이 수포로 돌아가기 십상이다. 게다가 선배 연구자들이 어떻게 했는지 알면 그들의 발견을 발판 삼고 그들의 연구에서 드러난 함정을 피할 수 있다. 하지만 선행 연구가 외국어로 되어 있어 접할 수 없는 경우도 있다. 독일어에 능통한 헤르만 베르크하우트는 20세기 첫 10년에 발표된 일련의 논문을 미각 연구자들이 완전히 무시했음을 알고 깜짝 놀랐다. 첫 번째 미지의 논문을 쓴 옛 동독 체르노비츠 대학의 오이겐 보테차트는 1904년에 어린 참새의 혀에서 맛봉오리를 발견했다. 두 번째 논문의 저자는 베를린 대학의 볼프강 바트로, 1906년에 새에게 맛봉오리가 있음을 입증했으며, 더 중요하게는 보테차트 말마따나 맛봉오리가 혀에 국한되지 않음을 밝혀냈다.[10]

베르크하우트는 자신의 연구 결과가 처음 생각만큼 참신하지 않다는 사실에 다소 실망했음에도 독일의 해부학자들이 발견한 사실에 호기심을 느꼈다. 또한 자신의 연구에서 흥미로운 연구 기회를 찾을 수 있음을 깨닫고 이를 활용했다. 베르크하우트는 맛봉오리를 찾고 헤아리는 새롭고 효율적인 방법을 써서 오리의 입에 맛봉오리가 어떻게 분포하는지 조사했다. 앞선 연구자들은 보테차트와 바트의 논문을 알지 못하여 혀에만 치중했으므로 오리의 맛봉오리 개수를 턱없이 낮잡았다.

이제는 닭의 맛봉오리가 300개, (베르크하우트의 연구에서 밝혀진바) 청둥오리가 약 400개, 메추라기Japanese quail는 고작 60개, 회색앵무African grey parrot는 적어도 300~400개임이 알려져 있다. 하지만 이 소수의 종을 제외하면 새의 맛봉오리가 도합 몇 개인지에 대해서는 알려진 것이 거의 없다. 감각을 다루는 교과서를 읽어보면 푸른박새, 멋쟁이새bullfinch, 염주비둘기ringed dove, 흰점찌르레기European starling, 미기재 종 앵무를 비롯한 여러 새의 맛봉오리 개수가 나와 있다. 하지만 내가 알기로 이 숫자는 모두 입에 있는 것만 센 것이어서 실제 개수에 못 미친다.[11]

대다수 새의 맛봉오리는 혀뿌리, 입천장, 목 뒤쪽에 있다. 맛을 지각하려면 침(적어도 수분)이 꼭 있어야 하므로, 많은 맛봉오리가 침샘 입구 근처에 있다는 것은 놀라운 일이 아니다. 지금까지 알려진 제한적 정보로 판단컨대 새의 맛봉오리 개수는 사람(10,000개), 쥐(1,265개), 햄스터(723개), 한 종의 메기(100,000개)보다 적다.[12]

감각조직의 양과 해당 감각의 발달 정도가 비례한다는 것이 통념이지만, 맛봉오리의 실제 개수를 안다고 해서 새가 실제로 어떤 맛을 느낄 수 있는지, 이 맛과 저 맛을 어떻게 구별할 수 있는지에 대해 많은 것을 알 수는 없을지도 모른다.

과학자 베른하르트 렌슈와 애조가 루돌프 노인치히는 1920년대에 새가 맛을 구별하는 능력을 조사했다. 두 사람은 새 60종을 맛 지각에 따라 구분했다. 우선 사람이 반응하는 네 가지 맛 자극인 짠맛, 신맛, 쓴

맛, 단맛을 내는 화학 물질을 물에 타서 새에게 주었다. 대조군에게는 순수한 물을 주어, 두 집단의 섭취량을 비교했다. 후속 연구에서는 실험 설계를 개선하여, 똑같은 새에게 물을 담은 용기를 주되 하나에는 물에 다 시험 성분을 녹였고 또 하나에는 순수한 물만 담았다. 둘 중 하나를 좋아하느냐 여부는 두 물의 차이를 감지할 수 있다는 증거로 간주되었다.[13]

이 연구에서는 새의 맛봉오리 개수가 비교적 적은데도 우리와 같은 맛 범주인 짠맛, 신맛, 쓴맛, 단맛에 반응한다는 사실을 확인할 수 있다. (가장 최근에 밝혀진 맛 범주인 감칠맛umami에도 반응하는지는 확인되지 않았다.) 또한 벌새가 꽃꿀의 당 함량 차이를 감지하고, 열매 먹는 새가 익은 열매와 덜 익은 열매를 (당 함량을 바탕으로) 구별할 수 있고, 도요 같은 섭금류가 젖은 모래에서 벌레를 맛으로 찾아낼 수 있다는 사실도 알려져 있다.[14] 다른 한편으로 일부 맛에 대해 새와 사람이 다르게 반응한다는 사실도 알려져 있다. 새는 고추의 매운맛 성분인 캡사이신에 반응을 보이지 않는다. 실제로 1800년대 후반에 애조가들은 카나리아 깃털을 빨갛게 물들이려고 고추를 먹였는데, 카나리아는 싫어하지 않고 잘 먹었다고 한다.[15] 그렇기는 하지만, 조류의 미각을 주제로 1986년에 주요 학술지에 출간된 한 논문에서는 이렇게 결론 내렸다. "새가 인간의 감각 세계에서 산다는 통념 때문에, 새의 미각을 연구하는 데 애로 사항이 있었다."[16]

꿔꿔꿔꿔

1989년에 시카고 대학 박사 과정 대학원생 잭 덤배커는 놀라운 발견을 했다. 세계 최초로 맛이 고약한 새를 찾아낸 것이다. 잭은 파푸아뉴기니 바리라타 국립공원에서 붉은장식풍조Raggiana birds of paradise를 연구하고 있었다. 그는 동료들과 함께 붉은장식풍조를 잡으려고 그물을 설치했는데, 으레 그렇듯 다른 새들도 잡혔다. 가장 흔한 덩달이 중 하나는 주황색과 검은색 깃털이 대조를 이루는 두건피토휘hooded pitohui였다. 두건피토휘가 골칫거리인 이유는 냄새가 고약하고 둥지에서 꺼낼라치면 늘 난리를 치기 때문이었다. 언젠가 한 녀석이 덤배커를 할퀴어 피부를 찢기도 했다. 얼마 지나지 않아, 상처를 핥던 덤배커는 입에 감각이 없어졌음을 깨달았다. 당시에는 머릿속에 담아두지 않았지만, 나중에 학생 하나가 같은 경험을 이야기하자 두건피토휘에게 무언가 특별한 것이 있지 않을까 하는 생각이 들기 시작했다. 그때는 알아볼 여유가 없었지만, 이듬해가 되자 잭은 갓 잡은 두건피토휘에게서 깃털을 하나 뽑아 맛보았다. 찌르르 전기가 통하는 듯했다. 깃털에는 대단히 불쾌한 무언가가 있었다.

몇 달 뒤에 덤배커의 박사 과정 지도교수 브루스 빌러가 찾아왔을 때 덤배커는 자신이 발견한 사실을 이야기하며, 지역 조류 학술지에 실을 만한 흥미로운 주제일지 겸손하게 물었다. 빌러는 버럭 소리질렀다. "독조毒鳥를 발견했다고? …… 그렇다면 《사이언스》 표지 기삿감이야! 차 돌리게! 시내로 돌아가 두건피토휘 연구 허가를 받아야겠어!"

브루스 빌러는 뉴기니의 새들에 대해 누구보다 많이 안다("뉴기니의 새』Birds of New Guinea라는 권위서를 쓰기도 했다). 빌러는 덤배커가 기상천외한 발견을 했음을 직감했다. 두건피토휘의 독깃털을 아무도 언급하지 않은 것이 놀라웠다. 두건피토휘는 1800년대 중엽부터 학계에 알려져 있었고 뉴기니에서 흔히 볼 수 있었으며 전 세계 박물관에 박제 수십 점이 소장되어 있었으니 말이다.

색깔과
맛

사실 현지인들은 두건피토휘에 대해 모든 것을 알고 있었다. 현지인들은 두건피토휘를 '워보브'라고 부르며 '살코기에서 입이 얼얼할 정도로 쓴 맛이 난다'라고 묘사한다. 뉴질랜드의 인류학자 랠프 벌머가 현지인 이언 사임 마지넵과 함께 쓴 '옛날 책'에서 피토휘의 불쾌한 맛을 언급한 적이 있다고 알려준 것은 덤배커의 동료였다. (옛날이라고? 내가 찾아보니 그 책은 최근인 1977년에 출간되었다.) 덤배커는 현지인들이 워보브 말고도 맛이 고약한 뉴기니 새의 존재를 알고 있다는 사실에 놀랐다. 이 새는 고지대에 사는 푸른머리이프리트blue-capped ifrita(행태가 동고비와 비슷하다)로, 현지어로는 '쓴맛 나는 새'라는 뜻의 '슬레크-야크트'라고 불린다.[17]

덤배커는 이 새들의 깃털에 어떤 독이 있는지 알고 싶었다. 하늘이 도왔는지, 그를 도울 수 있는 유일한 사람과 인연이 닿았다. 미국 국립보건원의 약리학자 존 데일리는 남아메리카 독개구리가 생산하는 독소인 바트라코톡신batrachotoxin을 수년째 연구하고 있었다. 아래는 덤배커가 내게 들려준 이야기다.

바트라코톡신을 실험실에서 쉽게 분리하고 식별할 수 있는 세계 유일의 화학자와 함께 일할 수 있어서 얼마나 다행인지 모릅니다. 저희는 첫 발견이 도무지 믿기지 않아서—이 독소가 뉴기니의 새에게 들어 있다는 게 납득이 가지 않았던 탓이기도 합니다—몇 마리에게서 추가로 독소를 추출했습니다. 그랬더니 정말로 바트라코톡신이 있었습니다. 그뿐 아니라, 독소 추출과 연구를 거듭한 끝에 개구리에게서 발견된 적 없는 새로운 바트라코톡신 화합물도 몇 종류 찾아냈습니다.[18]

두건피토휘의 깃털과 피부에 있는 독소는 먹이에서 온 것이다(즉, 독이 있는 동물을 잡아먹어서 생겼다. 두건피토휘의 먹잇감은 의병벌레melyrid beetle다). 새로운 바트라코톡신은 독성이 스트리크닌보다 강하다. 두건피토휘 깃털에서 뽑아낸 추출물을 생쥐에게 주입했더니 경련을 일으키며 죽었다. 독성이 있다는 확실한 증거였다.

덤배커는 동료들과 연구를 계속하여 두건피토휘, 붉은피토휘rusty pitohui, 검은피토휘black pitohui, 오색피토휘variable pitohui, 푸른머리이프리트 등의 뉴기니 새들에게서 지금까지 다섯 가지 독소를 발견했다. 독소의 종류는 모두 같았으며 곧잘 톡 쏘는 듯 고약한 냄새가 났다. 독소는 처음에는 깃털을 갉아 먹는 이louse를 쫓으려고 진화했다가 나중에야 큰 포식자를 막으려고 발달했을 것이다. 잭 덤배커는 맹금이 이 새들을 잡거나 죽이려 드는 장면을 한 번도 보지 못했다. 맹금이 어떻게 반응하는지 관찰한 적이 없으니, 독조가 맹금 입맛에 어떤지도 알 방법이 없다. 하지만 덤배커는 뱀을 가지고 실험한 결과를 내게 들려주었다. "갈색나무뱀brown tree snake과 녹색나무뱀green tree python은 둘 다 독소에 심하게 반응하며 괴로워하고 대체로 자극을 받는 듯합니다. 하지만 이 뱀이 독소를 피하는 법을 학습하는지에 대해서는 확증하거나 반박할 만큼 실험을 해보지 못했습니다." 덤배커는 이렇게도 말했다. "개인적으로 이 독소는 둥지를 틀 때 가장 효과가 큰 듯합니다. 방어 수단이 없는 둥지(알과 새끼)나 자신을 포식자에게서 보호하는 것이죠. 예전에 두건피토휘 둥지를 묘사한 글을 보면 솜털이 보송보송한 새끼는 화려한 색깔인 듯합니다. 독소가 있는지 알아보려고 둥지를 찾으려 했지만 늘 허사였습니다." 덤배커의 가설은 어미가 알을 품는 동안 깃털의 성분이 알에 묻어서 뱀 같은 포식자를 퇴치한다는 것이다.[19]

덤배커와 빌러는 절차에 따라 1992년 10월에 《사이언스》에 표지 사진과 함께 논문을 발표하여 맛이 고약한 독조의 존재를 학계에 알렸다.[20] 그러자 다른 연구자들도 독이 있는 것처럼 보이는 새들에 대해 알려 왔다. 그중에는 존 제임스 오듀본의 이야기도 있었다. 오듀본은 고양이를 위해 캐롤라이나쇠앵무Carolina parakeet를 총으로 쏜 뒤에 독이 있는지 알아보려고 사체를 끓였다(캐롤라이나쇠앵무는 지금은 멸종했다). 오듀본은 고양이가 사라졌다고만 말하고는 지난해에 고양이 일곱 마리가 캐롤라이나쇠앵무를 잡아먹고서 죽었다고 언급했다. 새들은 독초로 알려진 도꼬마리 씨앗을 먹어서 독소가 생겼을 것이다.[21]

또 다른 흥미로운 예는 독성에 걸맞게 눈에 잘 띄는 멕시코의 붉은휘파람새red warbler다. 콜럼버스 이전에 아즈텍의 생물상을 기록한 피렌체 사본Florentine Codex에서는 붉은휘파람새를 '먹을 수 없는 것'으로 분류했다. 덤배커의 발견을 계기로 연구자들은 붉은휘파람새의 깃털에 알칼로이드가 들어 있음을 밝혀냈다. 이 유기 화합물을 생쥐에게 주사했더니 생쥐는 '이상 행동'을 보였다.[22] 이 연구는 감질나리만치 불완전했으며 멕시코의 조류학자와 생화학자에게는 근사한 협력 기회다.

맹금이 피토휘나 이프리트를 잡는 광경을 목격한 사람은 아무도 없으므로 맹금이 어떻게 반응할지는 전혀 알 수 없다. 잭 덤배커나 (그가 실험한) 뱀처럼 혐오와 거부 반응을 일으킬까? 내 추측엔 그럴 것 같다.

뉴기니의 역겹지만 화려한 새들은, 다윈과 월리스가 관찰한바 화려한 색깔을 경고색으로 쓰는—"먹지 마. 맛없어"—털애벌레와 닮았다. 다윈과 월리스는 새 중에도 이런 경우가 있으리라고는 상상도 할 수 없었다. 오리, 멧도요, 심지어 종다리, 지빠귀를 비롯한 수많은 새들은 맛이 끝내주기 때문이다.

잭 덤배커의 발견에서 확실히 알 수 있듯, 새도 맛이 역할 수 있으며 그런 새는 깃털이 화려하다. 하지만 이것이 전례 없는 발견은 아니었으니, 50년 전에도 이를 주제로 열띤 논쟁이 벌어졌다.

1941년 10월에 케임브리지 대학의 동물학자 휴 콧(1900~1987)은 이집트에서 영국군에 복무하고 있었다. 일주일 휴가를 얻은 콧은 총으로 쏜 새의 껍질을 벗겨 박물관용 표본으로 만들고 있었다. 그때 이상한 점이 눈에 들어왔다. 그가 일하는 탁자 밑에는 종려비둘기palm dove와 뿔호반새pied kingfisher 사체가 놓여 있었다. 그런데 말벌이 종려비둘기에만 달라붙고, 나란히 놓인 뿔호반새는 거들떠보지 않았다. 종려비둘기는 보호색을 하고 있었고 뿔호반새는 흑백이 선명한 대조를 이루었다. 콧은 생각에 잠겼다. 콧은 전부터 동물의 색깔에 매혹되었으며 전 해인 1940년에 (지금은 고전이 된) 『동물의 보호색과 경고색』Animal Colouration을 출간한 바 있었다.[23] 훗날 콧은 이렇게 말했다. "[말벌과의 만남은] 뜻밖의 우연한 관찰이 미지의 탐구로 이어져 결실을 맺을 수 있음을 보여주는 좋은 예다."[24]

당시만 해도 새의 화려한 깃털이 포식자에 대한 방어 수단일 수 있다고 생각한 사람은 아무도 없었다. 콧은 그 뒤로 20년 동안 이 아이디어를 치열하게 파고들었다. 말벌, 고양이, 사람을 '감식가' 삼고, 새고기

먹는 사람들의 설명을 참고하여 콧은 호아친hoatzin, 콩새hawfinch, 후투티hoopoe, 유럽참새 같은 다양한 종의 맛을 평가했다. 콧의 결론은 멧도요, 들꿩grouse, 비둘기pigeon처럼 정말로 맛있는 새는 칙칙한 색깔이나 보호색을 한 반면에 맛없는 종은 색깔이 화려하거나 경고색을 한다는 것이었다. 콧의 발견은 1945년에《네이처》에 실렸다.[25]

하지만 콧의 연구에는 허점이 많다. 공정을 기하자면, 그 이유 중 하나는 1940년대 이후로 과학적 탐구의 성격이 훌쩍 달라졌다는 것이다. 콧의 방법은 구식이 되었을 뿐 아니라 오늘날의 기준으로 보면 부적절했다. 이를테면 콧은 새의 깃털 밝기를 분류할 때, 수컷과 암컷의 색깔이 전혀 다른 경우가 많다는 (불편한?) 진실을 외면하고 암컷만 사용했다. 또한 수컷과 암컷의 맛이 같을 거라고 가정하고서도, 확인하지는 않았다. 게다가 살코기만을, 그것도 요리하여 맛보았다. 이에 반해 덤배커는 (우연이기는 하지만) 피토휘의 깃털을 맛보았다(어쨌거나 포식자가 맨 처음 접하는 것은 깃털의 맛이다). 앞에서 보았듯 사람의 감각이 새의 감각을 판단하는 데 반드시 알맞은 기준은 아니므로, 우리 입맛에 맞지 않는다고 해서 맹금이나 뱀의 입맛에도 맞지 않는 것은 아닐지도 모른다. 그뿐 아니다. 콧에게 정보를 제공한 사람들 중에는 신빙성이 떨어지는 사람도 있었다.[26]

딴 사람이 더 엄밀한 방법론을 써서 콧의 연구를 재연할 가능성은 희박하지만, 깃털 밝기와 맛의 관계를 새 전체에 확대하는 데는 신중을 기해야 할 듯하다. 깃털 밝기가 새의 배우자 선택에서 중요한 역할을 한다는 증거가 확고하므로, 색깔과 맛의 관계를 재평가할 때는 이 또한 염두에 두어야 할 것이다. 한편 우리는 적어도 일부 새의 미각이 잘 발달했으며 이 새들이 맛으로 곤충을 가린다는 사실을 안다. 이론상으로는, 간단한 행동 실험을 통해 어떤 새가 포식자의 입맛에 맞지 않는지 알아보는 것은 어렵지 않을 것이다. 이를테면 포획된 뉴기니 맹금에게 육류 한 조각을 피토휘 깃털에 싸서 주고는—만에 하나 맹금이 해를 입지 않도록—반응을 살펴보는 방법이 있다.

이 장을 마무리하면서 새에게 정말로 미각이 있다는 사실을 재확인하고자 한다. 새의 미각은 눈에 보이지 않아서 연구가 충분히 이루어지지 않았지만, 새에게 미각이 있다는 것은 엄연한 사실이다. 새의 미각에 대한 우리의 지식은 아직도 제한적이다. 누군가 매우 포괄적으로 조사를 진행한다면—이를테면 뇌 스캔 기술을 이용하면 다량의 새를 신속하게 선별할 수 있다—무척 반가울 것이다. 독자 중에는 새의 미각에 대한 우리의 지식이 일천한 것에 불만을 느끼는 사람도 있을 것이다. 하지만 나는 연구자로서 이 상황을 기회로 여긴다. 연구할 분야는 넓고 발견할 것은 얼마든지 있다.

제 5 장

후각

갈색키위. 작은 그림(왼쪽에서 오른쪽으로): 옆에서 본 부리 끝의 무수한 구멍과 콧구
멍(큰 구멍)에 감각신경종말이 들어 있다. 윗부리 단면에서 복잡한 코 부위가 보인다.
키위의 뇌에는(왼쪽이 부리 쪽이다) 커다란 후각망울olfactory bulb(짙은 색으로 표시)이
있다.

조류학 분야에는, 더 나은 이름이 없어서 으레 '본능'으로 통하지
만 실제로는 인식 가능한 습성인 것들이 있다. 모든 것이 이따금
아리송하지만 그중에서도 가장 당혹스러운 것은 냄새 맡는 능력
이다. 어떤 사람은 있다고 하고 어떤 사람은 없다고 한다.

존 거니,

「새의 후각에 대하여」,《따오기》, 2, 225~53

오듀본의
실험

  1500년대 중엽에 동아프리카에 파견된 포르투갈 선교사 주앙 두스
산토스는 자신의 작은 선교원에서 밀랍 양초에 불을 붙일 때마다 작은
새들이 날아들어 따뜻한 밀랍을 먹어치우는 것이 불만이라고 일기장에
썼다. 현지인들은 두스산토스에게 그 새가 '사주'sazu, 즉 '밀랍 먹는 새'
(아마도 그의 추측일 것이다)라고 말했다. 이제 우리는 그 새가 벌앞잡이새
임을 안다. 400년 뒤에 허버트 프리드먼은 이렇게 말했다. "벌이 한 마
리도 없는데 새는 어떻게 밀랍이 있다는 걸 알까? …… 아직까지는 만
족스러운 답이 하나도 없다. 냄새로 찾을 가능성은 매우 희박하다. 새는
대체로 후각이 둔하기 때문이다."[1]

  이유를 설명할 수는 없지만, 조류학자들은 새에게 후각이 있을지도
모른다고 좀처럼 생각하지 못했다. 아무 조류학자나 잡고 물어보면 고
개를 빳빳이 쳐들고 이렇게 말할 것이다. "새의 뇌에서 후각 영역은 하

는 일이 별로 없습니다." 이들은 틀렸다. 우리를 잘못된 길로 인도한 장본인은 위대한 조류 화가 존 제임스 오듀본이다. 1700년내 후반에 어린 아이이던 오듀본은 쇠콘도르_turkey buzzard_가 썩어가는 고기를 찾을 때 '자연의 특별한 선물', 즉 예리한 후각을 이용한다는 말을 들었다. 하지만 오듀본이 관찰한 바는 이와 달랐다. "자연은 놀랍도록 풍성하기는 하지만, 어떤 개체에게도 필요 이상으로 베풀지 않았다. 두 가지 감각이 다 완벽한 생물은 하나도 없다. 후각이 뛰어나면 시력은 그만큼 예리할 필요가 없다." 말하자면 오듀본은 종이 두 가지 잘 발달한 감각을 한꺼번에 가지는 것이 불가능하다는 이상한 생각을 가지고 있었다. 오듀본은, 나무 뒤에 숨어 쇠콘도르에게 다가갔을 때는 녀석이 냄새로 자신을 알아차리지 못하다가 자신을 눈으로 보고서야 화들짝 놀라 날아오르는 것을 보고서 쇠콘도르의 후각이 예리하다는 생각이 싹 사라졌다. "나는 쇠콘도르의 후각이 얼마나 예리한지, 아니 후각이 있기나 한지 입증하기 위해 부지런히 일련의 실험을 수행했다."[2]

실제보다 과장되어 기억되는 인물인 오듀본은 프랑스인 함장과 하녀의 사생아로 태어났으며 활발하고 변덕스럽고 매력이 넘쳤다. 1785년에 아이티에서 태어나 여섯 살 때 프랑스로 이사 갔는데 그곳에서 아버지와 그의 본처 앤과 함께 살았다(앤은 자식이 없었다). 오듀본이 열여덟 살 되었을 때 아버지는 그에게 농장 감독 임무를 맡겨 펜실베이니아로 보냈지만, 오듀본은 농장 일에는 영 관심이 없었다. 사실 먹고사는 일에 무심했다. 그의 관심사는 새였다. 새를 관찰하고 사냥하고 그리는 일에 열정을 쏟았다. 그러면서 새 종을 발견하고 새로운 행동을 관찰하고 예술적 재능을 갈고닦았다. 그러는 와중에도 짬을 내어 영국인 이웃 주민의 딸 루시 베이크웰에게 구애하고 1808년에 결혼했다.

오듀본은 새를 그려 생계를 꾸리기로 마음먹고는 미국 동부 연안으로 갔다. 하지만 인맥을 많이 쌓았음에도 예술적 노력을 인정받지는 못했다. 오듀본은 딴 곳에서 돈을 벌어야겠다고 생각하여 아내와 어린 자녀들을 남겨두고 1826년에 영국으로 떠났다. 그는 현장 조류학자로서 자신의 솜씨에 자부심을 가지고 있었으며 리버풀에서 개최한 첫 전시회는 성황리에 끝났다. 새를 이렇게 실물 크기로, 사실적인 자세로, 중요한 특징을 모두 살려서 그린 사람은 일찍이 없었다. 오듀본이 새의 본질을 그토록 정확하게 포착할 수 있었던 것은 새에 대해 아주 잘 알았기 때문이다.

오듀본이 쇠콘도르의 후각을 실험한 것은 영국으로 떠나기 오래전이었다. 그는 여러 대형 동물의 사체를 숨겨두고 쇠콘도르가 찾아낼 수 있는지 지켜보았다. 쇠콘도르는 사체를 하나도 찾지 못했다. 오듀본은, 사체가 보이지 않으면 쇠콘도르가 찾지 못한다고 결론 내렸다. 결과를 확신한 오듀본은 쇠콘도르 실험의 상세한 결과를 1826년 에딘버러 자연사학회에 제출하기로 마음먹었다. 「쇠콘도르에게 뛰어난 후각 능력이 있다는 통념을 깨뜨리는 것을 중심으로 한 쇠콘도르의 습성에 대한 연구」라는 장황하고 도발적인 논문 제목이 모든 것을 말해준다.

오듀본의 논문은 조류학계에 파란을 일으켰다. 학계는 양분되었지만, 오듀본의 편이 훨씬 많았다. 실험 결과가 명백하다고 생각했기 때문이다.[3] 오듀본의 친구이자 대필 작가인 윌리엄 맥길브레이를 비롯하여[4] 헨리 드레서, 윌리엄 스웨인슨, 에이블 채프먼, 엘리엇 쿠스, 릴퍼드 경 등 여러 저명한 조류학자들이 오듀본 전도사를 자처했다. 쿠스와 릴퍼드 경은 '엽사獵師'였으며 '후각이 없다'라는 주장에 대한 이들의 증거는 사냥하면서 직접 체득한 것이었다. 두 사람은 새에게 접근할 때 바람을

등지든 맞바람을 맞든 전혀 차이가 없는 것 같다고 말했다.[5]

오듀본을 누구보다 열성적으로 지지한 사람으로 미국의 루터파 목사이자 박물학자 존 바크먼이 있었다. 그는 '학식 있는 시민들' 앞에서 오듀본의 실험을 재연했는데, 청중은 '자신들이 실험을 목격했으며 쇠콘도르가 후각이 없고 오로지 시각으로 먹잇감을 탐지한다는 사실을 전적으로 확신한다'라는 내용의 문서에 서명했다. 위원회가 과학을 결정하다니![6]

오듀본을 가장 소리 높여 비판한 사람은, 영리하지만 괴팍한 찰스 워터턴이었다. 그는 요크셔 월튼홀에서 살았다. 워터턴은 오랫동안 남아메리카에서 자연사를 연구했기에 쇠콘도르에 친숙했으며 오듀본의 실험에 결함이 있다고 굳게 믿었다. 워터턴의 생각은 옳았지만, 그의 주장이 난해하고 태도가 기이하여 조류학계는 그의 의견을 무시했다.[7]

오듀본의 실험에는 정말로 결함이 있었다. 그는 쇠콘도르가 썩어서 냄새 나는 사체를 찾아다닌다고 가정하여 이런 사체를 실험에 쓰는 실수를 저질렀다. 지금은 쇠콘도르가 (썩어가는 고기를 먹기는 하지만) 신선한 사체를 더 좋아하며 분해되고 있는 고기는 한사코 피한다는 사실이 밝혀졌다. 오듀본의 실수는 여기에 있었다. 게다가 또 다른 문제가 혼란을 가중시켰다. 오듀본은 쇠콘도르, 즉 카타르테스 아우라Cathartes aura를 실험했다고 말했지만 그가 실제로 연구한 것은 검은독수리black vulture, 즉 코라깁스 아트라투스Coragyps atratus였던 것 같다. 검은독수리는 쇠콘도르와 겉모습이 비슷하지만 후각이 훨씬 둔하다.[8]

새에게 후각이 있는지 알아보려는 후속 연구에서도 후각이 없다는 결과가 나왔지만, 실험 설계에 커다란 문제가 있었다. 그중 하나는 알렉산더 힐이 1905년에 한 실험인데, 사육하는 칠면조 한 마리에게 두

새의 감각

가지 먹이를 듬뿍 주되 그중 하나에 라벤더 기름, 아니스 추출물, 아위 asafoetida 약제 등 냄새가 강한 성분을 섞었다.[9] 힐은 칠면조에게 후각이 있다면 냄새로 오염되지 않은 먹이만 먹을 것이라고 예측했다. 하지만 칠면조는 냄새 나는 먹이를 먹었다. 마지막으로 힐은 뜨거운 황산 용액에 청산가리 30밀리리터를 섞어서 가련한 칠면조에게 주었다. 그러자 격렬한 화학 반응이 일어나 치명적 청산 가스가 구름처럼 피어 올랐으며 칠면조는 죽고 말았다. 이 실험들은 무려 《네이처》에 실렸는데, 힐은 칠면조가—또한 추론에 따라 모든 새가—후각이 전혀 없다고 결론 내렸다.

죽음을 감지하는
도래까마귀

'과학적' 증거는 새에게 후각이 있을 가능성을 배제하는 듯했지만, 사실이 정반대임을 시사하는 일화적 증거는 얼마든지 있었다. 18세기 후반 노펍에서는 푸른박새를 '치즈 도둑'pickcheese이라 불렀다. 낙농장에 들어가 치즈를 먹는 습성 때문인데, 그렇다면 냄새를 맡을 수 있을 것이다. 낙농장의 위치가 규칙적이어서 푸른박새가 학습할 수 있었을 가능성은 희박하다. 게다가 녀석들은 치즈를 만들 때만 찾아왔다. 물론 푸른박새가 냄새로 치즈를 찾았다고 단정할 수는 없다. 일본에서는 약 300년 전에 푸른박새와 근연종인 곤줄박이varied tit에게 점 치는 법을 가르쳤다. 탁자 위에 점괘가 쓰인 쪽지를 올려놓고—점괘가 보이도록—점술사가 큰 소리로 시를 읊으면 새가 시에 맞는 점괘를 골랐다. 이 수법을 새에게 가르치기는 매우 힘들었다. 점술사는 새가 집지 말았으면 하는 쪽지 뒤에 무언가의 훈향燻香을 배게 했다. 효과가 있었던 것을 보면 곤줄박이는 후각을 이용하여 쪽지를 구별한 듯하다. 일부 섭금류가 진흙 냄새를 맡을 수 있음을 암시하는 일화도 있다. 노퍽의 박물학자 존 헨리 거니는 이렇게 회상한다.

> 노퍽에는 목초지의 물길을 청소하는 풍습이 있는데, 그 과정에서 냄새가 심하게 나기도 한다. 그런데 진흙을 모아놓으면 어김없이 잠시 뒤에 삑삑도요green sandpipe가 나타났다. 결코 개체 수가 많지 않은 새였는데 말이다. …… 하지만 녀석들이 냄새를 맡지 못한다면 갓 뒤집은 (먹이가 들어 있는) 진흙을 찾아낼 수 있었을까?[10]

더 그럴듯한 일화는 죽음을 감지하는 도래까마귀다. 아래 일화는 분위기가 토머스 하디의 소설을 연상시킨다.[11]

> 1871년 5월에 윌트셔에 사는 머스의 E. 베이커 씨는 디프테리아로 죽은 두 아이의 장례식에 참석하고 있었다. 장지까지는 다운스를 따라 1~2킬로미터 가야 했는데 운구 행렬이 얼마 가지 않았을 때 도래까마귀 두 마리가 나타났다. 검은색의 도래까마귀는 가는 내내 조객과 동행했으며 몇 번이고 관을 향해 웅크려 사람들의 눈길을 끌었다. 베이커 씨는 녀석들이 관 안에 있는 시신을 냄새로 감지했으리라 확신했다.[12]

이에 대해 누군가 이런 논평을 남겼다. "이 글을 읽고 나면 도래까마귀에 대한 오랜 통념을 속설로 치부하기 힘들다. 관이 닫혀 있었으므로 시각은 소용없었기 때문이다. 도래까마귀가 내용물을 알 수 있는 방법은 냄새밖에 없었다."[13]

도래까마귀가 죽음을 예언한다는 통념은 셰익스피어의 『오셀로』(4막 1장)에도 등장한다. "마치 까마귀가 모두에게 흉조를 예시하며 역병 옮은 집 위로 날아오듯 말일세."(최종철 옮김, 『오셀로』, 민음사, 2007, 140쪽)

해부학적 증거는 더 확고했다. 19세기 들어 동물의 해부학적 구조에 대한 이해가 부쩍 발전했다. 해부가 유행이 되었으며 특히 영국과 독일의 동물학자들 사이에서 선풍적 인기를 끌었다. 영국에서 가장 뛰어난 인물은 리처드 오언이었다. 그는 훗날 자연선택에 반대하고, 신이 모든 생물을 지금의 형태로 창조했다는 영국 국교회의 견해를 고집하여 다윈의 숙적이 되었다. 오언은 해부 실력이 빼어났을 뿐 아니라 수치를 모르는 야심가였다. 그는 빅토리아 사회 상류층에 들어가려고 온갖 애를 썼다.

빅토리아 시대의 해부학 열풍은 그 뒤로 150년간 대학 동물학과의 학풍을 결정했다. 나는 1960년대 후반 학부생 시절에 지렁이, 불가사리, 개구리, 도마뱀, 뱀, 비둘기, 쥐 등 온갖 동물을 해부해야 했다. 해부는 즐거웠다. 돔발상어dogfish가 우리의 모델 생물이었다. 우리는 일주일이 멀다 하고 지린내 나는 대형 포르말린 통에서 개인 이름표가 붙은 돔발상어를 꺼내어 해부했다. 특히 중요한 것은 뇌에서 뻗어 나와 대부분의 신체 기능을 제어하는 뇌신경cranial nerve이었다. 하지만 당시에는 그렇게 중요한 줄 몰랐다. 포르말린 냄새를 맡으면 몸이 마비되었지만, 돔발상어 해부는 즐거운 경험이었다. 돔발상어는 두개골이 뼈가 아니라 연골로 이루어져서 콩을 까듯 두개골을 벗겨내어 뇌에 연결된 밧줄 같은 신경들을 볼 수 있었다. 다섯 번째 신경인 세갈래신경trigeminal은 여느 척추동물에서처럼 비강(코안)에서 뇌로 정보를 전달한다.

쇠콘도르가 먹이를 냄새로 찾지 않는다는 오듀본의 주장을 검증하기 위해 리처드 오언이 1837년에 쇠콘도르 한 마리를 해부하여 관찰한 것이 바로 이 신경이다. 오언은 쇠콘도르를 크기가 비슷한 칠면조와 비교했다. "오듀본의 실험에서와 마찬가지로 냄새의 도움 없이도 먹이를 찾는 것을 볼 때 칠면조의 후각은 쇠콘도르만큼 둔한 듯하다." 오언이 쇠콘도르를 해부했더니 세갈래신경이 유달리 컸다. 오언은 이렇게 결론 내렸다. "쇠콘도르는 후각 기관이 잘 발달했지만, 해부를 통해서는 녀석이 먹이를 냄새만으로 찾는지 아니면 냄새의 도움을 얼마나 받는지에 대해 실험만큼 정확하게 알 수 없다." 한편 쇠콘도르의 후각이 뛰어나다는 일화는 수없이 많다. 오언은 자메이카의 의사 W. 셀스 씨가 들려준 일화를 소개한다.

쇠콘도르는 자메이카 섬에 많습니다. 여기서는 존 크로라는 이름으로 부릅니다. …… 늙은 환자이자 좋은 이웃이 한밤중에 죽었습니다. 가족이 장례 용품을 구하러 50킬로미터 떨어진 스페인 마을에 사람을 보내야 해서 이튿날 정오, 그러니까 그가 사망한 지 36시간이 지나도록 매장을 시작하지 못했습니다. 그때보다 한참 전에—매우 고통스러운 장면이었는데—그가 살았던 단층의 넓은 집 지붕 용마루에 죽음의 사자使者들이 우수에 젖은 표정으로 앉아 있었습니다. …… 시신을 보았을 리 없으니 오로지 냄새만으로 찾아온 거죠.[14]

하지만 오언이 쇠콘도르에서 찾아낸 후각 증거는 외면당했다. 풀머바다제비fulmar, 알바트로스, 키위 등을 해부한 동시대의 다른 동물학자들이 전부 이 새들의 후각이 잘 발달했다고 주장했지만 역시 무시당했다.[15]

1922년에 존 거니는 여느 동물과 달리 조류에게서만 후각의 증거를 찾아볼 수 없는 것이 의아하다고 말했다. "포유류의 후각이 고도로 발달했음은 의심할 여지가 없다." 거니는 어류에게 후각이 있다는 사실도 완전히 인정된다고 했다. 더 놀라운 사실은 일부 나비와 나방에게서도 후각 능력이 입증되었다는 것이다. 새는 수수께끼였다. 새의 감각 중에서도 가장 골치 아픈 것은 후각이었다. "이렇게 중요한 문제가 아직까지 해결되지 않았다는 것이 의아하다."[16]

이제는 리버풀 대학 동물학 교수가 된 제리 펌프리는 새의 감각을 주제로 1947년에 《따오기》 지에 기고한 검토 논문에서 시각과 청각을 논의한 뒤에 이렇게 말했다. "나머지 감각기관에 대해서는 언급할 만한 것이 별로 남아 있지 않다. 후각이 뛰어난 포유류와 비교하여 새의 후각이 그다지 발달하지 않은 것은 분명하다." 펌프리는 일부 새에게서 후각의 일화적 증거가 발견된 것은 인정하면서도 이를 반박하는 다른 일화들이 있음을 지적했다.[17] 펌프리는 낙심한 어조로 이렇게 결론 내렸다. "사실 이 분야에서는 비판적 실험이 거의 불가능하다. 사람들은 무엇을 찾아보아야 할지 모르는 극심한 어려움 속에서 분투하고 있기 때문이다. 사람의 후각 경험과 그럭저럭이라도 일치하는 후각 이론조차 찾아볼 수 없다."[18]

의료 삽화가의
의문

몇 해 전에 캐나다 국립박물관 조류 큐레이터인 퍼시 태버너는 새의
후각에 대해 밝혀진 것이 거의 없음을 아쉬워하는 소논문을 썼다(실은
메모 수준이었다). "새의 후각은 까다로운 주제일지 모르지만, 이제는 맞
붙을 때가 되었다. 명성과 정복할 신세계를 찾는, 기발하고 야심찬 박사
후 연구생들에게 좋은 기회다!"[19] 태버너는 새의 후각에 대한 과학적 연
구를 시작하는 사람이 박사후 연구생도, 남자도 아니리라고는 생각지
못했다.

벳시 뱅은 1950년대 후반에 미국 존스홉킨스 대학에서 의료 삽화가
로 일하고 있었다. 벳시는 혼자 힘으로 조류 후각 연구를 탈바꿈시켰으
며 학계의 그늘에서 끌어내어 각광을 받게 했다.

벳시는 학자인 남편을 도와 새의 호흡기 질환에 대한 논문에 넣을 삽
화를 그렸다. 이를 위해 남편이 소장한 방대한 조류 표본의 비강을 해부
하고 그렸다. 벳시는 생물학 교육을 별로 받지 않았지만 예리한 아마추
어 조류학자였으며 영리했다. 그런데 비강을 해부하고 그리다 보니 왜
종마다 비강의 구조가 천차만별인지 의문이 들기 시작했다.

사람의 코에서 들숨을 데우고 축이며 냄새를 감지하는 기관을 갑개
concha라 한다.[20] 이 용어를 처음 들어보는 사람이 많겠지만, 갑개는 코
의 딱딱한 윗부분 안쪽에 있는 조개 모양의 뼈로, 싸우다가 쉽게 부러지
며 성형 수술로도 복원하기 힘들다. 새는 드러난 두 개의 콧구멍으로 호
흡하는데, 대부분의 종은 부리 윗부분에 달랑 구멍만 뚫려 있다. 대체로
윗부리 안쪽에 방이 세 개 있다. 두 개는 들숨을 데우고 적시는데, 일부

공기는 입을 통해 폐로 들어가기도 한다. 세 번째 방은 부리 밑동에 있으며, 여기에 두루마리처럼 말린 연골 또는 뼈로 이루어진 갑개가 들어 있다. 공기가 통과하는 얇은 뼛조각을 감싼 판 모양 조직 안에는 냄새를 감지하고 뇌에 정보를 전달하는 작은 세포가 많이 들어 있다. 갑개가 복잡할수록, 즉 두루마리가 많이 말릴수록 표면적이 커지고 냄새 감지 세포의 수도 많아진다. 냄새를 해석하는 뇌 부위는 부리 밑동 근처에 있는데 모양 때문에 후각망울이라고 부른다.[21]

해부한 코의 비강을 살펴본 벳시는 이렇게 크고 복잡한 비강을 가진 새에게 후각이 없다는 의학 교과서의 한결같은 설명을 받아들일 수 없었다. 벳시는 새의 후각 능력에 대해 잘못된 정보가 퍼져 있는 것이 심히 우려스러워 오해를 바로잡고 싶었다.[22] 오해가 생긴 이유는 해부학자와 행동 연구자 사이에 소통이 없어서라고 벳시는 추측했다. 새가 화학 신호를 감지할 수 있는지 확인하려고 설계된 최근의 몇 가지 행동 실험은 비둘기를 대상으로 했는데, 비둘기는 편리하지만 생물학적으로 부적절한 연구 종이다. 벳시는 비둘기의 후각기관이 "부실하게 갖춰졌"다고 표현했다. 또 다른 문제는 행동 실험 자체가 어설프게 설계된 경우가 많았다는 것이다.

벳시는 첫 연구를 위해 근연종이 아닌 세 종을 선정했다. 셋 모두 비갑개鼻甲介가 매우 크지만 습성은 전혀 다르다. 첫 번째 연구 종은 썩는 고기를 먹는 주행성 조류로, 오듀본이 연구(했다고 착각)한 쇠콘도르, 두 번째는 먼바다에 살면서 꼴뚜기와 고래 사체(바다의 썩는 고기)를 먹는 바닷새 검은발알바트로스black-footed albatross, 세 번째는 야행성이고 열대 지방에 서식하며 열매를 먹고 (앞에서 보았듯) 칠흑같이 어두운 동굴에 둥지를 트는 기름쏙독새였다. 해부학적 증거는 압도적이었다. 냄새를 감지하기 위한 것이 아니라면 이렇듯 정교한 코 조직의 쓰임새가 대체 무엇이란 밀인가? 이렇게 해서 발표된 벳시의 첫 논문 세목은 「일부 소류 종의 후각 기능에 대한 해부학적 증거」Anatomical evidence for olfactory function in some species of birds였다. 논문에는 각 종의 머리를 묘사하는, 약간 엽기적이지만 사실적인 삽화가 함께 실렸다. 실험 결과는 1960년에《네이처》에 발표되었는데, 벳시의 동료 한 명은 이렇게 회상했다. "뱅의 논문이 발표되면서, 새에게 후각이 있다는 사실을 부인하는 것이 불가능해졌다. 공교롭게도 당시는 새로운 사실을 선뜻 받아들이는 시기였기에 벳시는 매우 중요한 기여를 할 수 있었다."[23]

벳시는 1960년대 내내 여러 새의 해부학적 구조를 연구했는데, 1960년대 후반에 스탠리 코브를 만나면서 또 한번의 거대한 도약을 하게 된다. 벳시와 남편은 매사추세츠 케이프코드의 남쪽 끝 우즈홀에 있는 별장에서 해마다 여름을 보냈다. 그러던 어느 날 저녁 만찬회에서 우연히 코브 옆자리에 앉게 되었다. 코브는 은퇴한 신경정신의학자로, 새와 뇌에 관심이 많았다. 몇 해 전에 새의 후각망울을 주제로 소논문을 발표하기도 했다. 코브와 벳시는 그 자리에서 의기투합했으며 170종에 이르는 새의 뇌에서 후각망울의 크기를 대규모로 비교 연구했다.[24]

두 사람은 후각망울의 길이를 자로 측정하여 뇌의 최대 길이에 대한 비율로 나타냈다.[25] 이 수치가 후각 잠재력을 정확하게 반영하지 않는다는 것을 알았지만, 더 나은 방법은 후각망울을 잘라내어 무게를 측정한 뒤에 나머지 뇌 무게에 대한 비율을 계산하는 것뿐이었다. 그랬다가는 시간이 엄청나게 걸릴뿐더러—후각망울은 절제하기 힘들다—박물관의 표본을 망가뜨려야 했을 것이다. 두 사람은 적어도 당분간은 간단한 수치에 만족하는 수밖에 없었다.

아래는 몇 가지 사례를 순서대로 나열한 것이다. 값이 클수록 후각망울의 상대적 크기가 크다.

흰제비슴새snow petrel	37
키위	34
제비슴새petrel(평균)	29(18에서 33까지 다양하다)
쇠콘도르	29
쏙독새(평균)	24(22에서 25까지 다양하다)
호아친	24
뜸부기rail(평균)	22(12.5에서 26까지 다양하다)
집비둘기feral pigeon	20
섭금(평균)	16(14에서 22까지 다양하다)
가금	15
명금(평균)	10(3에서 18까지 다양하다)

뱅과 코브의 비교 연구에 따르면 검은머리박새(명금)의 작은 망울에서 흰제비슴새의 거대한 망울에 이르는 후각엽olfactory lobe의 상대적 크기는 열두 배까지 차이가 났다.[26] 또한 두 사람은 망울의 상대적 크기가 후각 능력을 반영한다고 가정했다. 당시에는 이 연관성이 공식적으로 확인되지 않았으나, 1990년대 들어 연구자들이 망울 크기와 냄새 감지 문턱값의 연관성을 입증했다.[27] 뱅과 코브는 전반적으로 다음과 같은 결론을 내릴 수 있었다. "우리의 조사에 따르면 키위, 대롱코tube-nosed 바닷새, (적어도 한 종의) 콘도르vulture는 감각 중에서 후각이 가장 중요하며 대부분의 물새, 습지에 사는 새, (아마도) 반향정위를 이용하는 새는 후각을 유용하게 쓸 것이다. 다른 종은 후각이 그다지 중요하지 않을지도

모른다."[28]

가스관의
쇠콘도르

뱅의 논문에 감명받은 또 다른 미국 연구자 케네스 스태거는 오듀본의 행동 실험을 재연하기로 마음먹었다. 쇠콘도르의 후각이 잘 발달했다는 해부학적 증거는 확고했지만, 행동적 증거는 여전히 미흡했다. 스태거는 열정을 품고서 야심찬 현장 실험을 준비했는데, 바람이 부는 곳에 동물 사체를 숨겨두고—대조군은 바람이 불되 사체는 없었다—쇠콘도르가 어떻게 행동하는지 관찰했다. 효과는 극적이었다. 쇠콘도르는 사체가 보이지 않아도 냄새로 알 수 있는 것이 분명했다.

스태거는 캘리포니아 유니언 석유회사 직원과 우연히 대화를 나누다 중요한 돌파구를 찾았다. 동물 사체의 냄새 중에서 무엇이 쇠콘도르를 꾀는지 알아낸 것이다. 유니언 석유회사는 1930년대에 천연가스관에 틈이 생겨 가스가 새면 쇠콘도르가 모여든다는 사실을 알아차렸다. 가스에는 에틸메르캅탄이 함유되었는데, 이 성분은 썩은 양배추와 비슷한 냄새가 난다(입 냄새나 방귀 냄새와도 비슷하다). 동물 사체를 비롯하여 썩어가는 유기물에서도 에틸메르캅탄이 방출된다. 유니언 석유회사는 가스 누출을 탐지하기 위해 고농도의 에틸메르캅탄을 가스에 주입했다. 이 회사는 1930년대부터 쇠콘도르의 후각이 뛰어나다는 사실을 알고 있었는데, 스태거가 캘리포니아의 구릉지대에서 메르캅탄이 든 공기를 뿜어내자 과연 쇠콘도르가 몰려들었다.[29] 스태거는 쇠콘도르가 냄새

새의 감각

로 먹이를 찾는다는 확실한 행동 증거를 찾아냈을 뿐 아니라 어떤 성분의 냄새가 쇠콘도르를 끌어들이는지도 알아냈다.

뱅의 선구적인 해부학 연구는 스탠리 코브와 함께 수행한 후각망울 비교 연구와 더불어 새의 후각에 대한 연구의 신기원을 열었다. 하지만 과학에서는 영원한 진리란 없기에, 얼마 안 가서 과학자들이 뱅의 연구 결과를 새로운 시각에서 바라보기 시작했다. 과학은 늘 변화한다. 새로운 통찰과 새로운 기법이 등장하여 뱅과 코브의 연구에서 한계를 찾아내는 것은 시간문제였을 것이다. 뱅과 코브의 연구도 19세기의 연구를 바탕 삼아 개선한 것이었으니 말이다.[30] 둘의 연구는 여러 면에서 과학의 본보기였다. 두 사람은 표본을 최대한 꼼꼼하게 측정했으며, 조사 결과를 명확하게 제시하면서도 자신들이 추산한 후각망울 크기가 잠정적 기준에 불과함을 인정하고 소박한 희망을 피력했다. "이 대략적인 후각 비율은 후각의 상대적 중요성에 대한 지침 역할을 할 수 있을 것이다." 앞에서 보았듯 두 사람의 주된 결론은 키위와 대롱코 바닷새(알바트로스와 제비슴새), 쇠콘도르뿐 아니라 "대부분의 물새, 습지에 사는 새, 섭금에게 후각이 유용하게 쓰인"다는 것이다.

1980년대에 비교 연구 방법에서 중요한 진전이 이루어졌다. 옥스퍼드 대학의 과학자 수 힐리와 팀 길퍼드는 이러한 새로운 방법론으로 무장하고서 뱅과 코브의 결과를 검증하기로 마음먹었다. 왜 그 일을 중요하게 생각하느냐고 수에게 물었더니 새로운 기법에 관심이 있을 뿐 아니라 후각망울 크기에 대해 뱅과 코브가 제시한 설명이 다소 애매하기 때문이라고 대답했다. "당시에는 비교 분석에서 한 가지 변수를 고정하기가 훨씬 힘들었을 거예요. 그뿐 아니라 저는 키위(뉴질랜드 사람)인데 키위(새)는 뇌에서 후각 영역의 비율이 유달리 크고 야행성이에요. 그래서 키위의 습성이 (상관관계만으로 설명되지 않는) 변이의 나머지 부분에서 어떤 역할을 하는지 알아보면 좋겠다고 생각했죠." 수는 의미심장하게 한마디 덧붙였다. "새의 행동에서 후각의 역할에 대해 사람들이 관심을 거의 쏟지 않아서 놀랐어요. 우리 논문에 주목했어야 한다는 애기가 아니라, 후각에 주목하니 이것이 새의 여러 행동에 관여하는 것처럼 보이더라는 거예요."[31]

뱅과 코브의 연구를 검증해야 할 이유는 두 가지였다. 첫째, 뱅과 코브는 장기의 상대적 크기가 몸 크기에 따라 달라지는 '이속생장'異速生長allometry 현상을 고려하지 않았다. 두 사람은 뇌 크기가 몸 크기와 정비례한다고 암묵적으로 가정했지만, 이는 사실이 아니다. 성인의 뇌가 아기에 비해 상대적으로 작듯, 큰 새는 작은 새에 비해 뇌가 상대적으로 작다. 장기의 상대적 크기가 몸 크기에 비례하여 작아지는 것을 부負의 이속생장negative allometry이라 한다. 힐리와 길퍼드는, 뇌의 상대적 크기가 몸 크기에 비례하여 작아지는 현상을 무시한 탓에 뱅과 코브의 결과가 틀렸을 수 있다고 우려했다.[32]

뱅과 코브가 몰랐던 또 다른 사실은 비교에 쓰인 종의 상당수가 근연종이어서 결론이 편향될 수 있었다는 것이다. 요즘은 이런 편향을 '계통발생적'phylogenetic 효과라고 부른다('계통발생'phylogeny은 종 사이의 진화적 관계를 일컫는다). 또 다른 사례를 살펴보면 계통발생이 뱅과 코브의 연구 같은 비교 연구의 결과를 어떻게 왜곡하는지 알 수 있을 것이다. 1960년대에 미국의 조류학자 재러드 버너와 메리 윌슨은 일부 새들이 일부다처제로 짝짓기를 하는 이유를 조사하고 있었다. 두 사람은 관련 문헌을 검토한 뒤에 습지에 둥지를 트는 습성이 연결 고리라고 결론 내렸다. 습지 서식지는 생산력이 크고 곤충이 득시글거리기 때문에 새 암컷이 수컷의 도움 없이도 새끼를 먹일 수 있어서 일부다처제가 진화할 수 있다는 주장이었다. 북아메리카에 서식하면서 일부다처제인 새 열네 종 중에서 열세 종이 습지에 둥지를 트는 것을 보건대 서식지 효과는 명백한 듯했다.[33] 하지만 (훗날에 가서야 밝혀지지만) 한 가지 문제가 있었다. 이 중 아홉 종은 찌르레기사촌과Icterid라는 하나의 과에 속했다. 찌르레기사촌은 북아메리카에 사는 대륙검은지빠귀로, 습지에 둥지를 틀면서 일부다처제인 새의 후손일 것이다. 말하자면 열네 종의 표본은 '독립적' 이지 않았다. 아홉 종은 진화사를 공유했으므로, 습지에 둥지를 트는 것이 일부다처제의 진화적 동인動因이라는 결론은 14보다 훨씬 작은 수를 근거로 삼은 것이며 (따라서) 신뢰성이 훨씬 낮다. 이런 비교 연구에서 통계적 방법으로 계통발생을 분석할 수 있게 된 것은 1990년대 초 들어서였다.[34]

힐리와 길퍼드는 이속생장과 계통발생을 감안하면 뱅과 코브가 발견한 습성(물에서 또는 물가에서 사는 것)과 후각망울 크기의 연관성이 사라진다는 사실을 밝혀냈다. 습성 효과는 대부분의 물새가 소수 계통발생적 집단의 후손이기 때문에 생긴 허깨비였다. 그 대신 힐리와 길퍼드는 주로 야행성 새와 박명성薄明性crepuscular 새(어스름에 활동하는 새_옮긴이)의 후각엽이 상대적으로 크다는 사실을 발견했는데, 이는 시각 능력 감소를 보상하기 위해 후각 능력이 발달한다는 생각과 일맥상통한다. 당연하지 않으냐고 생각할 수도 있겠지만, 원래 뒷북치는 것이 쉬운 법이다.[35]

힐리와 길퍼드의 연구 결과가 1990년에 발표되자, 새의 후각을 발달시키는 생태적 요인에 대한 이해가 부쩍 향상되었다. 하지만 그로부터 20년이 지난 지금 두 사람의 주장은 뒤집히거나 (적어도) 수정되어야 할 처지다. 힐리와 길퍼드는 뱅과 코브가 제시한 상대적 망울 크기의 단순한 직선적 상관관계를 개선하려 하지 않았다. 원래 숫자를 그대로 쓴 이유는 뱅과 코브처럼 수많은 표본을 해부하기가 여간 어려운 일이 아니었기 때문이다.[36] 하지만 2005년경에 의학과 생물학에서 고해상도 스캔 및 단층촬영(영상을 3D로 재구성하는 것)이 일상적으로 쓰이기 시작하면서 새의 뇌에서 후각망울을 비롯한 각 부분의 부피를 정확하게 측정하는 일이 비교적 쉬워졌다(비용이 많이 들기는 했지만).

뉴질랜드 오클랜드 대학의 제러미 코필드는 동료들과 함께 3D 영상화 기법을 통한 새의 뇌 구조 연구를 개척했으며 뱅과 코브의 수치가 때때로 부정확하다는 사실을 밝혀냈다. 사실 뱅과 코브도 자신들이 틀릴 수 있음을 알고 있었다. 새의 종과 상관없이 뇌의 기본 설계가 비슷하다고 가정한 것은 현실적 편의를 위해서였다. 하지만 3D 스캔을 통해 이러한 가정이 틀렸음이 입증되었다. 코필드가 중점적으로 연구한 키위의 경우는 뇌의 설계가 독특하다. 키위는 후각엽이 여느 새처럼 '망울'이 아니라 뇌의 맨 앞부분을 덮은 납작한 판 모양 조직이며 앞뇌 자체가 유달리 길쭉하다. 뱅과 코브가 키위의 후각엽 크기를 낮잡은 것은 이 때문이다. 답은 (대체로) 맞혔지만—키위는 후각 영역이 크다—풀이는 틀린 셈이다.[37]

3D 연구에서는 비둘기를 비롯한 일부 새의 후각망울이 생각보다 훨씬 크다는 사실도 드러났다.[38] 이는 (다음 장에서 보듯) 후각을 이용하여 길을 찾는 능력과도 맞아떨어진다.

뱅과 코브의 후각망울 크기 추정치를 쓰는 것은 분명 위험하다. 지금 필요한 것은 뱅과 코브가 연구한 모든 새의 뇌에서 후각 영역의 '부피'를 정확하게 측정하는 것이다. 여기에 투입되어야 할 노력을 생각건대 시간이 꽤 걸릴지도 모른다. 그동안은 뱅과 코브의 원래 수치를 계속 쓰는 수밖에 없다.

새의 후각에 관여하는 유전자, 즉 이른바 후각 수용체 유전자에 대한 최근 연구에서는 뱅과 코브의 후각망울 그래프의 전 범위에 해당하는 아홉 종에서 후각 유전자의 전체 개수가 후각망울 크기와 전반적으로 정$_{正}$의 상관관계가 있음이 밝혀졌다. 말하자면 후각망울이 클수록 후각이 더 중요할 가능성이 크다. 야행성 새인 키위와 카카포는 후각 유전자 개수가 각각 600개와 667개로 가장 많았던 반면에 카나리아와 푸른박새는 (후각망울 크기가 비교적 작은 것에서 예상할 수 있듯) 각각 166개와 218개로 훨씬 적었다. 하지만 여기에도 예외가 있었다. 후각망울이 가장 큰 흰제비슴새의 후각 유전자 개수가 212개에 불과했던 것이다. 물론 3D 스캔에서 흰제비슴새의 후각망울 크기가 뱅과 코브의 예측만큼 크지 않다는 사실이 드러날 수도 있고, 주행성인 흰제비슴새가 몇 가지 냄새에만 민감하기 때문에 유전자가 덜 필요한 것일 수도 있다.[39]

1813년
키위의 발견

제인 오스틴의 『오만과 편견』이 출간되고 나폴레옹 전쟁이 계속된 것을 빼고 1813년에서 가장 중요한 사건은 유럽이 키위를 발견한 것이다. 영국박물관 동물학 담당자 조지 쇼는 죄수 수송선의 바클리 선장에게서 불완전한 피부 조각을 건네받았다(나중에 남섬갈색키위South Island brown kiwi로 밝혀졌다). 바클리는 뉴질랜드에 간 적이 없었기 때문에 딴 사람에게서 표본을 얻었음이 틀림없다. 쇼는 1813년에 이 신기한 새를 기재하고 그림으로 묘사한 뒤에 '압테릭스 아우스트랄리스'Apteryx australis(날개 없는 남쪽 생물)로 명명했다. 그해에 쇼가 죽자 이 표본은 더비의 제13대 백작 스탠리 경의 손에 들어갔다. 노즐리 파크에 있던 스탠리 경의 방대한 자연사 표본은 인근 리버풀 박물관으로 옮겨져 지금껏 소장 중이다.[40]

키위 표본이 생김새가 특이하고 상태가 불완전했음에도 쇼는 키위가 타조와 에뮤(평흉류)의 먼 친척일 수 있음을 직감했다. 어떤 사람들은 펭귄이나 도도의 일종으로 착각하기도 했다.[41]

10년 넘도록 쇼의 표본 말고는 키위 표본이 하나도 나타나지 않자 어떤 사람들은 키위가 정말 있는지 의심하기 시작했다. 1825년에 쥘 뒤몽 뒤르빌이 솔깃한 소식을 가져왔다. 최근에 뉴질랜드에서 돌아온 뒤몽은 마오리족 추장이 키위 깃털로 만든 망토를 입고 있더라고 말했다. 뒤몽이 더 많은 정보를 요청하자 몇몇 뉴질랜드 정착민은 펜을 들어 키위의 생태를 최초로 묘사했고 또 어떤 정착민은 실제 표본을 보냈다. 이번에도 스탠리 경이 핵심적인 역할을 맡아 표본을 영국박물관의 리처드 오언에게 보냈으며 오언은 솜씨를 발휘하여 키위를 꼼꼼히 해부했다. 오언은 키위의 콧구멍이 부리 끝의 기묘한 위치에 달려 있음에 주목했으며, 두개골 구조를 통해 후각이 중요할 것임을 간파했다. "두개골 안쪽을 보면 후각 오목이 딴 새보다 유달리 크며, 딴 새들은 두개골 구멍을 주로 눈이 차지하고 있지만 키위는 코가 거의 독차지하고 있다." 오언은 간결한 결론으로 마무리했다. "압테릭스의 생태에서는 후각이 유독 예민하고 중요한 것이 틀림없다."[42]

키위를 고향인 뉴질랜드에서 야생으로 관찰하거나 영국에서 포획 상태로 관찰한 바에 따르면 키위는 그야말로 코를 킁킁거리며 주로 땅속에서 먹이를 찾았다. 긴 부리를 땅속에 찔러넣어 무척추동물 먹이—주로 지렁이—를 탐색했다. 리처드 래슐리 목사는 1860년대에 키위가 먹이 찾는 방법을 아름다운 수채화로 정밀하게 묘사했다.[43]

키위가 인간 관찰자를 피해 달아나다 곧잘 부딪히는 걸 보면 시력은 낮은 게 틀림없었다. 하지만 먹이를 찾으면서 큰 소리로 쿵쿵거린다는 사실은 키위가 냄새로 먹이를 찾음을 암시했다. 그리하여 1900년대 초에 뉴질랜드 더니든의 오타고 대학 박물관의 W. B. 벤담은 오언의 글을 통해 키위의 후각엽이 크다는 사실을 알고서 후각이 얼마나 좋은지 알아보기로 마음먹었다. 이에 따라 뉴질랜드 남섬 남서부의 조류 보호 구역인 레절루션 섬의 큐레이터 리처드 헨리 씨에게 (길들인) 키위를 대상으로 간단한 실험을 몇 가지 해달라고 부탁했다. 마오리어로 키위는 '길다'를 뜻하는 '로아로아'인데 아마도 긴 부리에 빗댄 이름일 것이다.

헨리는 벤담의 지시에 따라 키위에게 양동이를 내밀되 한 번은 흙 밑에 지렁이를 넣어두었고 또 한 번은 넣지 않았다. 키위는 먹이가 들어 있는 양동이를 기가 막히게 찾아냈다. "지렁이가 안 들어 있는 양동이를 내려놓자 거들떠보지도 않았지만, 지렁이가 들어 있는 양동이는 내려놓자마자 관심을 보이며 냉큼 긴 부리로 흙을 찌르기 시작했다." 벤담은 실험을 직접 하지 않은 것에 양해를 구하면서 레절루션 섬에 들어갈 수가 없었다고, "본토에 제때 돌아올 수 있을지 불확실하여 포기할 수밖에 없었"다고 말했다. 벤담은 후속 실험이 많이 필요하다는 사실을 인정하면서도 자신의 조사 결과가 "압테릭스에게 예리한 후각이 있음을 보여주는 어느 정도의 증거"라고 생각했다.[44]

1950년에 버니스 웬젤은 캘리포니아 대학 로스앤젤레스 캠퍼스 의
학대학원 교수가 되었다. 그 전에 컬럼비아 대학에서 사람의 냄새 민감
성을 연구하여 박사 학위를 받았지만, 캘리포니아에 도착했을 때는 연
구 주제를 뇌와 행동으로 바꾼 뒤였다. 이미 방향을 바꾸었는데도 한 동
료가 1962년에 일본에서 열린 후각 학술대회에 버니스를 연사로 초청했
다. 버니스는 자신이 더는 후각을 연구하지 않는다며 고사했다. 하지만
동료는 뜻을 굽히지 않고 "뭐라도 생각해봐"라며 버니스를 강연자 명단에
넣었다. 버니스는 무슨 말을 할까 고민하다가, 실험실에 있는 비둘기가
냄새에 어떻게 반응하는지 보기로 했다. 생리학자들이 흔히 쓰는 방법을
이용하여, 자극에 따라 비둘기의 심박수가 어떻게 달라지는지 알아보았
다. 버니스는 비둘기를 순수한 공기에 노출시키되 사이사이에 잠깐씩 냄
새를 맡게 하고는 심박수와 호흡수를 측정했다. 첫 번째 실험에서, 놀랍
게도 냄새를 맡게 했을 때 비둘기의 심박수가 치솟았다. 비둘기가 냄새
를 감지했다는 명백한 증거였다. 버니스는 즉시 후속 연구를 시작했으
며 일본 학술대회에서 새의 후각에 대한 첫 논문을 발표했다.[45]

1960년대에 미국에서 여성 생리학 교수는 손에 꼽을 정도였는데 그
중에서도 버니스 웬젤의 뛰어난 강점은 해부, 생리, 행동의 도구와 개념
을 결합하여 후각을 깊이 이해했다는 것이다. 버니스는 카나리아, 메추
라기, 펭귄 등 다양한 새를 연구하면서 후각엽이 아무리 작은 종이라도
어김없이 냄새를 감지할 수 있음을 발견했다. 모든 종이 냄새 자극에 반
응했지만, 후각엽이 큰 종일수록 심박수가 더 커졌다. 결과는 놀라웠지
만, (키위를 제외한) 새가 일상에서 후각 정보를 이용하는지는 밝혀지지

새의 감각

않았다.

심박수 실험이 대성공을 거두자 웬젤은 키위에게도 같은 접근법을 써보기로 했다. 앞선 연구에서는 새의 날개만 묶어두면 실험하는 동안 가만히 앉아 있게 할 수 있었지만 키위는 그렇게 할 수 없었다. 키위는 힘이 장사다. 웬젤은, 묶을 날개가 없는 거나 마찬가지이고 다리가 튼튼한 어른 키위가 "어떤 속박에서도 벗어날 수 있"음을 금세 알아차렸다. 그래서 사람 손을 탄 어린 키위 한 마리를 대상으로 심박수를 측정했다. 실험 결과를 확증하기 위해 (훨씬 공격적인) 어른 키위 한마리에게서도 몇 가지 수치를 얻었다.[46]

흥미롭게도, 또한 웬젤이 조사한 나머지 모든 새와 대조적으로 냄새는 어린 키위의 심박수에 아무 변화도 일으키지 않았다. 키위가 좋아하는 지렁이 냄새를 풍겨도 꿈쩍하지 않았다. 냄새에 반응한 것은 호흡수와 각성도의 변화였다. 그 다음에 웬젤은 키위 다섯 마리를 대상으로 냄새만 가지고 먹잇감을 감지할 수 있는지 알아보는 행동 실험을 몇 가지 수행했다.

웬젤은 벤담과 헨리가 50년 전에 채택한 실험 설계와 매우 비슷하게 금속관을 땅에 묻고 키위의 반응을 지켜보았다. 어떤 관에는 키위가 즐겨 먹던 고깃점을 넣고서 젖은 흙을 채웠고 다른 관에는 젖은 흙만 넣었다. 관에는 얇은 나일론 망사를 씌워 키위가 흙에 부리를 박으면 망사가 찢어지도록 했다. 키위는 밤에만 먹이를 찾기 때문에 어느 관을 탐색했는지 알아내기가 힘들거나 불가능했기 때문이다. 금속관에는 먹이가 있다는 단서가 전혀 없었으며 고기는 움직이지 않았기에 소리가 전혀 나지 않았다. 망사 씌운 관은 모두 모양이 같았기 때문에 시각적 단서는 전무했다. 망사는 맛 단서도 모두 차단했으며, 키위가 부리를 찔렀음을 쉽게 알 수 있는 표지 역할을 했다.

앞선 연구와 마찬가지로 키위는 먹이가 늘어 있는 관에만 관심을 보였다. 그뿐 아니라 먹이에 곧장 부리를 갖다 댄 것을 보면 키위는 극히 미묘한 냄새 차이를 감지할 수 있었다.

키위가 냄새에 무척 의존한다는 사실을 보여주는 행동은 또 있었다. 어느 날 밤 웬젤이 조류사에 있을 때 키위 한 마리가 일찍 잠에서 깨어 웬젤에게 다가왔다. "깜깜했다. 녀석은 나의 바로 앞에서 멈추더니 마치 나의 윤곽을 그리듯 부리 끝을 내 다리 위아래로―실제로 건드리지는 않은 채―규칙적으로 까딱거렸다. …… 그 행동은 키위가 시각에 의존한다는 가설보다는 후각에 의존한다는 가설에 훨씬 부합했다."[47]

자유롭게 돌아다니는 키위를 본 사람은 거의 모두가 킁킁거리는 소리를 들었다고 말했지만, 일반적으로 이것은 냄새를 맡기 위해서라기보다는 콧구멍을 청소하기 위해서인 것으로 여겨진다. 키위의 코샘은 (먹이에 대해) 흥분하면 점액을 분비하는데, 콧구멍이 좁아서 땅속을 탐색하다가 흙이 엉겨붙기 쉽다.

웬젤은 포획 키위의 부리 끝을 살짝 건드리면 녀석이 적극적인 탐색 움직임을 보인다는 사실을 알아차렸다. 이는 촉각이 자연적 먹이 찾기 행동의 중요한 부분임을 시사한다. 웬젤은 이렇게 결론 내렸다. "촉각 양식과 후각 양식 사이에는 긴밀한 상호작용이 있되 시각은 거의―또는 전혀―관여하지 않는 듯하다."[48]

새의 감각

냄새로 먹이를 찾는
멧도요

남반구에 키위가 있다면 북반구에는 멧도요가 있다. 눈이 크다는 것만 빼면—멧도요는 박명성 활동과 (야간 이주를 비롯한) 비행 때문에 큰 눈이 필수적이다—멧도요는 키위와 매우 비슷하다. 둘 다 땅속에서 벌레를 찾는 비슷한 습성을 가지고 있다. 오래전 1600년에 울리세 알드로반디는 조류 백과사전에서 멧도요가 냄새로 먹이를 찾는다고 썼다. 알드로반디는 서기 280년에 마르쿠스 아우렐리우스 네미아누스가 쓴 새 잡이에 대한 시를 인용했는데 거기에서 멧도요의 커다란 콧구멍과 벌레를 냄새로 찾는 능력을 언급한 걸 보면, 이 사실은 통념으로 확립되었던 듯하다. 후대 저술가들도 멧도요의 후각을 언급하고 있지만, 흥미롭게도, 또한 조류학의 일반적 경향과 대조적으로 이전 저술가를 인용하거나 표절하지 않고서 독자적으로 언급한다. 이는 멧도요의 후각이 여러 번 독립적으로 발견되었음을 시사한다. 이를테면 뷔퐁은 윌리엄 볼스를 인용하는데, 볼스는 1775년에 출간한 『스페인 자연사 및 자연지리학 개요』An Introduction to the Natural History and Physical Geography of Spain에서 왕실 조류사의 멧도요가 젖은 흙에서 벌레를 찾는 장면을 묘사한다. "녀석이 표적을 놓치는 것은 한 번도 보지 못했다. 이런 까닭에, 또한 녀석이 부리를 결코 콧구멍 위쪽까지 처박지 않는다는 사실로 보아 나는 녀석이 냄새로 먹이를 찾는다고 결론 내렸다." 뷔퐁은 엽사이자 박물학자인 동료 르네조제프 에베르를 인용하여 이렇게 덧붙인다. "하지만 자연은 녀석의 습성에 알맞은 또 다른 기관을 부리 말단에 선사했다. 녀석의 부리 끝은 뿔보다는 살에 가까우며, 진흙 속 먹잇감을 감지하도록 촉각에 민감하게 설계된 듯하다."[49]

영국의 조류학자 조지 몬터규는 1700년대 후반에 멧도요를 대량으로 해부하고 조류사에서 한 마리를 관찰하고서 이렇게 썼다.

> 그리하여 대부분의 뭍새(육조)가 잠으로 원기를 회복하는 밤에 멧도요는 어둠을 누빈다. 예민한 후각에 의지하여 천연의 먹잇감이 가장 많을 듯한 장소로 찾아가, 훨씬 예민한 긴 부리의 촉각을 이용하여 먹이를 모은다. ⋯⋯ 부리에는 신경이 무수히 많으며 촉각으로 구별하는 능력이 뛰어나다.[50]

한 세기 뒤에 존 거니는 새의 감각에 대해 이런 말을 남겼다.

> 연구자는 촉각기관을 후각기관으로 혼동하지 않도록 신중을 기해야 한다. 멧도요 같은 새는 촉각으로 먹이를 찾기 때문이다. 둘을 혼동하지 않으면, 새의 후각을 대상으로 실험하는 동시에 시각, 청각, 촉각을 배제하고 싶을 때 어떻게 해야 하는지 알 수 있을 것이다.[51]

나는 뱅과 코브의 연구 결과를 점검하다가[52] 멧도요의 후각망울 지수가 15에 불과하다는 사실에 놀랐다. 이 정도면 최상위가 아니라 중간치다. 혹시 멧도요의 후각망울이 키위의 3D 스캔에서 드러났듯 특이한 모양이어서 지수가 잘못 정해진 것이 아닌가 싶다. 멧도요의 두개골이 유별나게 생긴 걸 보면 그럴 가능성이 있다. 물론 행동 연구를 병행하고 멧도요의 후각 능력을 키위와 비교할 필요도 있을 것이다.

버니스 웬젤과 벳시 뱅이 조류의 후각을 학계의 어엿한 연구 주제로 끌어올린 것은 독자적 연구를 통해서이기도 하지만 1970년대에 출간된 책에서 둘이 함께 쓴 한 장章을 통해서이기도 하다. 이 장은 새의 후각에 관한 한 결정적 자료가 되었다.[53] 벳시 뱅은 2003년에 우즈홀에서 91세를 일기로 타계했으며 80대의 버니스는 UCLA에서 명예 교수로 재직 중이다. 2009년에 조류 후각 연구를 개척한 또 다른 여성 연구자 개비 네빗과 줄리 하겔린은 두 선배를 기리는 심포지엄을 개최하기도 했다. 버니스는 내게 이러한 변화에 놀랐다며, 연구 초창기에 많은 사람들이 새의 후각 따위를 무엇하러 연구하느냐고 의문을 표한 것에 비하면 상전벽해라고 말했다.[54]

조류 후각 분야는 어째서 여성의 독무대가 되었을까? 영장류 행동 연구를 제외하면 여성 연구자가 이토록 우세한 분야는 거의 없다. 동료들에게 물었더니 벳시와 버니스가 멘토로서 후배 연구자를 한껏 격려하고 여느 남성 연구자에 비해 너그럽게 조언을 베풀었기 때문이라고 대답했다. 젊은 여성 동물학자들에게는 매우 매력적이었을 것이다.

1980년에 동료 리처드 엘리엇과 레미 오덴스, 그리고 나는 래브라도 해안에서 약 30킬로미터 떨어진 외딴 군도 개니트 클러스터를 찾았다. 우리의 목표는 그곳의 바닷새 개체 수를 헤아리는 것이었다. 만만한 일은 아니었다. 개니트 클러스터에는 퍼핀과 바다오리가 수만 마리, 그보다는 약간 적지만 수많은 큰부리바다오리razorbill, 거기다 풀머바다제비와 세가락갈매기kittiwake도 약간 있었다(하지만 개니트gannet는 하나도 없었다. 섬의 이름은 잘못 붙은 것이며 어원은 수수께끼다). 첫날 밤에 텐트에 자리 들

어간 지 얼마 지나지 않아 리처드가 벌떡 일어나 소리쳤다. "흰허리바다
제비Leach's petrel야!"

　나는 일어나 귀를 기울였다. 분명히 어두운 바깥에서 흰허리바다제
비가 가까이 다가와 독특한 소리로 부드럽게 가르랑거리는 소리가 들렸
다. 리처드가 그토록 흥분한 이유는 작고 야행성인 이 바닷새가 이 군도
에 온 것이 처음이며 북아메리카에서 가장 북쪽까지 올라온 것이기 때
문이었다. 이튿날 아침에 텐트 바깥에서 또 다른 흔적을 뒤졌다. 토탄질
흙 속에 지름이 5센티미터에 불과한 보금자리 굴nesting burrow이 있었다.
리처드는 이것을 보자마자 털썩 주저앉아 구멍에 코를 대고 킁킁 냄새
를 맡더니 이렇게 말했다. "이거야! 흰허리바다제비 맞아!" 흰허리바다
제비는 알바트로스와 슴새shearwater를 비롯한 슴새 과의 여느 새처럼 독
특한 사향 냄새가 난다.

　우리는 계속 둘러본 끝에 굴을 몇 개 더 찾았으며 운 좋게도 그중 하
나에서 미라가 된 흰허리바다제비 사체를 발견했다. 결정적 증거였다.
나는, 약간 으스스하지만 완전히 과학적인 동작으로 사체를 거두었다.
사체는 바싹 말랐으며 조금도 불쾌하지 않았다. 몇 해 뒤에 셰필드의 연
구실에서 이 새의 냄새를 맡았는데 마법처럼 개니트 클러스터로 실려
가는 느낌이 들었다. 그만큼 강렬하고 생생한 냄새였다.

후각지형과
후각해경

　뱅과 코브는 (흰허리바다제비는 비교 연구에 포함하지 않았지만) 열 종의

제비슴새를 조사했는데 하나만 빼고 전부 후각망울이 컸다. 상업적 포경이 시작된 뒤로 뱃사람들은 알바트로스, 제비슴새, 슴새가 고래 내장 냄새를 귀신같이 맡는다고 말했다. 1940년대에 캘리포니아 대학 로스앤젤레스 캠퍼스의 생물학 교수 로이 밀러는 북아메리카 서해안에 서식하는 검은발알바트로스(밀러는 '구니'goony라고 불렀다)에 표식을 달아 간단하면서도 매우 효과적인 실험을 진행했다.[55] 베이컨 지방을 해수면에 붓기 시작한 지 한 시간이 채 지나지 않아 새들이 몰려들었다. 밀러가 추산하기에 32킬로미터 밖에서 날아온 녀석들이었다. 하지만 베이컨 지방만큼 냄새가 심한 페인트 찌꺼기를 대조군 성분으로 썼을 때는 한 마리도 꾀지 않았다. 뭍새를 유인할 때 새소리를 녹음하여 들려주듯, 바닷새 탐조가는 '밑밥질'chumming이라는 후각적 방법으로 바닷새를 유인한다. 뉴질랜드 남섬 동해안의 카이코라 산맥에서 목격한 광경은 경이로웠다. 불과 수 미터 거리를 두고 15종의 제비슴새와 알바트로스에 둘러싸인 것은 나의 탐조 활동에서 최고의 경험으로 손꼽을 만하다.[56]

과학자들은 알바트로스, 제비슴새, 슴새를 대롱코tubenose라고 부른다. 대롱을 닮은 콧구멍이 냄새 감지와 관계가 있는 것은 분명하지만 정확히 어떤 기능을 하는가는 여전히 수수께끼다. 대롱코는 몸무게가 50그램인 바다제비storm petrel에서 8킬로그램이나 되는 큰알바트로스wandering albatross에 이르기까지 크기가 다양하며 주로 크릴새우와 꼴뚜기를 잡아먹고 이따금 고래 내장을 먹기도 한다. 썩어가는 고래 사체를 냄새로 찾는 것은 그다지 힘들지 않을지도 모른다. 경험상, 지방 썩는 냄새는 사람의 콧속에서 몇 시간, 아니 며칠 동안 감돌기도 하니 말이다. 이런 만찬이 기다리고 있다면 맞바람을 무릅쓰고 날아가는 것도 못할 일은 아닐 것이다. 하지만 넓고 단조로운 대양에서 대롱코가 찾아낼 수 있을 정도로 강한 냄새가 크릴새우와 꼴뚜기에서도 날까? 그건 다른 문제다.

앞에서 언급한 캘리포니아 대학 데이비스 캠퍼스의 생물학자 개비 네빗은 연어가 바다에서 몇 해를 보낸 뒤에 어떻게 자신이 태어난 강으로 돌아가는지 연구하기 시작했다. 연어가 냄새로 길을 찾는다는 아이디어는 한때 터무니없는 소리처럼 들렸지만, 1950년대에 사실임이 입증되었다.[57] 그에 못지않게 믿기지 않는 것이 알바트로스가 바다 위 드넓은 지역을 날면서 번식지—똑같아 보이는 바다에 점처럼 박힌 작은 바위—를 찾는 능력이다. 이러한 능력이야 의심할 여지가 없지만, 알바트로스가 번식기에 먹이를 찾아 얼마나 멀리 이동하는지는 1990년대에야 밝혀졌다. 프랑스의 연구자 피에르 주방탱과 앙리 바이머스키르히는 당시로서는 새로운 위성 추적 기술을 이용한 빼어난 선구적 연구를 통해 큰알바트로스가 먹이를 찾아 수천 킬로미터를 이동하고서도 어떻게 번식지 섬을 어김없이 찾아오는지 밝혀냈다.[58] 개비는 알바트로스가 '어떻게' 그토록 효율적으로 먹이를 찾고 번식지로 돌아오는지 궁금했다.

그럴듯한 후보로는 냄새가 있었다. 고래잡이, 어부, 탐조가들의 일화가 얼마든지 있었으니 말이다. 게다가 1970년대에 위스콘신 대학(훗날 오하이오 주립대학으로 바뀌었다)의 박사 과정 학생 톰 그럽의 연구에서는 흰허리바다제비(우리가 래브라도에서 발견한 것과 같은 종)가 '맞바람'을 안고 펀디 만의 번식지 섬에 예외 없이 돌아온다는 것을 밝혀냈다. 더 중요한 사실은 톰이 벳시 뱅과의 공동 연구를 통해, 후각 신경을 절제한—따라서 무無후각anosmatic, 즉 냄새를 맡지 못하는—흰허리바다제비가 번식지를 찾아가지 못한 반면에 절제하지 않은 제비슴새는 유럽에서도 번식지로 돌아갈 수 있었음을 밝혔다는 것이다.[59]

냄새는 흰허리바다제비가 보금자리 서식지를 찾아가는 데 중요한 요소임이 틀림없었다. 하지만 이것은 이야기의 절반에 불과했다. 개비 네빗은 먹이를 찾는 데에도 냄새가 역할을 하는지 알고 싶었다. 우선 로이 밀러 등이 했던 실험을 재연하여 냄새 나는 기름을 바다에 뿌리고 새들이 얼마나 빨리 꾀는지 알아본 뒤에 이를 냄새가 안 나는 성분과 비교했다. 1980년에 버니스 웬젤의 지도 학생 래리 허친슨이 크릴새우를 갈아서 바다에 부었더니 잿빛슴새sooty shearwater가 모여들었다. 크릴새우에 들어 있는 무언가가 새들을 끌어들인 것이다. 네빗이 곧 절감했듯, 평상시에도 12미터 높이의 파도가 치는 바다에서 실험을 수행하는 것은 결코 쉬운 일이 아니었다. 네빗은 크릴새우 추출물을 섞은 식물성 기름을 이용했으며 대조군으로는 순수한 식물성 기름을 썼다. 이 연구에서는 냄새가 제비슴새와 알바트로스 같은 새들을 매우 효과적으로 유인한다는 사실이 입증되었지만, 크릴새우의 특별한 냄새가 새들의 위치 추적에 도움이 되는지는 확인되지 않았다.[60]

그러다 1992년에 개비는 우연한 기회에 대기과학자 팀 베이츠를 만나게 된다. 개비의 얘기를 들어보자.

> (남극 근처의) 엘리펀트 섬을 항해하는데 갑자기 기상이 악화되었어요. 폭풍우에 내동댕이쳐졌는데 도구함에 부딪혀 왼쪽 신장을 다쳤어요. 물론 당시에는 그 사실을 몰랐지만 통증이 너무 심해서 선박 안쪽의 제 침상에서 꼼짝할 수 없었죠. 푼타아레나스까지는 일주일이 채 안 걸렸는데 맹세코 제 삶에서 가장 긴 일주일이었어요. 어쨌든 그곳에 도착했을 때 몸을 제대로 움직일 수 없었어요. 신임 수석 과학자는 팀 베이츠였는데 친절하게도 제가 미국으로 출발할 때까지 배에 머물도록 해줬어요. 그의 연구진은 대기 중의 다이메

틸설파이드를 찾기 위해 배를 정비하는 중이었죠.[61]

다이메틸설파이드는 식물플랑크톤이 크릴새우 같은 동물플랑크톤에게 잡아먹힐 때 내뿜는 생체 성분으로, 바닷물에 녹은 뒤에 대기 중에 방출되어 몇 시간 또는 며칠까지 머문다.

개비가 계속 설명했다.

이 사람들의 횡단 데이터를 보고, 다이메틸설파이드 냄새를 맡고, 진통제를 맞자 세상이 달라졌어요. 그가 보여준 도표는 산맥이나 지형을 닮았어요. 다이메틸설파이드는 다루기 쉬운 한 가지 화합물에 불과했지만, '새가 금방 사라지는 냄새 기둥을 추적하여 먹잇감을 찾아간다'라는 생각은 규모가 큰 질문에 대해서는 잘못된 모형이라는 생각이 퍼뜩 들었어요. 바다는 수심 변화, 대륙붕단shelf break, 해산sea mount 등과 부분적으로 연계된 냄새지형odour landscape과 겹쳐 있었던 거예요. 이 일로 제 생각이 완전히 바뀌었어요. 돌이켜 생각해보면, 그렇게 지독한 사고를 당하지 않았다면 팀을 만나지 못했을 테고 그러면 더 큰 그림을 보지 못한 채 여전히 물고기 내장으로 밑밥질이나 하고 있었을 거예요.[62]

후속 실험이 잇따랐다. 그중 한 실험에서는 흰허리바다제비가 (바다뿐만 아니라) 심지어 번식지에서도 다이메틸설파이드에 유인된다는 사실이 밝혀졌다. 또 다른 제비슴새 종인 남극고래슴새Antarctic prion 연구에서는 다이메틸설파이드를 첨가하여 인공적으로 만든 기름이 바다에서 녀석들을 유인한다는 사실이 밝혀졌다. 무엇보다 흥미로운 실험은 웬젤의

새의 감각

초기 연구를 재연한 것으로, 냄새에 따른 심박수 변화를 측정했다. 실험 장소는 인도양 남부 케르겔렌 제도의 일 베르트였는데, 우선 남극고래 슴새를 번식용 굴에서 살살 꺼내어 인근의 임시 실험실에 데려왔다. 네 빗과 동료 프란체스코 보나도나는 남극고래슴새의 피부에 전극을 조심 스럽게―또한 임시로―부착한 뒤에 다이메틸설파이드를 첨가한 공기 와 첨가하지 않은 공기가 새의 콧구멍을 스칠 때 심전도기로 새의 심박 수를 측정했다. 이 연구에서 핵심은 이 짧은 실험에서 새들이 맡은 다이 메틸설파이드 농도가 바다에서 맡는 농도와 비슷하다는 것이었다. 순수 한 공기를 맡게 했을 때는 한 마리도 심박수에 변화가 없었지만, 다이메 틸설파이드에 대해서는 열 마리 모두 심박수가 부쩍 증가했다. 이는 남 극고래슴새 같은 새가 바다에서 길을 찾을 때 자연 발생적 냄새를 이용 한다는 최상의 증거였다.[63]

네빗은 대양 바닷새가 다이메틸설파이드 같은 성분을 가지고 후각 지형olfactory landscape을 형성하는지, 아니면 해수면에 겹쳐진 후각해경海景 olfactory seascape을 형성하는지 궁금해졌다. 앞바다나 용승湧昇(수심 200~300 미터에 해당하는 중층中層의 찬 바닷물이 해면으로 솟아오르는 현상_옮긴이)처 럼 식물플랑크톤이 모여드는 지역에는 크릴새우 같은 포식성 동물플랑 크톤이 꾄다. 크릴새우가 식물플랑크톤을 잡아먹으면 다이메틸설파이 드가 공기 중에 배출되어 바람 방향으로 냄새 기둥을 형성한다. 냄새 기 둥은 바람과 파도의 영향으로 조각나고 불규칙해지며, 냄새의 근원에서 멀어질수록 당연히 점점 약해진다. 새가 이러한 공기 중의 정보를 이용 하여 냄새 기둥의 근원인 먹잇감을 찾는다면 우리는 새가 어떻게 행동 하리라고 예측할 수 있을까? 정답은 옆바람을 받으며 날면서 기둥을 마 주칠 확률을 극대화하는 것이다. 그러다 냄새 기둥을 감지하면 맞바람을 안고 지그재그로 날아 냄새와의 접촉을 유지하면서 마침내 먹잇감을 찾는 것이다.

네빗의 예측은 먹이를 찾는 제비슴새에 대한 초기 관찰과 정확하게 맞아떨어졌다. 1882년에 J. W. 콜린스 선장은 뉴잉글랜드 어부들이 미끼용으로 제비슴새를 잡는 광경을 이렇게 묘사했다.

> 안개가 자욱하여 몇 시간째 새 한 마리 보이지 않을 때면 간肝 조각을 던져 새들이 뱃전에 모여드는지 실험했다. 간 조각들이 물 위를 떠다니며 범선 고물 쪽으로 천천히 흘러가자 얼마 안 가서 바다제비나 큰슴새greater shearwater가 안개 속에서 바람을 타고 나타났다. 녀석들은 배의 항적을 따라 앞뒤로 날았는데, 떠다니는 간 조각을 찾을 때까지 냄새를 추적하는 듯했다.[64]

개비 네빗은 동료들과 함께 자신의 가설을 검증하기 위해 최신 기술을 동원하여 세상에서 가장 큰 바닷새인 큰알바트로스를 실험했다. 큰알바트로스는 수천 제곱킬로미터를 누비며 꼴뚜기나 썩어가는 먹잇감을 찾으며, 여느 대롱코처럼 후각망울이 유달리 크다. 큰알바트로스는 물고기 냄새에 끌린다는 사실이 이미 알려져 있기에 냄새 감지 연구에 안성맞춤이다. 연구진은 인도양 남쪽 퍼제션 섬에서 새끼를 기르는 큰알바트로스 열아홉 마리에게 GPS 위치 추적기를 달았다. 이렇게 하면 녀석들이 먹이를 잡기까지 비행하는 경로를 매우 정확하게 파악할 수 있었다. 먹이를 먹었는지 감지하기 위해 위胃 온도 기록계도 삼키게 했다.

연구진은 큰알바트로스가 시각으로 먹이를 찾는다면 먹잇감을 향해

새의 감각

곧장 날아갈 것이지만 냄새를 이용하여 먹잇감을 찾는다면 지그재그로 날아갈 것이라고 예측했다. 큰알바트로스는 지그재그로 날아 먹잇감을 찾는 경우가 약 절반이었다. 이는 냄새 기둥을 이용하여 먹잇감을 찾는 경우가 절반가량임을 시사한다. 이 놀라운 연구는 알바트로스가 먹잇감을 찾을 때 후각이 기본적 역할을 한다는 또 다른 확고한 증거이지만, 여느 새와 마찬가지로 후각은 다른 감각—이 경우는 시각—과 함께 이용된다.[65]

후각해경이라는 개념은 비교적 새롭지만 후각지형이라는 개념은 역사가 길다. 1970년대에 개비 네빗이 학문 활동을 시작하기 전에 플로리아노 파피가 이끄는 이탈리아 연구진은 비둘기에게서 후각이 길 찾기 능력의 한 요소라고 주장했다. 개비 네빗의 후각해경과 대조적으로, 비둘기가 후각 단서를 이용하여 귀소본능을 촉진한다는 아이디어는 고전을 면치 못했다. 한 가지 난관은 지구 자기장을 감지하는 능력에서 후각의 역할을 어떻게 분리할 것인가였다. 더 골치 아픈 문제는 부리 윗부분에 있는 자기 수용기(로 추정되는 기관)를 연결하는 신경(세갈래신경의 눈갈래(V1))이다.[66] 후각 신경을 절단할 때 실수로 이 신경까지 잘라버리기 쉽기 때문에, 앞선 실험에서는 아예 두 신경을 다 잘라서 두 감각을 다 차단했다. 하지만 이탈리아 피사 대학에서 안나 갈리아르도가 최근에 수행한 연구는 이 문제를 해결했으며 비둘기가 길 찾기 지도를 발달시키는 데 후각 단서가 정말로 필요하다고 결론 내렸다.

주앙 두스산토스의 벌앞잡이새에게 돌아가 이 장을 마무리하자. 케네스 스태거(쇠콘도르의 후각에 대한 오듀본의 잘못된 결론을 바로잡은 인물)는 1960년대에 벌앞잡이새를 대상으로 간단한 실험을 진행했다. 스태거는 케냐에 가서 벌앞잡이새가 흔한 지역에서 현장 조사를 하다가 나뭇

가지 사이에 순수한 밀랍 양초를 놓아두었다. 양초를 켜지 않았을 때는
—얼마 동안인지는 알 수 없다—벌앞잡이새가 한 마리도 날아들지 않
았으나, 불을 켜고 15분이 채 지나지 않아 작은벌앞잡이새lesser honeyguide
한 마리가 나타나더니 35분 뒤에는 여섯 마리나 양초 주위에 모여들었
으며 몇 마리는 녹은 밀랍을 야금야금 먹었다. 스태거는 연구를 한 단계
진척시켜 벌앞잡이새 세 종의 두개골을 수집했다. 두개골을 해부했더
니 세 종 모두 후각 갑개가 유달리 컸다. 스태거는 이렇게 말했다. "벌앞
잡이새의 행동에서 후각이 중요한 역할을 할 것이라는 믿음[이 더욱 커졌
다]."[67]

제 6장

자각 磁覺

이주하는 큰뒷부리도요bar-tailed godwit.
큰뒷부리도요는 자각의 안내를 받아 알래스카에서 뉴질랜드까지
11,000킬로미터를 여드레 동안 쉬지 않고 한 번에 날아간다.

이따금 가설로 제기되기는 했지만 한 번도 존재 사실이 알려지지
않은 능력.

『조류 신백과사전』A New Dictionary of Birds에서 표제어 '자각'에 대한
아서 랜즈버러 톰슨의 풀이

바다오리의
비행 경로

　여기는 스코머 섬이다. 나는 무방비 상태의 바다오리 떼를 향해 가파
른 돌 비탈을 조심조심 내려가고 있다. 대부분 새끼 한 마리씩 품고 있
다. 새끼는 다음 번 먹이가 어디서 올지 상상하는 것만 같다. 한참 아래
에서 파도가 검은 현무암에 부딪친다. 멀리 동쪽으로 맑고 푸른 하늘 아
래에 황량한 펨브룩셔 해안의 윤곽이 흐릿하게 보인다. 바다오리 떼 바
로 위에서 멈추어 (내가 개조한) 낚싯대를 살금살금 내민다. 몸을 단단히
지탱한 채 어른 바다오리 한 마리의 다리를 조심스럽게 옭는다. 녀석을
내 쪽으로 끌어당기는 순간 녀석이 무언가 잘못되었음을 깨닫는다. 하
지만 이미 늦었다! 영문을 알기도 전에 녀석이 내 손에 단단히 붙들린
다. 이렇게 멍청하고 온순하고 어수룩한 탓에 예전에는 이 종을 '바보바
다오리'foolish guillemot라고 불렀다. 내게는 다행하게도 녀석들은 사람을 무
서워하지 않아서, 한 마리씩 한 마리씩 두 시간 안에 총 열여덟 마리를

잡는다. 한 마리 잡을 때마다 한쪽 다리에 금속 가락지를 끼우고 다른쪽 다리에 특수 개조한 플라스틱 가락지를 씌우는데, 플라스틱 가락지에는 위치 추적기geolocator라는 작은 장치가 달려 있어서 배터리가 닳을 때까지 2~3년에 걸쳐 10분에 한 번씩 햇빛의 양을 기록한다. 위도와 경도가 달라지면 햇빛의 양도 달라지기 때문에, 이를 이용하여 새가 어디에 있었는지 알 수 있다. 장치를 부착하자마자 새를 허공에 풀어준다. 녀석들은 바다를 향해 돌진하여 큰 원호를 그리더니 몇 분 뒤에 날개를 퍼덕거리며 바위 턱으로 돌아와 새끼와 재회한다.

나는 1970년대부터 이 섬에서 바다오리를 연구했다. 이 책을 쓰는 지금은 2009년이다. 나는 옥스퍼드의 팀 길퍼드와 그의 학생들, 셰필드의 오랜 동료 벤 해치웰과 함께 일한다. 해치웰의 박사 과정 연구 주제는 나와 마찬가지로 스코머의 바다오리였다.

열두 달이 지나, 다시 몸에 밧줄을 묶고 작년과 같은 바다오리 떼를 향해 내려간다. 그런데 이번에는 사정이 다르다. 한 번 속지 두 번 속겠느냐는 듯, 바다오리는 무슨 일이 일어날지 안다. 새끼에게 애착을 느끼기는 하지만 두 번 다시 내 낚싯대의 제물이 되지는 않을 작정이다. 이번에는 동료들과 함께 위치 추적기를 회수하려고 안간힘을 쓰는 나 자신이 바보처럼 보이기 시작한다. 위치 추적기가 있어야 지난해에 녀석들이 어디를 다녔는지 알 수 있다. 스코머 바다오리가 어디에서 겨울을 보내는지는 거의 알려져 있지 않다. 기껏해야 가락지를 낀 채 죽은 새들에게서 대략적이고 (어쩌면) 편향된 정보를 얻을 수 있었을 뿐이다.

바다 위 70미터 높이에 앉은 채 바다오리 낚싯대를 들고 몸을 앞으로 내밀어 팔을 끝까지 뻗어보지만 녀석들은 잡히지 않겠노라고 단단히 마음먹은 듯 낚싯대를 요리조리 피하며 조금씩 물러난다. 30분이 지나 결국 포기하고 밧줄을 타고 올라간다. 위에서는 동료들이 아래의 상황을 모르는 채 기대감에 차서 기다리고 있다. 동료들도 나도 실패에 실망한다. 벤이 자기가 해보겠다며 나선다.

벤이 낭떠러지 너머로 모습을 감추고, 보이는 것은 등산용 헬멧뿐이다. 벤이 끈기 있게 새들을 향해 다가가는 동안 이따금 낚싯대 끄트머리가 보인다. 새들이 이렇게 잔뜩 경계심을 품고 있을 때 유일한 희망은 싸움이 벌어지거나 바다에서 물고기를 물고 돌아오는 새가 있어서 주의가 산만해지는 것뿐이다. 예상이 적중하여 싸움이 벌어진다(사나운 울음소리가 들린다). 벤이 낚싯대를 용의주도하게 움직이는 장면이 보인다. 불현듯 벤이 밧줄을 타고 올라오더니 얼굴에 환한 미소를 머금은 채 초록색이 뚜렷한 위치 추적기를 달고 있는 바다오리 한 마리를 내게 건넨다.

우리는 녀석을 데리고 70미터를 더 올라가 길퍼드의 학생들이 기다리는 절벽 꼭대기에 도착한다. 위치 추적기가 녀석의 다리에 달려 있는 채로 노트북에 연결하여 데이터를 내려받는다. 안심하기엔 이르다. 장치가 말썽을 부릴 때도 있기 때문이다. 하지만 이번은 멀쩡하다. 새를 포획한 지 몇 분 지나지 않아 지난 370일간의 마법이 컴퓨터 화면에 나타난다. 우리는 노트북을 둘러싼 채 풀밭에 누워 화면에 그늘을 드리운다. 세계 지도에 10분마다의 위치가 찍히고 결국 녀석의 1년 비행 경로가 표시된다.

이 바다오리는 지난해 7월에 번식기가 끝나자마자 남쪽으로 출발하여 비스케이 만에서 몇 주 머문 뒤에 북쪽으로 1500킬로미터를 날아 스코틀랜드 북서부에서 겨울을 났다. 그 다음에 번식기가 시작되기 몇 주 전에 비스케이 만에 들렀다가 스코머 섬의 이 바위 턱에 돌아왔다.

1년치 데이터가 순식간에 컴퓨터 화면에 뜨는 것은 이를테면 욕망의 순산적 충족이랄까, 마치 기적과도 같다. 위치 추적기, 위성 추적기 등의 신기술은 조류의 이동, 이주, 비행 연구에 혁명을 가져왔다.

나중에 다른 바다오리에게서도 위치 추적기를 회수했는데 예상대로 패턴이 전부 비슷했다. 경로를 보니 녀석들이 겨울철에 번식지를 떠나 얼마나 먼 거리를 날아갔는지 생생하게 알 수 있었다.

이것은 바다오리에 대한 새로운 정보다. 이 몇 가지 결과만 가지고도 지난 수십 년 동안 가락지로 파악한 비행 경로를 바라보는 관점이 완전히 바뀐다. 벤과 나는 기쁨의 탄성을 지른다. 우리의 바다오리가 번식기 이외의 계절을 어디에서 보내는지 오래전부터 궁금했기 때문이다. 하지만 최근에 끝난 다른 종의 연구와 비교하면 우리는 소박한 승리를 거두었을 뿐이다. 최근에는 붉은등때까치red-backed shrike와 나이팅게일처럼 작은 새에게도 위치 추적기를 달아서 북유럽에서 아프리카까지의 왕복 이주 경로를 추적했다. 하지만 비행 거리로 따지면 가장 놀라운 결과는 슴새, 알바트로스, 극제비갈매기Arctic tern에게서 기록되었다. 이들은 모두 대양 항해의 기록 보유자로 손색이 없는데 그중에서도 큰뒷부리도요는 알래스카에서 뉴질랜드까지 11,000킬로미터를 쉬지 않고 여드레 만에 주파한다.[1]

새는 어떻게
길을 찾는가

스코머 섬의 절벽 꼭대기에서 햇볕을 쬐며 컴퓨터 화면의 지도를 보

새의 감각

고 있노라니 중요한 의문이 떠오른다. 수평선밖에 없는 바다에서 바다오리는 어떻게 번식지를 찾아가는 것일까? 먹이가 있는 비스케이 만과 스코틀랜드 북부까지는 어떻게 찾아가는 것일까? 태평양을 가로지르는 큰뒷부리도요는 어떻게 길을 알까? 철새의 이주뿐 아니라 일상생활에서 새들이 어떻게 길을 찾는가는 지난 천 년 동안 수없이 제기된 물음이다.

1930년대에 데이비드 랙과 로널드 로클리도 같은 질문을 던졌다. 랙은 데번 달링턴에서 교사로 일하며 남는 시간에 울새를 연구하다 훗날 『울새의 삶』The Life of the Robin(1945)으로 유명해졌으며 그 뒤에는 저명한 조류학자로 이름을 날렸다. 로널드 로클리는 아마추어 조류학자로, 1927년에 스물여섯의 나이로 스코머 섬에서 남쪽으로 5킬로미터 떨어진 무인도 스코컴 섬에서 아내 도리스와 함께 가정을 꾸렸다. 그 뒤로 몇 해 동안 섬의 바닷새, 그중에서도 개체 수가 가장 많고 신비로운 종인 맨섬슴새를 연구했다. 인접한 두 섬인 스코머 섬과 스코컴 섬에는 맨섬슴새가 15만 마리가량 서식하는데 이는 전 세계 개체 수의 약 40퍼센트에 해당한다. 맨섬슴새는 (포식자 갈매기를 피하기 위해) 야행성이며 3월과 9월 사이에 오로지 번식을 위해 상륙할 뿐 나머지 기간은 줄곧 바다에서 보낸다. 맨섬슴새의 번식 생물학에 대한 로클리의 조사는 새로운 장을 열었다. 그때까지만 해도 바닷새를 자세히 연구한 경우가 거의 없었기 때문이다.

1936년 6월에 랙은 학생들을 데리고 스코컴 섬에 가서 로클리의 작고 하얀 오두막 옆에 텐트를 쳤다. 어스름이 깔린 어느 날 저녁, 랙과 로클리는 새들이 어떻게 길을 찾는지에 대해 이야기를 나누기 시작했다. 둘은 랙이 데번에 돌아가는 길에 맨섬슴새를 한 마리 데려가면 녀석이 얼마나 빨리 스코컴에 돌아올 수 있을지 추측했다. 옆에서 듣던 학생들이 호기심을 보여서 렉과 학생들은 6월 17일에 스코컴 섬을 떠나면서 맨섬슴새 세 마리를 데려갔다. 세 마리는 각각 고유한 가락지를 찼다. 안타깝게도 두 마리는 가는 길에 죽었지만, 로클리는 캐럴라인으로 이름 붙인 세 번째 새를—로클리는 자신이 가락지를 끼운 새를 사람 취급했다—6월 18일 오후 2시에 스코컴 섬에서 약 360킬로미터 떨어진 데번 남부 스타트포인트에서 날려 보냈다. 데번과 스코컴 섬은 며칠이 걸리는 우편으로만 통신할 수 있었기에 로클리는 귀한 새 두 마리가 죽었다는 사실을 몰랐다. 로클리는 아무리 빨라도 6월 19일까지는 한 마리도 돌아오지 않을 거라 생각했지만 6월 18일 자정 직전에 보금자리 굴을 살펴보기로 했다. 놀랍게도 캐럴라인이 9시간 45분 만에 돌아와 알을 품고 있었다. 로클리는 환희에 차 이렇게 썼다. "캐럴라인이 길을 안 것은 분명합니다. 탐색할 시간은 없었으니까요. 캐럴라인은 스코컴 섬이 어느 방향인지 알고 곧장 날아왔습니다. 이번 성공은 또 다른 흥미를 불러일으켰습니다. 후속 실험이 필요합니다."[2]

맨섬슴새에게 정말로 길 찾기 감각이 있는지 알아보려면 녀석이 가보지 않은 곳에서 날려 보내야 했다. 그래서 영국 서리의 내륙을 비롯한 여러 지역, 이탈리아 베네치아, 급기야 미국 보스턴에서까지 맨섬슴새를 날려 보냈다. 그중 일부가 매우 빨리 스코컴 섬에 돌아온 것을 보면 강력한 길 찾기 감각이 있는 것이 틀림없었다.[3]

1950년대 초반에 영국 글로스터셔의 슬림브리지 수금류水禽類 보호소의 제프리 매슈스는 로클리의 선구적 연구를 더 과학적으로 계승·발전시켰다. 매슈스는 케임브리지 대학 도서관 건물 꼭대기를 비롯한 여러 장소에서 맨섬슴새를 날려 보내면서 어느 방향으로 날아가는지 관찰했

　　　　　　　　　　　　　　　　　　　새의 감각

으며 한 마리가 시야에서 사라진 뒤에야 다음 새를 날려 보냈다(서로 영향을 주고받을 가능성을 차단하기 위해서였다). 새들은 대부분 서쪽으로 출발하여 영국을 가로질러서는 곧장 스코컴 섬에 도착했다. "야생 조류에게 실제로 길 찾기 능력이 있다는 최초의 명백한 증거였다."[4] 바다에서 수 킬로미터 떨어진 곳에서 서쪽으로 날아가는 맨섬슴새를 영문 모르는 탐조가가 보았다면 뭐라고 생각했을지 궁금하다.

로클리는 맨섬슴새 길 찾기 연구를 처음 시작했을 뿐 아니라 번식 생물학도 처음으로 연구하여 맨섬슴새의 포란 기간이 51일이고 암수가 엿새씩 번갈아 알을 품으며 새끼가 굴에서 10주를 보내야 비로소 둥지를 떠난다는 사실을 밝혀냈다. 1939년에 로클리는 제2차 세계 대전이 터지기 직전에 스코컴 섬을 떠났지만, 1960년대 초에 마이크 해리스가 스코컴 섬의 맨섬슴새에 흥미를 느껴 이곳에서 박사 연구를 시작했다. 해리스는 맨섬슴새의 생물학을 더 잘 이해하기 위해 많은 새끼에게 가락지를 달았다. 1963년부터 1967년까지 (애정을 담은 표현인) '슴새 노예' (자원봉사자_옮긴이)의 도움으로 무려 86,000마리에게 가락지를 달았다. 이 연구의 우연한 부수 효과는 가락지를 대규모로 회수하여 번식기 이외의 시기에 맨섬슴새가 어디에 있는지 짐작할 수 있었다는 것이다.

맨섬슴새가 이따금 남반구에 출몰한다는 사실은 이미 알려져 있었다. 위대한 바닷새 생물학자 로버트 쿠슈먼 머피는 1912년에 우루과이 해안에서 맨섬슴새 한 마리를 보았으나, 이 새는 서식 범위의 최남단인 아조레스 제도의 번식지에서 온 것으로 추정되었다. 스코컴 맨섬슴새가 남아메리카까지 1만 킬로미터를 날아간다는 사실이 처음 확인된 것은 1952년에 아르헨티나 해안에서 가락지를 단 녀석이 죽은 채 발견되었을 때다. 하지만 제비 한 마리가 왔다고 해서 봄이 아니듯 맨섬슴새 한 마리가 발견되었다고 해서 녀석들이 규칙적으로 장거리 비행을 한다는 사실이 입증된 것은 아니었다.

맨섬슴새가 해마다 남아메리카 해안에서 겨울을 난다는 사실이 뚜렷이 확인된 것은 1980년대다. 마이크 브룩과 그의 박사 과정 지도교수이던 크리스 페린스는 지난 20년 동안 회수한 맨섬슴새 가락지 3600개를 살펴보기로 마음먹었다. 회수한 가락지를 가지고 바닷새의 이동 패턴을 유추하는 것은 경찰서에 접수된 분실 여권 내역을 가지고 영국 관광객들의 여름 휴가지를 유추하는 것과 같아서 정확성이 떨어질 뿐 아니라 온갖 변수의 영향을 받는다. 회수한 가락지 정보에 따르면 맨섬슴새는 여름에 스코컴 섬을 비롯한 영국 내 번식지에서 남쪽으로 출발하여 비스케이 만, 마데이라 섬, 카나리아 제도, 서아프리카를 거쳐 적도 근방 어딘가를 통해 남아메리카를 가로질러 브라질 해안에 도착한다. 이듬해 봄에 복귀할 때는 남대서양 한가운데를 향해 출발하여, 내려올 때보다 좀 더 서쪽으로 돌아 영국에 돌아온다.[5]

2006년 8월에 팀 길퍼드는 동료들과 함께 스코머 섬에서 번식하는 맨섬슴새 여섯 쌍에게 위치 추적기를 달았다. 맨섬슴새는 굴에 둥지를 틀기 때문에 바다오리보다 재포획하기가 훨씬 수월하다. 이듬해 봄, 암컷이 알 한 개를 낳은 직후에 열두 마리 모두 다시 포획했다. 위치 추적기를 분석했더니 지난 50년 동안 가락지 회수를 통해 유추한 이동 패턴은 전반적으로 옳았지만, 몇몇 예상 밖의 정보도 얻을 수 있었다. 첫째, 맨섬슴새는 가락지 정보에서 유추한 것보다 더 남쪽인 리오데라플라타 남부의 아르헨티나 해안에서 겨울을 났다. 이곳은 해류가 교차하는 곳이어서 먹잇감인 물고기가 풍부한 것으로 추정된다. 둘째, 예전에는 가락지가 때때로 매우 빨리 발견된 것으로 보아—가락지를 단 지 16일 만에 브라질 해안에서 발견된 적도 있었다—맨섬슴새가 겨울 서식지로 곧장 날아간다고 생각했다. 하지만 위치 추적기 정보에 따르면 이렇게 빨리 곧장 날아가는 것은 흔한 일이 아니다. 맨섬슴새는 뭍의 철새처럼 곧잘 중간에 쉬며 (아마도) 에너지를 보충한다. 기착지에서 두 주를 머문 적도 있었다.[6]

€₊ᵗ₊₊

위치 추적기라는 신기술 덕에 새들이 얼마나 먼 거리를 비행하는지 더 포괄적이고 상세하게 알 수 있었지만, 새들이 '어떻게' 길을 찾고 여행을 하는지에 대해서는—적어도 지금까지는—좋은 의견이 별로 나오지 않았다.

길 찾기 메커니즘에 대한 우리의 지식은 역설적으로 '포획' 조류의 연구에서 비롯했다. 1700년대 초에, 밤울음새 같은 명금을 키우는 사람들은 새들이 (야생 상태에서 이주하는) 가을과 봄마다 불안하게 팔짝팔짝 뛰기 시작하는 광경을 우연히 관찰했다. 250년이 지난 1960년대에 생물학자들은 스티브 에믈런이 발명한 기발한 장치인 에믈런 깔때기를 이용하여 이른바 '이망증'移望症migratory restlessness(주로 이동하면서 사는 습성이 있는 동물, 특히 조류 중의 철새가 제때 이동하지 못했을 때 보이는 여러가지 특이한 불안 증세_옮긴이)을 연구할 수 있었다.[7]

에믈런
깔때기

에믈런 깔때기는 철새 이주 연구에 혁명을 가져왔다. 에믈런 깔때기는 압지押紙(잉크나 먹물 따위로 쓴 것이 번지거나 묻어나지 아니하도록 위에서 눌러 물기를 빨아들이는 종이_옮긴이)로 만든 깔때기로, 가장 긴 쪽의 지름이 약 40센티미터이며 바닥에 잉크 패드가 있고 꼭대기에는 철망을 대어 새가 하늘을 볼 수 있게 했다. 새가 뛰면 압지에 발자국이 찍히는데, 이를 통해 이주 방향과 강도를 알 수 있다.[8] 에믈런 깔때기의 장점은 값이 싸며 연구자들이 (작은) 새를 많이 또한 매우 빨리 조사할 수 있다는 것이다. 철새를 깔때기에 고작 한 시간가량 두고서 의미 있는 결과를 얻는 경우도 있다. (여러 방면에서 검증된) 이 방법을 이용한 덕에 우리는 소형 조류가 일정한 시기에 특정 방향으로 날아가도록 유전적으로 프로그래밍 되어 있음을 안다. 놀라운 일이긴 하지만, 이것만 가지고는 새가 어떻게 길을 찾는지 알기에 미흡하다. 맨섬슴새가 대서양 망망대해에서 어떻게 스코머 섬에 돌아가는지, 나이팅게일이 봄철 북쪽으로 향하는 중에 사하라 사막 오아시스에서 쉬다가 서리 숲의 지난해 세력권을 어떻게 찾아가는지 설명할 수 없는 것은 분명하다.

새들이 어떻게 길을 찾는지에 대한 연구는 오래고 험난한 역사가 있다. 1800년대 중엽에는 비둘기 같은 새들의 귀소 방법에 대해 두 가지 견해가 대립했다. 하나는 새들이 둥지에서 밖으로 나갈 때 길을 기억한다는 견해인데, 증거는 전혀 없다. 또 하나는 지구가 일종의 거대한 자석이며 새에게 여섯 번째 감각이 있어서 지구 자기장을 감지한다는 비교적 최근의 발견을 바탕으로 삼는다. 소설가 쥘 베른은 이 견해를 재빨리 받아들였다. 『해터러스 선장의 모험과 항해』Voyages et aventures du capitaine Hatteras(1866)의 주요 등장인물은 "자기력의 영향을 받아 늘 북쪽으로 걸었"다. 새가 사람과 달리 자각을 이용하여 길을 찾을지도 모른다는 생각은 러시아의 동물학자 알렉스 폰 미덴도르프가 1859년에 처음 했지만, 1800년대 후반까지만 해도 영국의 앨프리드 뉴턴을 비롯한 대부분의 조류학자들은 여기에 별 관심을 두지 않았다.[9]

1936년에 또 다른 영국의 조류학자 아서 랜즈버러 톰슨은 이렇게 썼다. "자각의 증거는 하나도 발견되지 않았다. …… 게다가 관찰을 해보면 그 주장의 매력이 더욱 낮아진다. 이 현상이 목적에 부합하지 않는 것처럼 보이기 때문이다."[10] 비슷한 맥락에서, 1944년에 돈 그리핀은 (다른 면에서는 훌륭한 검토 논문에서) 이렇게 썼다. "자기장 민감성은 어떤 동물에게서도 확인되지 않았으며 지구 자기장처럼 약한 자기장에 대한 민감성이 존재할 가능성은 극히 희박하다. 살아 있는 조직에 (금속성 산화철 같은) 강자성强磁性 성분이 있는지는 밝혀진 바 없기 때문이다. 감지할 수 있을 만큼의 기계적 힘을 지구 자기장에서 끌어낼 수 있는 것은 강자성 성분뿐이다."[11]

이로부터 얼마 지나지 않은 1950년대 초에 독일의 조류학자 구스타프 크라머는 이 문제를 새로운 관점에서 생각하다가 길 찾기가 두 단계로 이루어진다는 사실을 알아차렸다. 새들은 출발하는 순간에 그곳이 어디인지 알아야 하며 '집'이 어느 방향인지도 알아야 한다. 사람도 이런 식으로 방향을 찾는다. 1단계는 지도를 들여다보는 것이고(여기가 어디지?) 2단계는 나침반을 이용하는 것이다(집이 어느 쪽이지?). 이 방법은 크라머의 '지도와 나침반' 모형으로 알려졌다.

나침반 후보는 여러 가지가 있다. 우리에게 가장 친숙한 것은 자기 나침반으로, 자화된 바늘을 자기력선—즉, 지구 자기장의 힘을 나타내는 선—과 나란히 하여 북쪽을 가리키는 도구다. 이주를 연구하는 생물학자들은 다른 나침반도 찾아냈다. 낮에 이동하는 새는 태양 나침반을 이용하고 밤에 이동하는 새는 별 나침반을 이용한다.

새는 지구 자기장을
'본다'

새에게 자기 나침반이 있을지도 모른다는 최초의 증거는 1950년대에 발견되었다. 프리드리히 메르켈과 그의 학생 볼프강 빌트슈코는 독일에 서식하는 유럽울새European robin의 이주 행동을 연구하고 있었다. 철새의 이주 과정을 관찰하는 것은 힘든 일이다. 유럽울새처럼 밤에 이동하는 새는 더더욱 힘들다. 하지만 유럽울새를 출발 직전에 잡아서 특수 설계된 '방향 찾기 새장'orientation cage(에믈런 깔때기의 원조)에 몇 시간 동안 놓아두면 새가 어느 방향을 향해 팔짝팔짝 뛰거나 날개를 퍼덕이는지 알 수 있다. 이 행동은 새의 이주 방향을 정확하게 반영한다. 유럽울새가 밤하늘을 볼 수 있도록 만든 방향 찾기 새장을 이용하여 메르켈과 빌트슈코는 이 새들이 독일에서 출발하여 가을 이주를 하는 동안 별을 나침반 삼아 남서쪽 방향을 유지한다는 사실을 알아냈다. 하지만 '완전한 어둠' 속에서 유럽울새가 어떤 행동을 하는지 관찰했더니, 예상과 달리 새들은 방향 감각을 잃기는커녕 여느 때처럼 남서쪽을 향해 팔짝팔짝 뛰었다. 의미심장한 결과였다. 별은 새가 정확한 방향을 찾는 데 필수적이지 않았다. 다른 무언가가 있는 것이 틀림없었다.

이 '다른 무언가'가 자기 나침반인지 확인하기 위해 메르켈과 빌트슈코는 커다란 전자기 코일로 둘러싼 방향 찾기 새장에 유럽울새를 넣었다(이렇게 하면 연구자들이 원하는 대로 자기장 방향을 바꿀 수 있다). 그 다음에 자기장을 뒤집거나 동쪽이나 서쪽으로 바꾸었을 때 유럽울새가 어느 방향으로 뜀박질하는지 비교했다. 예상대로 유럽울새는 자기장을 감지할 수 있는 것처럼 행동하여, 전자기 코일 방향에 따라 뜀박질 방향을 바꾸었다.[12]

뒤이어 다른 종을 연구했을 때에도 비슷한 결과가 나왔으며, 1980년대가 되자 (과거의 회의론에도 불구하고) 새에게 자각이 있어서 지구 자기장에서 나침반 방향을 읽어낸다는 사실이 널리 받아들여졌다. 말하자면 이 새들에게는 정말로 자기 나침반이 있다.

놀라운 사실은 새들에게 자기 나침반뿐 아니라 자기 '지도'도 있다는 것이다. 새들이 이를 이용하여 GPS 시스템처럼 위치를 파악하되 위성 신호를 이용하는 것이 아니라 지구 자기장을 이용한다.[13] 철새만 그런 것이 아니다. 닭 같은 텃새, 포유류, 나비 등에서도 자각이 발견되었다. 동물은 꽤 먼 거리를 찾아갈 때 자각을 활용하는 것으로 추정된다.[14]

과거 연구자들이 자각에 대해 회의적이었던 한 가지 이유는 새에게 자기장을 감지할 수 있는 기관이 없기 때문이다. 시각과 청각 같은 감각을 보자면, 눈과 귀는 주위 환경으로부터 빛과 소리를 감지하도록 설계되었음이 분명하다. 하지만 자기장은 빛이나 소리와 달리 신체 조직을 통과하기 때문에, 자각은 여느 감각과 다르다. 그렇다면 새(또는 다른 생물)는 몸 전체의 세포 내부에서 화학 반응을 일으켜 자기장을 감지할 가능성이 있다.

새를 포함한 동물이 어떻게 자기장을 감지하는지에 대해서는 크게 세 가지 이론이 있다. 첫 번째는 '전자기 유도'로, 물고기에게서 이 현상이 일어나는 것으로 추정된다. 하지만 이 메커니즘을 위해서는 아주 민감한 수용체가 필요한데 새나 그 밖의 동물에게는 이런 수용체가 없는 듯하다. 두 번째는 산화철의 한 형태인 자철석$_{magnetite}$이라는 자성 광물을 이용한 것이다. 이 방법은 1970년대에 일부 세균에게서 발견되었는데, 세균이 자기장과 나란하게 방향을 바꾸는 데 이용된다. 후속 연구를 했더니 꿀벌, 물고기, 새를 비롯한 다른 종에게도 작은 자철석 결정이 있다는 사실이 드러났다. 1980년대에는 비둘기의 눈 주위와 윗부리 비강(신경종말 안쪽)에서 미세한 자철석 결정이 발견되었다. 뒤에서 살펴보겠지만, 결정이 길 찾기에서 어떤 역할을 한다면 이곳이 유망한 위치였다.[15] 세 번째 이론은 화학 반응이 자각을 매개할지도 모른다는 흥미로운 가능성이다.

1970년대에 일부 유형의 화학 반응이 자기장에 의해 변형될 수 있음이 밝혀졌지만, 당시에는 이런 과정이 새의 길 찾기에 쓰일 수 있다고 상상한 사람이 아무도 없었다. 더 놀라운 사실은 이 특정한 화학 반응이 빛으로 유도되는 듯하다는 것이다. 이에 따라 미국의 연구자들은 새가 지구 자기장을 '볼' 수 있을지도 모른다고 추측했다.[16]

볼프강 빌트슈코는 아내 로스비탈과 함께 이 믿기지 않는 아이디어를 살펴보기로 마음먹었다. 두 사람은 야생 비둘기의 한쪽 눈을 불투명 안대로 가리는 (다른 연구자들의) 선행 연구를 통해 왼쪽 눈을 가렸을 때보다 오른쪽 눈을 가렸을 때 집을 더 잘 찾아온다는 사실을 알고 있었다. 의미심장한 사실은 오른쪽 눈의 이점이 흐린 날에—즉, 해가 보이지 않을 때—가장 두드러졌다는 것이다. 물론 새들이 태양 나침반을 이용할 수 없어서였을 수도 있지만, 어떤 식으로든 오른쪽 눈과 연계된 자

새의 감각

각을 이용할 가능성도 있었다. 믿기 힘들 것이다. 하지만 빌트슈코 연구진은 새의 뇌가 매우 편측화되어 있음을 알고 있었으며 비둘기의 관찰 결과는 귀소 및 길 찾기와 연관된 정보를 왼쪽 뇌가 더 잘 처리한다는 사실과 부합했다(1장에서 보았듯 왼쪽 뇌는 오른쪽 눈에서 시각 정보를 받아들인다). 이 아이디어를 직접 검증하기 위해 빌트슈코 연구진은 즐겨 쓰던 연구 종인 유럽울새를 다시 한 번 실험 대상으로 삼았다.

어느 쪽 눈도 가리지 않았을 때는, 유럽울새는 정상적인 이주 방향으로 뛰박질했다. 하지만 앞선 실험에서처럼 자기장을 인위적으로 180도 회전시키자 뛰박질 방향도 180도 회전했다. 이번에는 불투명한 안대로 한쪽 눈을 가렸다. 왼쪽 눈을 가리고 오른쪽 눈으로만 보게 했을 때는 양쪽 눈으로 볼 때와 정확히 같은 방향으로 뛰박질했다. 하지만 오른쪽 눈을 가리고 왼쪽 눈으로만 보게 했더니 방향을 찾지 못했다. 지구 자기장을 감지하지 못한 것이다. 이 놀라운 결과는 오른쪽 눈만이 지구 자기장을 감지할 수 있음을 시사했다.

오른쪽 눈과 왼쪽 뇌는 어떻게 자각을 처리할까? 단지 오른쪽 눈이 빛에 더 민감해서일까? 빌트슈코는 진상을 알기 위해 유럽울새에게 일종의 콘택트렌즈를 씌우는 후속 실험을 실시했다. 오른쪽 눈과 왼쪽 눈에 씌운 '렌즈'는 같은 양의 빛을 받아들이지만 하나는 뿌옇게 처리되어 영상이 흐릿하게 보였고 또 하나는 투명했다. 이번에도 결과는 놀라웠다. 오른쪽 눈에 뿌연 렌즈를 씌워 세상을 보게 했더니 유럽울새는 방향을 찾지 못했다. 이에 반해 오른쪽 눈에 투명한 렌즈를 씌웠더니 여느 때처럼 정밀하게 방향을 찾았다.

이 결과가 의미하는 것은 빛 자체가 아니라 영상의 선명도가 중요하다는 사실이다. 유럽울새에게는 지형의 윤곽과 가장자리를 보고 적절한 신호를 포착하면 자각이 촉발되는 능력이 있는 듯하다. 정말 대단하다! 한 동료가 "자네는 못할걸"이라고 말한 대로다.

시각적으로 유도되는 화학 반응이 내가 앞에서 언급한 자철석 아이디어와 다른 점은 무엇일까? 두 이론은 대립하는 것이 아니라 한 동물에게서 나란히 작용하는 별개의 두 과정인 듯하다. 눈을 매개로 한 화학 반응은 '나침반' 역할을 하고 부리의 자철석 수용체는 '지도' 역할을 하는 것이다. 나침반은 자기장의 '방향'을 감지하고 지도는 자기장의 '세기'를 감지하는 듯하다. 망망대해를 건너거나 드넓은 땅덩어리를 지날 때, 새들은 두 정보를 통합하여 집으로 가는 길을 찾는다.[17]

새의 자각이 불가능하다고 치부되었다는 사실, 새의 감각이 지금도 새로 발견되고 있다는 사실이 이채롭다. 이런 발견이 과학에 활력을 불어넣는다.

제7장

정서

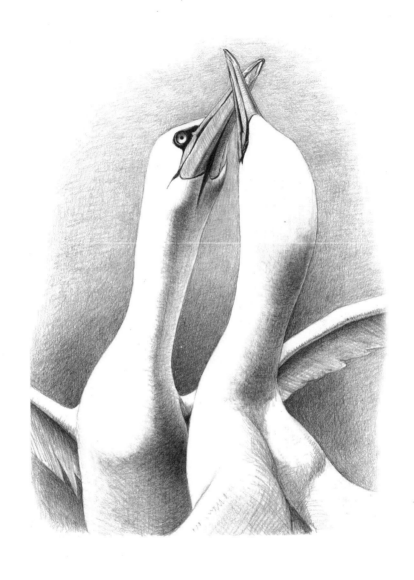

흰가다랭이잡이_{northern gannet} 한 쌍이 인사 행위를 한다.
다시 만난 둘은 어떤 심정일까?

많은 과학자들은 동물을 언급할 때 '정서'라는 용어를 쓰는 것을 거북해하는 듯하다. 인간이 느끼는 것과 같은 주관적 경험을 인간 중심적으로 가정한다고 오해받을까봐 우려하기 때문이다.

폴, 하딩, 멘들, 「동물의 정서 과정을 측정하다: 인지적 접근법의 효용」, 《신경과학과 행동 리뷰》, 29: 469~91

캐나다 누나부트의 콘월리스 섬에 있는 레절루트는 세상에서 가장 외딴 정착지 중 한 곳이다. 캐나다 북극권에서 연구하는 사람들은 거의 모두가 제트기로 이곳에 와서 경비행기나 헬리콥터를 타고 최종 목적지로 이동한다. 제트기가 착륙하는 동안 활주로 옆을 살펴보니 이착륙에 실패한 비행기 잔해가 눈에 띈다. 북극과의 첫 만남은 스트레스를 동반한다. 하지만 이것은 약과다. 극북極北에 대한 낭만적 환상을 충족하기는커녕, 나를 맞이하는 것은 황량한 진흙투성이 들판과, 사방을 채운 항공유 냄새와, 무엇보다 현지 이누이트족이 새를 사격 연습의 표적으로 쓰는 잔인한 풍습이다.

내가 도착한 6월 중순은 봄눈이 녹는 시기다. 얼어붙은 웅덩이 옆에서 흑기러기brent goose 한 쌍을 처음 본 날이기도 하다. 검은 실루엣이 얼음을 배경으로 서서 눈 녹아 번식기가 되길 기다린다. 이튿날 얼어붙은 웅덩이 옆으로 차를 몰고 지나가는데 안타깝게도 한 마리가 총에 맞아 쓰러져 있다. 생명 없는 형체 옆에 짝이 서 있다. 일주일 뒤에 같은 웅덩이를 또 지난다. 흑기러기 두 마리가, 한 마리는 산 채로 한 마리는 죽은 채로 여전히 그곳에 있다. 나는 그날 레절루트를 떠났기에, 살아남은 흑기러기가 죽은 짝의 곁을 얼마나 오랫동안 지켰는지는 알지 못한다.

흑기러기 두 마리를 살아서나 죽어서나 함께 있게 한 유대감은 정서적인 것일까, 아니면 흑기러기 같은 새를 늘 짝과 가까이 있도록 프로그래밍 하는 자동적 반응이 있는 것일까?

다윈의 통찰

찰스 다윈은 조류와 포유류 같은 동물이 정서를 경험한다고 분명히 믿었다. 『인간과 동물의 감정 표현에 대하여』(서해문집)에서 다윈은 보편적 정서를 두려움, 노여움, 혐오, 놀라움, 슬픔, 환희 등 여섯 가지로 분류했으며, 훗날 딴 사람들이 여기에 질투, 공감, 죄책감, 자부심 등을 추가했다. 사실상 다윈은 정서가 쾌감에서 불쾌감까지 연속선상에 놓여 있다고 생각했다. 『인간과 동물의 감정 표현에 대하여』는 대부분 사람, 특히 다윈의 자녀에 대한 것이었다(다윈은 자녀의 표정을 자세히 연구했다). 다윈은 애완용 개에게서도 엄청난 통찰을 얻었다. 개 키우는 사람은 누구나 아는 사실이지만, 개는 감정을 분명하게 드러낸다.

선배 연구자들과 마찬가지로 다윈은 새소리가 정서 표현이라고 생각했다. 우리는 새가 여러 상황에서 내는 소리의 특징을 구별할 수 있다. 공격적일 때는 거센 소리를, 짝을 바라볼 때는 부드러운 소리를, 포식자에게 잡혔을 때는 구슬픈 소리를 낸다. 그래서 인간 중심적으로 해석하기 쉽다. 비슷한 맥락에서, 새의 노랫소리를 들으면 즐거워지기 때문에 우리는 오래전부터 새도 우리와 같은 감정을 느낄 것이며 자신이나 짝을 즐겁게 하려고 노래하는 것이라고 가정했다.[1] 한 측면에서 보면 이것은 전적으로 인간 중심적인 관점이다. 다른 한편으로, 우리는 새와 조상을 공유하며 많은 감각 양식을 공유하기 때문에 새와 정서를 공유하는 것도 얼마든지 가능하다.

새가 새끼와 상호작용을 주고받을 때는 곧잘 정서가 고조된다. 어미 새는 새끼를 돌보고 먹이고 깃 다듬기를 하고 똥을 치우고 포식자로부터 지킨다. 물떼새나 자고새partridge처럼 땅에 둥지를 트는 새들이 부상 입은 척 연기하는 것은 어미가 새끼를 보호하는 극적인 예다. 어미 새는 여우나 사람을 만나면 한쪽 날개를 땅에 끌며 부상당한 시늉을 하여 포식자를 연약한 새끼에게서 멀리 떼어놓는다. 예전에는 이 주의 끌기 행동이 어미의 헌신과 지능을 나타낸다고 생각했지만 이제는 본능적이고, 정서와 무관하며, 새끼와 가까이 있어야 하면서도 포식자를 피해야 하는 갈등에서 비롯할 뿐인 것으로 생각된다.[2]

그럼에도 어미 새가 새끼를 보호하는 광경을 보거나 병아리나 새끼 오리가 어미를 따라다니고 위험할 때 어미에게 달려가는 것을 보면 어미와 새끼는 정서적 유대 관계로 연결된 것처럼 보인다. 유대 관계는 분명히 존재하지만, 단 이것이 정서적인지는 확실치 않다. 어미와 새끼의 유대 관계는 대체로 어린 새가 알껍데기를 깨고 나온 직후에 어미를 각인한 결과다. 하지만 부화기에서 부화한 새끼는 처음 보는 것을 '무엇이든', 심지어 부츠나 축구공 같은 무생물까지도 각인한다. 이에 대해 우리는 이 행동을 전혀 다르게 해석하고는 어린 새가 어찌 그리도 멍청할 수 있느냐며, 부츠나 공에 정서적으로 묶인다는 게 가당키냐 하냐며 혀를 찬다. 하지만 이 행동은 겉보기에만 멍청할 뿐 완전히 논리적으로 설

명할 수 있다

자연선택은 처음 보는 것을 각인하는 새끼 새를 선호했다. 정상적 상황에서 그것(처음 보는 것)은 어미이며 정상적 상황에서 그 방법은 완벽한 효과를 발휘하기 때문이다. 새끼 새를 부츠나 공과 함께 키우는 것은 '처음 보는 것을 따라다닐 것'이라는 간단한 내재적 규칙을 악용하는 것일 뿐이다. 똑같은 방식으로 새끼 뻐꾸기는 양부모의 돌봄 본능을 악용한다. 둥지 안에서 입을 벌리는 것이 무엇이든 먹이를 주라는 규칙을 악용하는 것이다. 이번에도 우리는 '새끼 뻐꾸기에게 속다니 양부모는 어찌 그리도 멍청한가'라고 생각하기 쉽다.

양육이나 그 밖의 행동을 정서에 귀속하지 않고도 설명할 수 있는 것은 분명하지만, 새나 그 밖의 동물이 우리와 같은 정서를 경험하지 않는다고 얼마나 확신할 수 있을까?

새가 정서를 경험하는지 알아보기 전에 배경 설명을 조금 해두는 게 좋겠다. 1930년대에서 출발하자. 비록 다윈이 장밋빛 테이프를 끊었지만, 당시의 동물 행동 연구는 아직 걸음마 수준이었다. 북아메리카의 연구자들은 행동을 연구할 때 완고한 심리학적 접근법을 채택하여, 포획 동물이 보상을 얻거나 처벌을 피하려고 키를 누르도록 훈련하는 데 주력했다. '행동주의자'로 불리게 된 이 연구자들은 동물을 자동기계와 다를 바 없는 존재로 여겼다. 이것은 역설적이다. 행동주의자들의 논리는 동물이 고통에 반응하고 보상을 바랄 수 있다는 사실에 바탕을 두었기 때문이다. 오늘날 동물 행동을 연구하는 사람들은 대부분 행동주의자의 접근법이 너무 인위적이라며 무시하지만, 행동주의는 동물의 인지 능력에 대해 많은 것을 밝혀냈다. 이를테면 비둘기는 시각 영상을 기억하고 분류하는 능력이 사람 못지않다. 이것은 의아한 결과였다. 다른 실험에

서는 비둘기의 솜씨가 영 형편없었기 때문이다. 하지만 앞에서 보았듯
비둘기가 시각적 지도를 이용하여 길을 찾는다는 사실이 밝혀지자 아귀
가 들어맞았다.

유럽의 연구자들은 행동을 연구할 때 자연주의적인 접근법을 취하여
동물을 자연 그대로의 환경에서 연구함으로써 '동물행동학'~ethology~이라는
분야를 창조했다. 처음에 주목한 것은 무엇이 행동을 '야기'하는가, 즉
행동 반응을 촉발하는 자극이 무엇인가였다. 이 시기에 밝혀진 유명한
예로는 새끼 재갈매기~herring gull~가 어미의 부리에 있는 붉은 점을 쪼아 먹
이를 토해 내도록 자극한다는 것을 들 수 있다. 기본적으로 동물학자들
은 소통—즉, 동물이 서로 무슨 말을 하고 무슨 동기로 행동하는지—을
연구했다.

동물행동학자의 접근법은 행동주의자보다 자연주의적이었지만, 인
간중심주의의 함정을 피하려고 애썼다는 점에서 다른 한편으로는 객관
적이었다. 동물행동학의 창시자로 손꼽히는 니콜라스 틴베르헌은 『본능
연구』~The Study of Instinct~(1951) 머리말에서 이렇게 설명했다.

> 인간이 행동의 일정한 국면에서 격한 정서를 경험한다는 사실을 알
> 고, 많은 동물의 행동이 곧잘 우리의 '정서적' 행동을 닮았음에 주목
> 하여 그들[행동주의자]은 동물이 우리와 비슷한 정서를 경험한다고
> 결론 내린다. 많은 이들은 한 발 더 나아가 정서가 단어의 과학적
> 의미를 결정하는 인과적 요인이라고 주장한다. …… 하지만 우리는
> 동물 행동을 연구할 때 이 방법을 따르지 않을 것이다.

1980년대까지도 이렇게 생각하는 사람이 많았다. "[연구자들은] 기

저에 깔린 정서를 포착하려고 하기보다는 행동을 연구하라는 조언을 들었다."[3]

하지만 (앞에서 살펴본) 저명한 생물학자 돈 그리핀 같은 일부 연구자는 이 견해에 과감하게 도전장을 내밀었다. 그리핀의 책『동물의 자각自覺에 대하여』The Question of Animal Awareness(1976)는 동물의 의식이라는 문제를 처음으로 진지하게 다루었으며 행동 이면의 '마음'을 이해하고자 했다.[4] 이 책은 사방에서 놀림감이 되었다. 한 가지 이유는 그의 동료 말마따나 "그를 비판하는 사람들이 정의하는 의식은 동물에게 의식이 존재한다는 사실이 발견될 가능성을 배제하"기 때문이다.[5] 그럼에도 1970년대 중엽부터 1980년대에 이르기까지 동물의 자각에 대한 관심이 부쩍 늘었다. 여기에는 인간 아닌 동물의 감각과 복지 문제에 대한 관심이 커진 것도 한몫했다.[6]

정서, 감정, 자각, 감각, 의식은 모두 골치 아픈 개념이다. 하물며 우리 자신에 대해서도 정의하기 까다로운데, 새와 인간 아닌 동물에 대해 정의하기 힘든 것은 놀랄 일이 아니다. 의식은 과학에서 아직 해결되지 않은 거대한 문제 중 하나로, 흥미진진한 동시에 매우 논쟁적인 연구 분야다.[7] '의식'이나 '감정'이 정확히 무슨 뜻인지 정의하는 것은 골칫거리이지만, 신경세포가 발화하는 것만으로 어떻게 자각의 느낌, 또는 불쾌감이나 희열의 감정이 생기는지 상상하는 것에 비하면 아무것도 아니다.

이런 난점에도 불구하고 연구자들은 새를 비롯한 동물의 정서적 삶을 이해하려고 노력했으나, 분명한 개념 틀이 없는 탓에 논의가 중구난방이었다. 이를테면 어떤 연구자들은 조류와 포유류가 우리와 같은 범위의 정서를 경험한다고 믿는다. 더 보수적인 연구자들은 인간만이 의식을 경험하며 (따라서) 인간만이 정서를 경험할 수 있다고 주장한다. 논쟁은 과학의 정상적인 과정이며 판돈이 클수록 격렬해진다. 의식은 중요한 도전 과제다. 즉, 지금이야말로 새와 동물이 경험하는 감정을 이해하려고 시도하기에 적기라는 뜻이다. 사람의 의식은 여러 감각이 통합된 것이다. 나는 새의 감각 또한 통합적이며 이 통합에서 생겨나는 (일종의) 감정 덕분에 새들이 일상생활을 영위할 수 있다는 데 일말의 의심도 없지만, 새들이 우리가 이해하는 바의 의식을 만들어내는지는 아직 밝혀지지 않았다. 지난 20년간 많은 발전이 있었으며, 우리가 더 많이 알아낼수록 새에게 감정이 있을 가능성이 더 커질 것이다. 하지만 새의 감정은 어려운 연구 주제다. 어렵기는 하지만 그 결실은 매우 풍성할 것이다. 새는 여러 면에서 우리와 닮았으므로—시각을 주로 이용하고 기본적으로 일부일처제이며 사회성이 매우 크다는 점에서—새에 대한 이해가 향상되면 우리 자신에 대한 이해도 향상될 것이기 때문이다.

$$\epsilon_\epsilon {}^{\mathfrak{t}} \epsilon_\epsilon$$

의식과 감정의 문제는 생물학자, 심리학자, 철학자 등이 오랫동안 논쟁을 벌인 주제이므로, 이 자리에서 문제를 해결할 수 있으리라 기대하지는 않는다. 그 대신 매우 간단한 방법을 써서 새의 머릿속에서 어떤 일이 벌어지는지 상상해보고자 한다. 이 접근법은 정서가 기본적인 생리적 메커니즘에서 진화했다는 아이디어를 바탕으로 삼는다. 이 메커니즘 덕에 동물은 한편으로는 위해와 고통을 피하고 다른 한편으로는 배우자나 먹이처럼 자신에게 필요한 '보상'을 얻는다.[8] 정서를 불쾌감과 고통이 한쪽 끝에 놓이고 쾌감과 보상이 다른 쪽 끝에 놓인 연속체로 간주하는 것은 정서를 연구하기 위한 좋은 출발점이다.

스트레스와
새의 행동

정상적 평형을 깨뜨리는 것은 무엇이든 동물에게 스트레스를 유발할 수 있다. 말하자면 스트레스는 정서가 뒤틀렸음을 보여주는 징후다. 굶주림은 먹이를 찾도록 동기를 부여하는 주된 감정인데, 먹이를 얻지 못하면—특히 오랫동안 굶주리면—스트레스가 생긴다. 많은 동물은 하루의 대부분을 포식자를 피하는 데 보내며, 포식자에게 쫓기면 스트레스가 유발된다. 새는 스트레스를 받으면 부신(콩팥위샘)에서 코르티코스테론이라는 호르몬이 분비되는데, 그러면 포도당과 지방이 혈류에 방출되어 스트레스의 영향을 최소화할 수 있는 여분의 에너지가 생긴다. 따라서 스트레스 반응은 적응적이다(즉, 생존에 유리하도록 설계되었다). 하지만 스트레스가 가시지 않으면 적응적 반응이 병적 현상으로 바뀌어 몸무게가 줄고 면역력이 저하되고 건강이 전반적으로 나빠지고 번식 욕구가 사라진다.

내 연구에서 매우 중요한 역할을 한 바다오리는 개체군 밀도가 예외적으로 높은 환경에서 번식하는데, 가까이에 이웃이 있는 것이 번식 성공의 열쇠다. 그래야 알과 새끼를 노리는 갈매기와 도래까마귀의 공격을 피할 수 있기 때문이다. 바다오리의 부리가 방진方陣(중무장한 보병이 어깨와 어깨를 맞대고 보통 8열 종대로 늘어서는 전술 대형_옮긴이)을 이루면 대부분의 포식자를 격퇴할 수 있는데, 이 방법으로 효과를 보려면 새들이 빽빽하게 붙어 있어야 한다. 바다오리는 가로세로 몇 센티미터밖에 안 되는 좁은 장소에 해마다 알을 낳는데, 20년 넘도록 같은 장소를 고집하기도 한다. 바다오리가 이웃을 잘 알고 상대방 깃 다듬기를 통해 특

새의 감각

수한 관계—어쩌면 우정—를 발전시키는 것은 놀랄 일이 아니다. 이따금 우정이 예상 밖의 효과를 발휘하기도 한다. 큰갈매기_{greater black-backed gull}가 바다오리의 알이나 새끼를 빼앗으려 하자 무리 뒤쪽에서 바다오리 한 마리가 쏜살같이 뛰쳐나와 큰갈매기를 공격하는 장면을 본 적이 몇 번 있다. 이것은 매우 위험한 시도다. 몸집이 거대한 큰갈매기는 어른 바다오리도 거뜬히 죽일 수 있기 때문이다.[9]

바다오리가 서로의 새끼를 보살피는 방법은 또 있다. 어미 바다오리가 새끼를 내버려둔 채 둥지를 비우면 대체로 이웃이 새끼를 따뜻하게 감싸고 포식자 갈매기로부터 지켜준다.[10] 이런 공동 육아는 바닷새에게서는 흔치 않은 현상이다. 다른 종의 경우, 어미 없는 새끼는 잡아먹히기 십상이다.

2007년, 스코틀랜드 동해안의 메이 섬에서 번식하던 바다오리에게 신기한 일이 일어났다. 먹이인 까나리_{sand eel}의 개체 수가 부쩍 줄었는데 바다오리는 그것 말고는 먹을 것이 없었다. 바다오리 연구자 수십 명이 수많은 번식지를 수백 번 관찰하는 동안 한 번도 없던 일이었다. 메이 섬의 어미 새들이 굶주린 새끼에게 줄 먹이를 찾으려고 다투면서, 조화가 깨지고 무리가 혼란에 빠졌다. 많은 어른 바다오리가 새끼를 내버려둔 채 먹이를 찾아 떠나야 했지만, 이웃 바다오리들은 홀로 남은 새끼를 감싸고 보호하기는커녕 공격을 가했다. 메이 섬에서 바다오리를 연구하던 케이트 애슈브룩은 그곳 상황을 이렇게 전했다.

> 새끼 한 마리가 자기를 공격하는 어른들을 피하려고 웅덩이에 뛰어들었다가 다른 어른이 쪼아대는 통에 흙탕물에 몇 번이고 머리를 처박는 장면을 목격하고 겁에 질렸던 기억이 나요. 몇 분 뒤에 어른

바다오리가 공격을 그만두자 새끼가 간신히 일어섰어요. 하지만 너무 쇠약해서 얼마 안 가 죽고 말았죠. 바위 턱 번식지 곳곳에 흙투성이 새끼 사체가 널려 있었어요. 어떤 이웃들은 새끼를 물어 낭떠러지 아래로 던져버리기도 했어요. 공격 장면은 충격적이고 너무나 비극적이었어요.[11]

전례 없는 이 반사회적 행동은 심각한 먹이 부족으로 인한 만성적 스트레스의 직접적 결과인 듯하다. 이후에 먹이 상황이 호전되자 이웃의 새끼를 공격하던 어른 갈매기들은 다시금 정상적인 우호적 행동을 보이기 시작했다.[12]

큰흙집새white-winged chough도 먹이가 부족할 때 비슷한 반응을 보인다. 오스트레일리아 조류학의 선구자로 손꼽히는 존 굴드는 1840년대에 큰흙집새의 뛰어난 사교성을 이렇게 평했다. "큰흙집새는 대체로 6~10마리가 작은 무리를 이루어 땅에서 먹이를 찾는다. …… 집단은 한 덩어리로 움직이며 꼼꼼하게 먹이를 탐색한다." 하지만 굴드는 큰흙집새가 요즘 말하는 '협력적 번식자'co-operative breeder(번식을 하지 않고 있는 조력자가 번식 중인 암수를 돕는 종)임은 아쉽게도 알아차리지 못했다.[13]

큰흙집새 집단은 4~20마리로 이루어졌으며 여러 해 동안 함께 사는 경우가 많다. 무리는 번식 중인 암수와 과거 번식기에 태어난 자식, (이따금) 혈연 관계가 없는 개체로 이루어진다. 모든 구성원이 힘을 합쳐 신기하게 생긴 진흙 둥지를 짓는데—유럽의 어떤 새가 지은 둥지와도 다르게 지상 10미터 높이에서 가로로 뻗은 가느다란 가지에 컵 모양의 튼튼한 둥지를 부착한다—그동안 모든 개체가 번갈아 가며 새끼를 품고 먹인다. 협력적 번식은 유럽과 북아메리카에서는 드물지만 오스트레일

새의 감각

리아 새들에게는 흔한 현상이며, 큰흙집새는 '항상' 협력한다는 점에서 극단적인 사례다. 큰흙집새는 전통적인 암수 한 쌍으로는 번식하지 못한다. 그 이유는 큰흙집새의 서식처를 보면 알 수 있다. 마른땅을 파서 벌레나 딱정벌레 애벌레를 찾는 것은 힘든 일이다. 어린 큰흙집새는 여덟 달 동안 어미에게 먹이를 받아먹는데, 이는 여느 새보다 여덟 배나 오랜 기간이다. 먹이 받아먹기가 끝난 뒤에도, 먹이 찾기 기술을 익히려면 여러 해가 걸린다. 어린 큰흙집새는 어미의 세력권에 머물면서 먹이 찾는 법을 배우며 그 대가로 세력권 지키기, 포식자 감시하기, 둥지 돌보기 등의 집안일을 한다. 먹이를 구하기가 여간 힘들지 않기 때문에, 번식 중인 암수가 새끼를 키울 수 있으려면 조력자가 최소한 두 마리는 있어야 한다. 연구자들이 큰흙집새에게 먹이를 주었더니 번식 성공률이 부쩍 늘었는데, 이는 큰흙집새가 먹이를 충분히 얻지 못해서 번식 활동에 제약을 받았음을 입증한다.

큰흙집새가 무리 생활을 할 수 있는 것은 일련의 행동을 통해 결속력을 유지하기 때문이다. 큰흙집새 무리는 놀이를 하거나 홰를 치거나 사욕沙浴(닭, 오리 따위의 날짐승이 몸에 꾀는 이나 벼룩을 떨치려고 모래를 파헤치며 끼얹는 짓_옮긴이)을 하는 등 무엇을 하든지 함께 하며 가로로 뻗은 가지에 나란히 앉아 서로 깃 다듬기를 해준다. 그렇다면 이런 행동은 정서와 어떤 관계가 있을까? 단단히 뭉친 집단의 일원이 되려면 자기 집단의 구성원뿐 아니라 다른 집단의 구성원과도 사회적 상호작용을 해야 한다. 큰흙집새를 20년 동안 연구한 롭 하인손은 이렇게 말했다. "늘 도움을 필요로 하는 큰흙집새는 매혹적인 정치적 관계를 발전시켰다. 이 관계는 기후가 열악할 때 더더욱 효과를 발휘한다."[14]

가뭄이 닥치면 큰흙집새는 여러 상황을 동시에 겪는다. 먹이가 부족한 탓에 스트레스 지수가 상승하고, 먹이를 찾는 데 들이는 시간을 늘려야 하며, 포식자를 감시할 여력이 줄어든다. 먹이가 동나면 체내 지방을 모두 써버리고 가슴 근육에 저장된 단백질을 연료로 사용하기 시작한다. 그러면 비행 능력이 손상되기 때문에, 쐐기꼬리독수리 같은 포식자의 공격을 피하기 힘들어진다. 먹이를 놓고 다투다 보면 스트레스가 더욱 증가한다. 예전에는 집단 구성원끼리 먹이를 공유했더라도, 배를 곯으면 이기심이 극도로 커져서 먹이를 독차지하려 든다. 덩치가 크거나 지위가 높은 녀석은 약한 녀석을 밀치고 먹이를 빼앗는다. 저항해봐야 소용없다. 싸움에서 졌을 때의 스트레스가 더더욱 해롭기 때문이다.

가뭄에 먹이를 충분히 구하기 힘들어지면 급기야 집단이 해체되기도 한다. 개체들을 묶어주던 사회적 유대가 (아마도 스트레스 호르몬이 분출한 탓에) 사라지고 작은 단위로 뿔뿔이 헤처 모여 먹이를 찾아 마른땅을 헤집는다. 이런 전술을 채택하면 먹이를 찾을 기회가 많아지지만, 다른 큰흙집새에게 괴롭힘을 당하거나 포식자에게 공격받을 위험도 커진다.

독수리나 매 같은 공중 포식자가 나타나면, 큰흙집새는 여느 새처럼 본능적으로 경고 울음소리를 내고 회피 동작을 취하는 반응을 보일 것이다. 1930년대와 1940년대에 어린 닭과 거위의 이런 행동을 연구하던 동물행동학자들은 정확히 어떤 형태가 머리 위에 떠 있을 때 이런 반응이 촉발되는지 알아냈다. 그것은 긴 꼬리와 짧은 목, 긴 날개였다.[15] 2002년에 연구자들은 새의 머리 위에서 포식자가 눈에 띄면—실제로는 모형이었다—혈류에서 코르티코스테론이라는 스트레스 호르몬의 양이 증가한다는 사실을 발견했는데, 이는 새들이 두려움 감각을 경험함을 시사한다.[16]

단순히 행동을 관찰하여 새가 어떤 정서를 경험하는지 추론하는 것이 아니라 호르몬으로 스트레스를 측정하는 방법의 효용이 밝혀진 것은 한 기발한 실험에서였다. 연구진은 야생 상태에서 사로잡힌 박새에게 북부애기금눈올빼미(박새를 비롯한 소형 조류에게 위협적인 포식자)와 되새 brambling(박새에게 전혀 위협이 되지 않는 새)를 각각 보여주었다. 박새는 북부애기금눈올빼미를 보았을 때와 되새를 보았을 때 똑같은 반응을 나타냈지만, 북부애기금눈올빼미를 보았을 때만 스트레스 호르몬인 코르티코스테론이 급증했다. 이는 박새가 북부애기금눈올빼미를 더 두려워한다는 뚜렷한 증거다.[17]

코르티코스테론은 스트레스에 반응하여 증가하는 속도는 빠르지만 감소하는 속도는 느리다. 새의 스트레스 반응을 조사하는 연구자들은 새를 손에 쥐는 단순하고 무해한 평가 방법을 썼다. 새를 손에 쥐면 심박수, 호흡수, 코르티코스테론 수치가 모두 증가하는데, 포식자에게 잡혔을 때에도 같은 반응을 보일 것으로 추정된다. 말하자면 세 가지 생리적 변화는 모두 새가 두려워하고 있음을 나타낸다. 심박수와 호흡수는 수 초 내에 증가하지만 코르티코스테론이 혈중에 분비되는 데는 약 3분이 걸린다. 마찬가지로, 새를 놓아주면 심박수와 호흡수는 몇 분 안에 정상으로 돌아가지만 코르티코스테론이 정상 수치로 돌아가는 데는 (얼마나 스트레스를 받았느냐에 따라) 몇 시간이 걸릴 수도 있다.

코르티코스테론 증가는 모든 종류의 스트레스에 대한 일반적 반응이다. 뱀의 경우—파충류를 예로 든 것은 조류에 대해서는 이 같은 정보가 알려지지 않았기 때문이다—(암컷을 놓고 다투다) 상대 수컷에게 진 수컷은 코르티코스테론이 급증하며 이 때문에 여러 시간 동안 교미에 대한 관심이 (승자에 비해) 훨씬 낮아진다.[18]

새가 공격적 상호작용에서 패배했을 때 이와 비슷한 생리적 변화를 겪는다는 사실은 포획 박새 연구에서 암시되었다. 박새를 새장에 넣고 몇 분 동안 매우 공격적인 수컷과 함께 있노록 했더니 혈액 온도가 상승하고 활동량이 감소했으며 이 변화는 24시간 동안 지속되었다. 실험용 쥐에게서도 비슷한 결과가 관찰되었다. 하지만 이런 실험은 인위적일 수밖에 없다. 결과가 아무리 극적이더라도 연구용 새는 야생에서와 달리 '도피'할 수 없기 때문이다. 따라서, 이러한 연구를 바탕으로 새와 그 밖의 동물이 '두려움'을 경험한다고 추측할 수는 있지만, 야생에서는 이러한 효과가 훨씬 작아서 동물이 포획 상태에서보다 훨씬 빨리 회복될 가능성도 있다.[19]

새도 통증을
느낄까?

나는 오스트레일리아에서 야생 금화조를 연구할 때 몇 시간이고 은신처에 가만히 앉은 채 쌍안경이나 망원경으로 녀석들을 관찰했다. 그 시간 동안 불가피하게 다른 야생동물이 많이 눈에 띄었는데, 그러다 놀라운 포식 장면을 목격했다. 붉은관유황앵무galah는 연구 지역에서 흔한 새로, 꽥꽥 울며 내가 앉은 곳 앞을 날아다녔다. 한번은 갈색매brown falcon가 공중에서 낙하하며 붉은관유황앵무를 쫓았다. 무리는 회피 동작을 취했지만, 갈색매는 재빨리 한 마리를 점찍어 분홍색 깃털을 나풀거리며 공중에서 녀석을 붙잡았다. 사로잡힌 녀석은 단말마의 비명을 질렀다. 두 마리가 숲 속으로 사라진 뒤에도 녀석의 애처로운 울음소리가 들렸다. 겁에 질리고 고통스러워하고 있음이 분명했다. 하지만 나중에 또 다른 포식 장면을 목격하면서 생각이 달라졌다.

퍼핀 한 마리가 굴에서 나오는 순간, 암컷 매 한 마리가 절벽 꼭대기를 활공하고 있었다. 매는 곧장 퍼핀을 덮치더니 노란색 발톱으로 녀석을 붙잡았다. 나는 퍼핀을 잡아본 적이 있어서 녀석들이 팔팔하며 부리 힘이 세고 발톱이 날카롭다는 사실을 알고 있었다. 그래서 처음에는 퍼핀이 도망칠 수 있을 줄 알았다. 하지만 녀석은 달아나지 않았다. 퍼핀은 가만히 누워 매를 쳐다보았다. 매는 퍼핀의 눈길을 외면한 채 굳은 표정으로 바다를 바라보았다. 나는 매가 발톱을 꽉 조인 채 퍼핀이 죽기를 기다린다고 생각했다. 하지만 퍼핀은 죽지 않았다. 퍼핀은 강한 압력을 무릅쓰고 먹잇감을 향해 급강하하는 강인한 새로, 사나운 파도와 맹렬한 바람을 이겨낼 수 있다. 막상막하였다. 5분이 지나도록 승부가 나지 않았다. 매는 여전히 바다를 바라보고 있었다. 퍼핀이 몸을 살짝 비틀었다. 눈은 맑았으며 몸은 여전히 생기로 가득했다. 망원경에 비친 모습은 마치 교통 사고 현장처럼 오싹한 동시에 흥미로웠다. 결국 15분이 흐른 뒤에 매가 퍼핀의 가슴 깃털을 뽑기 시작하여 5분 뒤에는 가슴에서 근육을 뜯어 먹기 시작했다. 매에게 살점을 뜯어 먹히고 나서야, 그러니까 잡힌 지 30분이 꼬박 지나고서야 퍼핀은 숨이 끊어졌다. 녀석은 고통을 느꼈을까? 모르겠다. 이 끔찍한 장면이 벌어지는 동안 녀석은 한 번도 고통스러운 티를 내지 않았다.

일찍이 동물 복지를 주창한 제러미 벤담(1748~1832)은 동물이 이성적으로 사유할 수 있느냐가 아니라 고통을 느낄 수 있느냐가 관건임을 지적한 것으로 유명하다.[20] 이 문제는 예나 지금이나 중요한 논점이다. 벤담이 동물 복지를 주창한 계기는 노예가 종종 동물만도 못한 비참한 처우를 당한다는 사실에 충격을 받았기 때문이다. 한 세기 전에 철학자

르네 데카르트는 동물이 고통을 느끼지 못한다고 가정했다. 동물의 고통을 부정하면 동물을 인간과 구별할 수 있었기 때문이다(이것은 가톨릭 교회의 염원이기도 했다). 또한 (데카르트의 가정에 따르면) 동물을 학대하면서도 죄책감을 느낄 필요가 없었다. 하지만 데카르트와 동시대 인물인 박물학자 존 레이를 비롯한 사람들은 동물에게 감정이 없다는 것을 상상조차 할 수 없었다. 레이는 개가 해부대에서 우는 것이 무엇 때문이겠느냐고 물었다. 이것은 반박할 수 없는 증거처럼 보이지만, 새 같은 동물이 고통을 느낄 수 있음을 객관적으로 입증하기란 까다로운 일이다.[21]

어떤 연구자들은 새가 느낄 수 있는 고통이 몇 가지밖에 안 된다고 생각한다. 여러분이 우연히 뜨거운 프라이팬에 손을 얹었다고 상상해보라. 이 상황에서 여러분의 첫 반응은 따끔한 통증 감각을 느끼고 급히 손을 떼는 것이다. 이것은 '무'의식 반사다. 피부의 통증 수용기인 '통각 수용기'nociceptor('noci'는 부상을 일컫는다)가 척수에 신호를 보냄으로써 손 떼기 반사를 촉발한 것이다. 이것이 통증 반응의 1'단계'다. 2단계는 손에서 신경을 거쳐 뇌로 메시지를 전달하고 이 정보를 처리하여 통증의 감각이나 감정을 만들어내는 것이다. 이것은 프라이팬에서 손을 뗀 '뒤'에 느끼는 의식적 통증이다. 연구자들은 이러한 통증을 느끼려면 의식이 있어야만 한다고 주장했다. 일부 연구자 말마따나 새에게 의식이 없다면, 새는 이 특별한 통증 '감정'을 경험할 수 없다.[22]

이 견해의 전제는 무의식적 통증 반사만 있어도 생존에 충분하다는 것이다. 실제로 척추동물과 무척추동물을 막론하고 많은 동물이 불쾌한 자극에 대해 똑같은 종류의 회피 반사를 나타낸다.[23] 자기 보전의 관점에서 보면 이런 반사의 가치는 분명하다. 유전적 돌연변이 때문에 통증

새의 감각

을 느끼지 못하여 밥 먹다가 툭하면 혀와 입안을 씹는 사람을 생각해보라. 통증을 느끼지 못하는 능력을 이용하여 자기 팔에 칼을 찌르는 묘기로 돈을 벌어 '생계'를 유지하는 파키스탄 소년은 또 어떤가.[24]

하지만 닭 연구에서는 새도 통증 '감정'을 경험할 수 있다는 꽤 확실한 증거를 얻을 수 있다. 비좁은 양계장에서 키우는 닭은 서로 깃털을 쪼거나 이따금 잡아먹기도 하는데, 양계 업계에서는 이를 예방하기 위해 부리 끝을 잘라낸다. 이 책의 촉각 설명을 떠올린다면, 어떤 결과가 초래될지 예상할 수 있을 것이다.

부리 절단은 금방 끝나는데, 달군 칼날로 부리를 자르는 동시에 지진다. 부리를 절단하면 최초의 통증이 2~48초간 지속되고, 그 뒤로 몇 시간 동안 통증을 느끼지 못하다가, 아까보다 오랫동안 두 번째 통증이 다시 찾아온다. 이것은 우리가 화상을 입었을 때의 경험과 비슷하다. 닭이 느끼는 최초의 통증을 확인하려면 통증 수용기에 연결된 두 종류의 신경섬유—A 섬유와 C 섬유라고 부른다—에서 방전량을 측정하면 된다. A 섬유는 반사와 같은 빠른 통증 반응을 담당하며 C 섬유는 오래 지속되는 이후의 통증 감각을 담당한다. 어린 닭은 부리를 절단했을 때 어른 닭보다 통증을 덜 경험하고 더 일찍 회복하는 것으로 보인다. 늙은 닭은 더 심한 통증을 경험하는 듯했으며, 부리 절단 시술을 받고 56주가 지났는데도 부리를 쓰려 들지 않았다. 부리를 절단하지 않은 닭에 비해 깃털 고르기와 탐색용 쪼기 횟수도 줄었다.[25]

여기서 중요한 점은 닭들이 부리 절단 시술 직후에 최초의 통증에 반응하여 고개를 내두른 것을 제외하고는 통증의 '명백한' 외부적 신호를 전혀 보이지 않았다는 것이다. 오래 지속되는 통증 '감정'을 입증하려면 행동과 생리적 변화의 미묘한 차이를 측정하는 수밖에 없었다.

분위기가 너무 가라앉아서 긍정적인 얘기를 하나 하자면, 나는 어떤 새를 좋아하느냐는 질문을 곧잘 받는다. 오래전부터 이런 질문은 아무 짝에도 쓸모없다고 생각했지만 2009년에 한 종을 만나면서 생각이 달라졌다. 지금 누가 묻는다면 주저하지 않고 남아메리카의 미조美鳥 두꼬리벌새sylph hummingbird라고 대답할 것이다. 사실 두꼬리벌새는 부른두꼬리벌새long-tailed sylph와 보랏빛두꼬리벌새violet-tailed sylph 두 종이 있다. 이름에서 알 수 있듯 두꼬리벌새는 작고 예쁜 벌새로, 비율이 절묘하고 색깔이 환상적이다. 머리는 무지갯빛의 금속성 초록색이고, 턱은 종에 따라 금속성 초록색이거나 푸른색이며, 긴 꼬리는 전체가 밝은 녹청색이거나 보라색이다.

에콰도르에서 난생 처음으로 부른두꼬리벌새를 만났을 때는 어찌나 흥분했던지 며칠 동안 들떠 있었다. 녀석이 너무 예뻐서 포획하여 그 아름다움을 간직하고 싶었다. 사진으로는 두꼬리벌새의 아름다움을 온전히 표현할 수 없으며, 게다가 한 장으로는 녀석의 본질을 온전하게 포착할 수 없다. 빅토리아 시대 사람들이 반짝거리지만 생명이 없는 벌새 박제로 캐비닛을 채우고 싶어 한 이유를 이제는 알겠다. 벌새의 매력을 생생하게 나타내려면 여러 장의 이미지가 필요하기 때문이다.

열성 탐조가에게, 희귀하거나 아름다운 새를 보는 것은 사랑에 빠지는 것과 닮았다. 사람들이 새를 사랑한다고 말할 때는 특정한 새를 보고서 머릿속이 핑 돌 때다.

새들의
유대 관계

한때는 사랑이 과학적 탐구의 불가침 영역이라고 생각했지만, 최근
에 기술이 발전하면서 요즘 신경생물학자들은 인간의 사랑을 들여다볼
수 있다고 생각한다. fMRI 스캔 기술을 이용하면 피험자가 자신이 경험
하고 있는 정서에 대해 이야기하는 동안 그의 뇌 속을 말 그대로 '볼' 수
있다. 스캐너 속에서 피험자가 자신이 열렬히 사랑하는 사람의 사진을
보면 뇌의 매우 특정한 부분이 '켜진다'. 이곳은 혈류가 증가한, 따라서
뇌 활동이 증가한 영역으로, 대뇌피질과 (이른바 '정서적 뇌'를 이루는) 피질
하 부위에 놓여 있다. 의미심장하게도 이곳은 뇌의 '보상 체계'가 작동하
는 부위이기도 하다. 무척 사랑하는 배우자나 애인의 사진을 보면 뇌의
시상하부 부위에서 신경호르몬neurohormone이라는 성분이 분비되는데, 이
성분은 신경계와 내분비계를 연결하여 보상 중추를 자극한다.[26] 따라서
이 신경호르몬은 관계 형성에서 필수적 역할을 한다. 또한, 사랑에 빠지
면 세로토닌이라는 신경호르몬 수치가 강박장애 환자와 비슷한 정도까
지 떨어지는데, 연인들이 상대방만 생각하고 강박적으로 집착하는 것은
이런 까닭인지도 모른다. 사랑에 빠진 사람에게서는 또 다른 신경호르
몬 옥시토신과 바소프레신—역시 시상하부에서 분비되는데, 오르가슴
을 느낄 때 특히 많이 분비된다—이 증가한다. 두 호르몬도 관계 형성
에 필수적인 역할을 하는 듯하다.

이러한 결과는 새가 아니라 포유류 프레리들쥐prairie vole에게서 관찰되
었다. 프레리들쥐는 오래도록 해로하며 암수가 함께 새끼를 돌보는 몇
안 되는 포유류 중 하나다. 프레리들쥐가 교미하는 동안 뇌에서 옥시토

신과 바소프레신이 분비되어 금실을 촉진하고 강화하는데, 옥시토신은 암컷에게서 작용하고 바소프레신은 수컷에게서 작용한다. 하지만 두 화학 물질을 인위적으로 차단하면 암수가 관계를 형성하지 못한다. 반대로, 두 화학 물질을 주입하면 교미하지 않고도 관계를 형성한다. 더 놀라운 사실은 일부일처제를 하지 않는 또 다른 들쥐 종인 목초지들쥐 meadow vole에게 바소프레신 분비를 자극하는 유전자를 주입했더니 암컷과 짝을 이루려는 성향이 현저히 커졌다는 것이다. 유전자 하나가 금실을 좌우할 수도 있다는 얘기다. 연구진은 이 연구가 예비적 성격을 띠고 있으며 다른 종에게 적용할 때 신중을 기해야 한다고 강조했으나, 이 연구 결과는 짝 맺기 행동을 뇌의 보상 체계와 연결하는 메커니즘이 존재함을 시사한다.[27]

새에게서도 비슷한 과정이 일어나는지는 아직 알려지지 않았다. 현재 두 연구진이 일부일처제 조류인 금화조를 대상으로 연구하고 있다. 뇌의 해당 부위에서 신경호르몬 활동이 감지되기는 했지만, 프레리들쥐에게서 일어나는 과정이 금화조에게서도 똑같이 일어나는지는 아직 확실치 않다. 하지만 연구가 계속 진행 중이니 조만간 알 수 있을 것이다.[28]

보상 체계는 우리 인간이 하는 모든 일의 핵심이다. 우리는 보상 체계 덕분에 살아간다. 우리가 먹는 이유, 우리가 섹스하는 이유, 우리가 새를 관찰하는 이유는 모두 보상 체계 때문이다. 하지만 사람이 경험할 수 있는 최상의 쾌감은 사랑과 욕정에서 비롯하는 정서적 경험이다. 사랑에는 낭만적 사랑도 있고 부모의 사랑도 있는데, 둘 다 (배우자 사이 또는 부모와 자식 사이의) '애착'이나 유대감과 관계가 있다. 물론 낭만적 사랑은 대개 육체적 욕망이나 정욕으로 이어진다. 사랑을 적응이라는 관점에서 해석하기란 쉬운 일이다. 두 사람이 협력하여 자식을 키우면, 개인이 (어떤 번식 체계에서든) 혼자서일 때보다 더 효과적이고 성공적으로 자식을 키울 수 있다(적어도 일정한 생태적 상황에서는).[29]

새도 사람처럼 일부일처제임은 널리 알려져 있다. 새는 한 쌍을 이루어 번식한다는—즉, 암수가 힘을 합쳐 함께 자식을 키운다는—점에서 동물 중에서 유별나다. 1960년대에 데이비드 랙이 새의 번식 방법을 조사했더니 알려진 10,000종 중에서 90퍼센트 이상이 일부일처제(단혼)인 것으로 추정되었다. 나머지는 복혼polygamous('일부다처제'polygyny나 '일처다부제'polyandry)이거나, 더 드물게는 난혼promiscuous(암수 간에 유대 관계가 없는 번식 체계)이다. 하지만 이후의 친자 확인 연구에서 사생아가 흔하다는 사실이 드러나자 새들이 거의 모두 단혼이라는 개념은 수정되어야 했다. 새들이 대부분 짝을 이루어 번식한다는 랙의 말이 옳더라도, 단혼이 배타적 교미 관계를 의미하지는 않는다. 외도와 사생아는 흔한 일이며, 조류학자들은 이제 사회적 단혼(짝을 이루어 번식하는 것)과 성적 단혼을 구별한다. 성적 단혼은 배타적 짝짓기 형태로, 부정不貞을 저지르지 않는다. 흑고니mute swan를 비롯한 소수의 새들이 이에 속한다.[30]

새의 부정에 어떤 정서가 관여하는지는 추측하지 않겠다. 하지만 유대 관계—특히, 장수하는 새의 유대 관계와 큰흙집새, 벌잡이새, 오목눈이처럼 협력적 번식을 하는 집단 구성원의 유대 관계—에 어떤 정서가 관여하는지는 생각해볼 만하다. 어떤 경우에든 유대 관계에는 정서적 차원이 존재할 가능성이 있다. 문제는 (적어도 지금까지는) 이런 효과를 확실하게 입증할 방법이 없다는 것이다.[31]

정서가 유대 관계에 관여하는 과정은 다음과 같이 추측할 수 있다. 새가 하는 행동의 상당수가 사회적 관계와 밀접하게 연관되어 있는데,

이는 배우자와의 사회적 관계일 수도 있고 (협력적 번식을 하는 종에서는) 집단 내 다른 구성원과의 사회적 관계일 수도 있다. 인사 의식儀式, 일부 발성 과시 행위, 또한 앞에서 본 상대방 깃 다듬기가 이에 해당한다.

캐나다 북부의 레절루트 근처에서 짝을 총에 잃은 흑기러기가 사별에 대한 정서적 반응을 경험했는지 아닌지 우리는 알지 못한다. 기러기는 일반적으로 해로하고 가족애가 돈독하며 장수한다. 새끼는 여러 달을 부모와 함께 살며, 심지어 가족이 함께 이주하기도 한다. 짝과 일시적으로 헤어졌으면, 다시 만났을 때 일반적으로 인사 과시, 또는 인사 '의식'을 행한다. 장수하는 새들에게는 이런 과시 행위가 널리 퍼져 있으며, 펭귄이나 개니트, 바다오리처럼 겨우내 떨어져 있다 재회한 경우는 특히 오랫동안 회포를 푼다. 둘은 번식기 내내 인사를 나눈다. 심지어한 마리가 먹이를 찾으러 잠시 떠났다 돌아왔을 때에도 서로를 반겨준다. 놀랍게도 인사 과시의 길이와 세기는 두 마리가 떨어져 지낸 기간과 밀접한 관계가 있다.[32]

개니트와 얼가니새booby를 평생 연구한 브라이언 넬슨은 북대서양개니트North Atlantic gannet의 재회 의식을 '조류 세계에서 가장 멋진 과시 행위 중 하나'라고 표현했다. 스코틀랜드 배스록 섬 같은 개니트 서식지에 가면 이 과시 행위를 쉽게 볼 수 있다. 한 마리가 둥지의 짝에게 돌아오면 둘은 똑바로 선 채 가슴을 맞대고 날개를 펼치고는 부리를 하늘로 향한다. 흥분에 휩싸여 이따금 부리를 부딪치며 짝의 목을 머리로 쓰다듬으며 소란스럽게 운다.

정상적인 상황에서는 1~2분 만에 인사 과시가 끝나지만, 잉글랜드 북부 벰턴 절벽에서 개니트를 연구한 세라 워리스는 유달리 오랜 인사 과시를 목격했다. 평소에 관찰하던 둥지 중 하나에서, 암컷이 어린 새끼를 수컷에게 맡겨두고 떠났다. 수컷은 온갖 어려움을 무릅쓰고 새끼를 지켰다. 어느 날 저녁, 무려 다섯 주의 이별 끝에 암컷이 돌아왔을 때 다행히도 세라는 그곳에서 재회 장면을 목격할 수 있었다. 놀랍게도 암컷과 수컷은 17분 동안 격렬한 인사 의식을 벌였다. 사람들이 오래 떨어져 있다 만났을수록 입맞춤이나 포옹 같은 인사 의식을 공들여 하는 것을 보면, 새들도 재회 시에 비슷한 기쁨의 정서를 경험한다고 가정하고픈 생각이 든다.[33]

멋쟁이Eurasian bullfinch를 비롯한 많은 종은 울창한 수풀에서 짝이 먹이를 찾을 때 끊임없이 안부 울음소리를 내어 서로 안부를 확인한다. 아프리카때까치African shrike, 떠들썩울새robin-chat, 열대의 몇몇 굴뚝새wren를 비롯한 다른 종은 짝을 이루는 암수가 교대로 노래하는 교창交唱을 하는데 둘의 듀엣이 어찌나 아름답게 어우러지는지 마치 한 마리가 노래하는 것처럼 들린다. 이런 이중창이 어떤 역할을 하는지는 완전히 밝혀지지 않았지만, 아마도 세력권 방어를 위한 것이 아닐까 추측된다.[34] 이런 과시 행위 중에서 가장 눈에 띄는 것은 큰흙집새 같은 협력적 번식자인 오스트레일리아까치Australian magpie의 '합창'carolling이다. 6~8마리가량으로 이루어진 오스트레일리아까치 무리 전체가 덤불이나 울타리 주위에 서서 구성진 가락으로 노래한다(텔레비전 드라마 〈네이버스〉Neighbours를 즐겨보는 사람이라면 사운드트랙에서 자주 들어 친숙할 것이다). 까치의 합창을 연구한 엘리 브라운은 이렇게 말한다. "까치의 합창에서는 모테트나 마드리갈처럼 모든 가창자의 멜로디가 어우러진다." 엘리는 까치의 합창이 군가와 비슷한 역할을 한다고 말했다. 세력권을 유지하고 방어하는 데 필요한 집단의 결속력을 형성하고 강화한다는 것이다.[35]

대부분의 협력적 번식자, 많은 바닷새, (금화조 같은) 소형 핀치finch는 상대방 깃 다듬기에 오랜 시간을 들인다. 영장류는 상대방 깃 다듬기에 해당하는 상대방 털 고르기를 하면 엔도르핀이 분비되어 상대방의 긴장이 풀린다고 한다. 이것은 아마도 기분 좋은 느낌일 것이다.[36] 아이린 페퍼버그는 길들인 아프리카회색앵무African grey parrot를 연구했는데, 녀석을 긁어주거나 깃 다듬기를 해주면 눈을 반쯤 감고 편한 자세를 취한 채 '이완' 비슷한 상태가 되었다고 말했다. 긁기를 멈추면 녀석은 더 긁으라고 요구했다. 하지만 실수로 (아마도 매우 민감한) 미성숙 깃털을 건드리면 위협의 의미로 한 번 물고는 다시 긴장을 풀고 계속 긁으라고 요구했다. 프랑스의 심리학자 미셸 카바낙이 길들이고 말을 가르친 또 다른 앵무는 깃을 다듬어주거나 긁어주는 기분 좋은 사건을 경험하면, 배우지 않았는데도 ('좋다'를 뜻하는) '봉'bon이라는 단어를 발화했다.[37]

새가 어떤 감정을 경험하는지 더 잘 이해하려면 부리 끝을 절단당한 닭이 부리를 얼마나 쓰는지 살펴보는 등의 꼼꼼한 행동 연구와 (인사 과시, 상대방 깃 다듬기, 짝과의 이별 같은) 정서적 상황에 대한 반응을 측정하는 생리학적 연구를 조합하는 것이 최선이다. 생리학적 측정 대상으로는 심박수와 호흡수의 변화, 뇌의 신경호르몬 분비, 스캔 장비로 시각화한 뇌 활동 변화 등이 있다. 이 중에서 쉬운 것은 하나도 없으며, 아직까지는 독립생활 조류에게 시행하는 것이 불가능하다. 하지만 머지않은 장래에 야생 조류의 반응 중 적어도 일부를 측정할 수 있게 되리라 기대한다. 이 책에서 설명한 과학적 근거를 바탕으로 새가 정서를 경험할 수 있는지 판단하는 것은 여러분 몫으로 남겨두고자 한다. 나는 새가 정서를 경험할 수 있다는 쪽이지만, (토머스 네이글이 박쥐가 된다는 것의 느낌에 대해 말한 것처럼) 새가 우리와 같은 방식으로 정서를 경험하는지는 결코 알 수 없을 것이다.

후기

이 책에서는 새의 여러 감각을 하나씩 설명했다. 이것은 편의와 명확성을 위한 것일 뿐 감각은 실제로는 복합적으로 작용한다. 심리학자들은 우리가 여러 감각기관에서 들어오는 정보를 동시에, 종종 잠재의식적으로 활용하고 처리한다는 사실을 밝혀냈다. 이를테면 누군가를 처음 만났을 때 최초의 정보 출처는 시각이지만, 우리는 어떤 냄새가 나는지 어떤 소리가 들리는지 (포옹하거나 악수할 경우는) 어떤 촉감이 느껴지는지도 부지불식간에 평가한다(악수할 때 손을 잡는 둥 마는 둥 하는 사람 정말 질색이다). 새들도 여러 감각기관에서 들어온 정보를 통합한다고 보는 것이 이치에 맞다. 그렇게 하면 더 많은 정보를 얻을 수 있고 이를 통해 생존 가능성을 높일 수 있기 때문이다.

연구하다 보면, 새들이 정확히 어떤 감각을 이용하여 환경을 평가하는지 알아내기 힘들 때가 있다. 지빠귀나 대륙검은지빠귀blackbird, 아메리카울새American robin가 교외 잔디밭에서 지렁이를 찾는 광경은 사람들에게 친숙하다. 녀석은 앞으로 팔짝 뛰었다가 멈추어서는 고개를 한쪽으로 젖힌 채 기다린다. 무언가를 보는 걸까, 듣는 걸까? 그러다 날쌔게 달려들어 땅에서 지렁이를 낚아챈다. 1960년대에 미국의 조류학자 프랭크 헤프너는 아메리카울새가 먹이를 잡을 때 어떤 감각을 이용하는지 연구했다. 헤프너는 포획 아메리카울새가 벌레를 찾아다닐 때 '백색 잡음'을 들려주었는데, 그랬더니 먹이 찾기 성공률에 전혀 변화가 없었다. 그래서 아메리카울새가 시각을 이용하여 사냥하며 고개를 한쪽으로 젖히는 것은 '듣기' 위한 것이 아니라 '보기' 위한 것으로서 한쪽 눈으로 땅에서 벌레의 흔적을 탐색하는 것이라고 결론 내렸다.[1]

30년 뒤에 밥 몽고메리와 팻 웨더헤드는 이 문제를 다시 들여다보았는데 이번에는 사뭇 다른 결론이 나왔다. 두 사람은 고개를 젖힌 자세가 전적으로 보기 위한 것이며 땅의 영상이 눈오목에 정확히 투사되는 각도로 고개를 젖히고 있다는 데는 동의했다. 하지만 땅의 구멍이나 지렁이 똥 같은 시각 단서를 모두 제거했는데도 아메리카울새는 먹잇감을 찾을 수 있었다. 몽고메리와 웨더헤드는 제거라는 과정을 통해 아메리카울새가 벌레의 소리를 '들어서' 먹이를 찾는다는 사실을 밝혀냈다. 지렁이 굴에 귀를 갖다 대면 이따금 작은 센털이 굴 벽을 쓸고 지나가는 바스락 소리가 들린다.

또한 두 사람은 헤프너의 새들이 구멍에 들어 있는 벌레를 실제로 볼 수 있었다는 점에서 그의 연구에 결함이 있음을 발견했다. 그러니까 헤프너는 새들이 '보이지 않는' 먹잇감을 어떻게 감지하는지는 알아내지 못한 것이다. 몽고메리와 웨더헤드는 중요한 교훈을 던진다. 그것은 새의 특정한 행동이 이 새가 특정한 감각을 이용한다는 것으로 해석될 수 있더라도 그것이 어느 감각인지 절대적으로 확신하려면 면밀한 실험이 필요하다는 사실이다.[2] 아메리카울새가 실험실 밖에서 사냥할 때 시각과 청각을 둘 다 사용한다는 것은 의심할 여지가 없다. 후각도 사용할 가능성이 있다. 심지어 다리와 발에 달린 촉각 감각기로 흙 속 벌레의 움직임까지 감지하는지도 모르겠다.

아메리카울새가 벌레를 감지하는 능력보다 더 놀라운 것은 건조한 지역에 서식하는 물새가 수백 킬로미터 밖에서 비 오는 소리를 감지할 수 있다는 것이다. 나미비아의 에토샤 건호乾湖나 보츠와나의 막카디카디 건호에서 비가 내리면 몇 시간 지나지 않아 유럽홍학greater flamingo과 작은홍학lesser flamingo 수천 마리가 순식간에 나타난다. 이 건조한 지역에서는 비가 불규칙하게 내리지만, 일단 내렸다 하면 얕은 건호에 금세 물이 가득 찬다. 홍학은 해안에서 겨울을 나며 비를 직접 맞지 않고도 비가 내리는 것을 알아서 내륙으로 날아온다. 홍학은 먼 곳의 비를 감지할 수 있을 뿐 아니라 비가 '얼마나 많이' 내리는지도 알기 때문에 강수량이 번식에 충분할 경우에만 해안의 겨울 보금자리를 떠난다. 홍학은 멀리서 치는 천둥의 진동에 반응하는 것일까? 그럴 가능성도 있지만, 천둥이 치지 않고 비만 내릴 때에도 곧잘 반응한다. 홍학은 멀리 떨어진 지상에서 볼 수 있고 하늘에서는 그보다 더 멀리서 볼 수 있는 탑상적운 towering cumulus 비구름을 보고 반응하는 것일까? 아니면 기압 변화에 반응하는 것일까?[3]

아직까지는, 홍학 등이 어떤 감각을 이용하여 먼 비를 감지하는지 아무도 모른다. 스티븐 제이 굴드는 에세이 『플라밍고의 미소』(현암사)에서 홍학이 머리를 거꾸로 갖다 대고 물속의 작은 먹잇감을 걸러 먹는 것을 높이 평가했다. 굴드는 홍학의 수수께끼 같은 미소가 뒤집힌 부리 때문이라고 가정했지만, 나는 사람들이 먼 비를 감지하는 홍학의 신비한 능력에 감탄했으면 더 좋겠다.[4]

우리가 감각을 복합적으로 쓰고 있음을 보여주는 분명한 예는 맛이다. 코를 막아 잠깐 동안 후각을 차단한 채 (껍질 깐) 양파를 한입 베어 물면 아무 맛도 안 난다. 코를 막았던 손을 떼면 금세 차이를 느낄 수 있다. 심리학자들은 맛의 80퍼센트가 후각에서 비롯한다고 추정한다. 미각과 시각도 밀접하게 연관되어 있어서, 뇌 스캔에 따르면 음식을 보기만 해도 뇌의 미각 영역이 활성화된다고 한다. 새의 뇌에서도 비슷한 상호작용이 일어날까? 물론 실험하기는 힘들겠지만 해보면 흥미로울 것이다.

사람의 감각계 중에서 잘 알려진 특징으로 '보상 강화'compensatory enhancement(전문용어로는 '교차식 가소성'cross-modal plasticity)가 있는데, 한 감각이 손상되거나 유실되었을 때 다른 감각이 발달하는 것을 일컫는다. 이 현상은 두 가지로 설명할 수 있다. 하나는 (이를테면) 보는 능력이 없어지면 소리나 그 밖의 감각 입력에 더 주의를 기울인다는 것이고, 또 하나는 한 감각이 박탈되면 뇌가 다른 감각이 강화되도록 스스로를 재구성한다는 것이다. 둘 다 신빙성이 있는 듯하다. 뇌가 이런 식으로 스스로를 재구성할 수 있다는 사실은 감각 정보가 정교하게 통합되어 있다는 설득력 있는 증거다. 나는 우리가 키우던 눈먼 금화조 빌리가 발소리를 구별하는 능력이 이러한 보상의 예인지(107쪽 참고), 아니면 시력이 온전한 금화조도 이렇게 할 수 있는지 궁금했다. 알아보려면 쉽게 알아볼 수 있었을 테지만, 이 궁금증이 들었을 때는 이미 빌리가 세상을 떠난 뒤였다.

보상 강화의 가장 인상적인 예로는 맹인의 반향정위 능력이 있다. 앞 못 보는 사람들은 가구에서 반사되는 소리를 듣고서 집의 내부 구조를 파악한다. 이 현상은 자신이 스스로 소리를 내지 않아도 된다는 점에서 '수동적' 반향정위라고 한다. 이 책을 쓰면서 수동적 반향정위에 대해

새의 감각

생각하다가 나 자신도 반향에 예민하다는 사실을 알아차렸다. (별로 쓸모 있는 재능은 아니지만) 내가 근무하는 셰필드 대학에서, (문을 열 때) 유독 시끄러운 소리가 나는 문을 열 때면 방 안에 사람이 있는지 없는지를 (보지 않고도) 알아맞힐 수 있었다. 이 능력을 자각한 뒤에, 그 방에 갈 때마다 문을 열면서 나의 예측이 옳은지 시험했다. 성공률은 약 85퍼센트였다. 하지만 이보다 훨씬 인상적인 예는 '능동적' 반향정위를 이용하여 산악 자전거를 타는 맹인들이다. 이 사람들은 자전거를 탈 때 1초에 두 번씩 혀로 딱딱 소리를 내어 반향을 듣는데, 그 덕에 길을 벗어나거나 장애물에 부딪히지 않는다.[5] 앞에서 기름쏙독새와 흰집칼새가 어두운 동굴에서 어떻게 능동적 반향정위를 이용하는지 설명했지만, 동굴에 서식하는 새와 야행성 새가 수동적 반향정위도 활용하는지는 모르겠다.

우리의 감각계는 새가 어떻게 세상을 경험하는지 이해하는 유일한 출발점이며, 새가 우리에게 없는 감각이 있음을 깨닫는 순간, 또한 새와 사람이 공유하는 감각이 동일하다고 무턱대고 가정하지 않는 순간 우리 자신의 세상을 새롭게 이해하기 시작할 수 있다.

사람들을 시각적으로 인식하는 능력이 좋은 예다. 우리는 얼굴을 인식하는 능력이 무척 뛰어나다. 얼굴을 몇 분의 1초만 보고서도 전에 본 사람인지 알 수 있으며, 아는 사람을 기가 막히게 인식한다. 시각에 대한 장에서는 바다오리가 수백 미터 거리에서 시각만으로 짝을 알아볼 수 있음을 시사하는 장면을 묘사했다. 이것이 이례적인 이유는 바다오리의 눈이 우리와 다르기 때문이 아니라 우리 눈으로는 바로 앞에서도 바다오리가 전혀 구별되지 않기 때문이다. 나의 사례는 한낱 일화에 불과하지만, 바다오리를 비롯한 많은 새가 개체를 인식하는 능력이 매우 뛰어남을 시사하는 많은 관찰 결과와 일맥상통한다. 새들이 개체를 인식하는 가장 명백하고 입증된 방법은 목소리로 인식하는 것이다. 우리가 이 사실을 아는 이유는 이른바 음원 재생 실험playback experiment으로 청각을 분명하게 확인할 수 있기 때문이다. 이 실험에서는 녹음한 울음소리와 노랫소리를 재생하여—나머지 단서를 모두 배제한 채—새들이 어떻게 반응하는지 관찰한다. 수백 차례의 실험에 따르면 목소리와 청각은 새들이 서로를 인식하는 중요한 수단임이 틀림없다.

새가 개체를 식별할 때 청각 이외의 감각을 동원하는지 알아내는 것은 꽤 힘든 일이지만, 이를 뒷받침하는 일화적 증거가 있다. 이를테면 닭의 서열이 유지되려면 시각으로 서로를 인식할 수 있어야 한다. 나는 동료 톰 피차리, 찰리 콘월리스와 함께 우연히 뜻밖의 방식으로 이를 입증했다. 우리는 수탉이 교미할 때 암컷에게 정자를 얼마나 많이 전해주는지 알아내려는 실험을 진행하고 있었다. 약 한 시간에 걸쳐 몇 분에 한 번씩 똑같은 암탉과 똑같은 수탉을 교미시켰을 때에는 정자 수가 매번 일관되게 감소했다. 하지만 실험 중간에 암컷을 교체했더니 수컷의 정자 수가 급증했다. 수탉은 으레 교미 전에 암탉을 쳐다보았으므로, 이것은 아마도 시각 인식일 때문일 것이다. 시각으로 개체를 인식할 수 있는 것으로 알려진 새는 또 있다. 꼬까도요turnstone는 머리와 등에 저마다 독특한 흑백 패턴이 있는데, 필립 휫필드는 꼬까도요 모형에 특정 개체처럼 색칠을 하는 실험을 통해 시각 단서가 개체 인식에 필수적임을 입증했다. 실험실에서 이루어진 더 정교한 실험에 따르면, 비둘기도 비디오 화면에 나타난 다른 비둘기를 인식할 수 있다.[6]

새가 개체를 시각적으로—때로는 멀리에서도—인식할 수 있는 능력은 다른 관찰과 실험에서 더욱 두드러진다. 어린 재갈매기는 어른 재갈매기 머리를 그린 2차원 마분지를 보면 진짜인 줄 속아서 반응하며, 버팔로베짜는새는 철사로 몸통을 만들어 날개를 단 암컷 모형과 교미하려 들고, 새끼 오리는 사람이나 부츠를 각인하여 어미처럼 대하는데, 이 모든 현상은 새의 지각과 우리의 지각 사이에 근본적인 차이가 있음을 시사한다. 하지만 조금만 생각해보면 이런 결론으로 비약하는 데 신중을 기해야 함을 알 수 있다. 상상력을 조금만 발휘하면 사람의 행동에서도 앞의 세 가지 예에 해당하는 예를 생각해낼 수 있다. 우리의 감각계는 무척 어수룩하다. 우리는 홀로그램을 진짜인 줄 알고, 네커 입방체나 펜로즈 삼각형이나 에서의 끝없는 계단을 보고 착시 현상을 경험하며, 뒤집힌 사람 얼굴을 객관적으로 못 보도록 뇌가 배선되어 있다. 우리는 감각이 이런 속임수에 넘어가는 이유를 이해하면서 우리의 감각계가 어떻게 작동하는지에 대해 깊은 통찰을 얻을 수 있었다. 같은 접근법을 채택하면 새가 세상을 어떻게 지각하는지에 대한 이해도 증진할 수 있을 것이다. 내가 알기로 아직까지는 아무도 이런 접근법을 쓰지 않았지만, 추측컨대 머지않아 이러한 연구가 시도될 것이다.[7]

최근에 한 심리학자는 21세기 초가 인간 감각 연구의 황금기라고 말했다.[8] 조류 감각 연구의 황금기도 조만간 찾아오기를 기대한다. 이 책에서 나는 새의 감각에 대해 우리가 알고 있는 것과 아직 모르는 것을 요약하려고 노력했다. 인간 감각계에 대한 우리의 이해는 일취월장하고 있으며, 역사에 비추어 볼 때 사람의 감각에 대한 발견을 바탕으로 새의 감각에 대해서도 비슷한 연구를 할 수 있을 것이다. 또한 새가 계절에 따라 뇌를 재구성하고 속귀의 털세포가 재생되는 등 새(와 다른 동물)에 대해 우리가 발견한 사실이 인간에 대한 이해를 증진하는 것 또한 분명하다. 현재 우리는 새의 감각을 (적어도 일부는) 기초적으로는 훌륭히 이해하고 있지만, 아직도 이해해야 할 것이 많다.

옮긴이 후기

어릴 적에 집에서 십자매를 키웠다. 먹이를 주고 노랫소리를 감상하고 암수가 어울리는 광경을 바라보았지만, 새들이 무엇을 느끼는지는 알지 못했던 것 같다. 새가 나와 같은 것을 보고 듣고 만지고 맛보고 냄새 맡는다는 생각을 하지 못했으니, 당시의 나에게 새는 모이를 입력으로 받아 노랫소리를 출력으로 내보내는 기계에 불과했는지도 모르겠다. 우리는 상대방과 이야기를 나누면서 상대방이 나와 같은 생각을 한다는 사실을 알듯 상대방을 관찰하면서 상대방이 나와 같은 것을 느낀다는 사실을 안다. 새를 자세히 관찰하면 새도 우리처럼 오감을 가지고 있되 우리와 똑같은 방식으로 감각을 경험하지는 않음을 알 수 있다.

매의 시력은 우리보다 훨씬 날카로워서 멀리 떨어진 물체를 식별하며 올빼미의 시력은 민감해서 어두운 곳에서도 부딪히지 않는다. 청각은 또 어떤가. 박쥐와 돌고래가 반향정위라는 능력을 이용하여 물체의 모양을 파악한다는 사실이야 다들 알고 있겠지만 새들도 반사되는 소리를 이용하여 깜깜한 어둠 속을 자유롭게 날아다닌다. 코끼리에게 코가 손이듯 새에게는 부리가 손이다. 새는 부리를 이용하여 서로의 깃털을 다듬어주는데, 새의 부리에는 우리의 손가락처럼 촉각을 감지하는 수용체가 있다. 딱따구리가 망치처럼 딱딱한 부리로 나무에 구멍을 뚫는 것을 보면 부리에 촉각이 있다는 게 의아할 수도 있겠지만, 새의 부리는 우리의 손처럼 섬세하면서도 단단한 기관이다. 오르가슴을 느끼는 새가

254

있다는 사실은 다들 금시초문일 것이다. 그런데 저자가 직접 연구한 바에 따르면 붉은부리큰베짜는새는 자극을 가했을 때 쾌감을 느낀다고 한다. 우리는 혀에만 맛봉오리가 있어서 맛을 느끼지만 새는 부리에도 맛봉오리가 있다. 새는 맛을 느낄 뿐 아니라 맛이 있기도 한데, 파푸아뉴기니에는 맛없는 새가 있다고 한다. 오랫동안 사람들은 새가 냄새를 잘 맡지 못한다고 생각했지만 쇠콘도르는 가스관에서 새어 나오는 냄새를 감지한다. 그뿐 아니라 새에게는 자각, 즉 자기장 감각이라는 제6감이 있어서 마치 GPS를 내장한 것처럼 길을 찾아간다.

방금 언급한 내용은 책의 극히 일부에 불과하다. 이처럼 새의 감각은 다채롭고 재미있는 분야이지만, 이를 다루는 학문인 조류감각생물학은 그동안 조명을 받지 못했다. 올린 시월 페팅길 2세가 쓴 『조류학』(아카데미서적, 2000)에는 새의 감각을 다루는 부분이 315쪽 중 여섯 쪽(40~45쪽)밖에 안 된다. 저자 말마따나 "조류감각생물학이 뜨거운 주제인 적은 한 번도 없었"다. 그래서 처음 번역을 의뢰받았을 때는 극소수의 독자만 관심을 가질 책인 줄 알았는데, 막상 책을 읽고 번역을 해보니 새의 감각이 흥미진진한 주제임을 알게 되었다. 상대방을 이해하는 것은 상대방이 무엇을 느끼는지 아는 것에서 출발한다. 우리가 온전히 새의 입장이 될 수는 없겠지만, 새의 감각을 조금씩 알아가면서 새가 우리와 비슷한 존재임을—어쩌면 우리처럼 느낌, 아니 정서를 가진 존재임을— 깨닫고 새를 통해서 우리 자신을 더욱 이해할 수 있을 것이다.

지금은 새를 기르지 않지만, 작업실이 산자락에 있어서 종종 산새 소리가 들린다. 귀를 쫑긋 세우면, 세력권을 지키려는 경고인지, 사랑을 확인하는 암수의 이중창인지, 먹이를 물고 돌아오는 어미를 반기는 새끼의 인사인지 알 수 있으려나?

머리말

1. 일부 눈먼 새는 반향정위를 이용하여 방에서 길을 찾을 수 있으며 일부는 (후기에서 언급하듯) 딱딱 소리를 내어 반향을 들음으로써 밖에서도 반향정위를 이용할 수 있다 (Griffin, 1958; Rosenblum, 2010).

2. 현미경은 1590년대와 1600년대에 네덜란드의 안경 제작자 부자父子 한스 얀선과 자하리아스 얀선이 발명한 것으로 알려져 있는데, (논란의 여지가 있지만) 고대 중국에서는 (아마도 석영으로 만든) 통에 렌즈를 끼우고 물을 채운 저배율 현미경을 제작했다고 한다(Ruestow, 1996); fMRI: Voss et al.(2007).

3. 테드 휴스의 시 「칼새」Swifts.

4. Corfield et al.(2008).

5. Tinbergen(1963); Krebs and Davies(1997).

6. Forstmeier and Birkhead(2004).

7. Swaddle et al.(2008).

8. Eaton and Lanyon(2003).

9. Hill and McGraw(2006).

제1장 시각

1. 『옥스퍼드 영어사전』OED에서는 때까치를 일컫는 영어 단어 'shrike'를 'shriek'(비명을 지르다)로 풀이한다. 이것은 매부리가 기르는 때까치가 매를 보았을 때 내는 울음소리에 빗댄 것이다. 린네는 때까치를 '라니우스 엑스쿠비토르'Lanius excubitor라고 불렀다 ('라니우스'는 '푸주한'이라는 뜻이고 '엑스쿠비토르'는 '보초병'이라는 뜻이다). 어떤 사람들은 '보초병'이 매부리가 때까치를 부리는 것을 일컫는다고 생각하는 반면에 또 어떤 사람들은 때까치가 사냥할 때 탁 트인 공터에 앉아 있는 습성을 일컫는다고 생각한다. Schlegl and Wulverhorst(1844~53); 인용문은 Harting(1883)에서 발췌.

2. Harting(1883).

3. Harting(1883).

4. Wood and Fyfe(1943); Montgomerie and Birkhead(2009); Wood(1931): 케이시 우드가 새의 눈 연구를 개척한 J. R. 슬로네이커와 함께 작업한 것에 유의하라.

5. Walls(1942).

6. Wood(1917): 바보때까치는 큰재개구마리와 매우 가까운 근연종이다.

7. Ings(2007); Nilsson and Pelger(1994).

8. Rochon-Duvigneaud(1943); Buffon(1770, vol. 1). 새의 시력이 사람보다 '좋다'고 생각하는 것은 지나친 단순화다. 종에 따라 시력이 다르며, 시력에는 여러 측면이 있어서 정밀도가 뛰어난 새가 있는가 하면 민감도가 뛰어난 새도 있다.

9. Rennie(1835: 8).

10. Fox et al.(1976).

11. 한 가지 가능성은 새에게 사람과 비슷한 얼굴 인식 시스템이 내장되어 있다는 것이다(Rosenblum, 2010 참고). 우리가 보기에는 바다오리가 전부 똑같이 생겼지만 바다오리가 보기에는 한 마리 한 마리가 전부 다르게 생겼다. 또 한 가지 가능성은 새들이 우리처럼 움직임 패턴으로 서로를 인식할 수 있다는 것이다.

12. 하비의 책은 휘터리지(Whitteridge, 1981: 107)가 번역했다.

13. Howland et al.(2004); Burton(2008).

14. Wood and Fyfe(1943: 600).

15. Walls(1942). 이제는 키위가 시력이 퇴화한 대가로 다른 감각이 발달했다는 사실이 분명히 밝혀졌다(2, 3, 5장 참고).

16. Derham(1713).

17. Woodson(1961).

18. Martin(1990).

19. Newton(1896: 229).

20. Wood and Fyfe(1943: 60).

21. Perrault(1680).

22. Ray(1678).

23. Perrault(1676, Cole(1944)에서 그림과 함께 인용).

24. Newton(1896); Wood(1917).

25. Soemmerring Slonaker(1897)에서 재인용.

26. 깊은 눈오목을 관자temporal 눈오목, 얕은 눈오목을 가쪽lateral 눈오목이라고 하기도 한다.

27. Snyder and Miller(1978).

28. 하지만 Tucker(2000)와 Tucker et al.(2000) 참고. 새의 양안시(동시에 두 눈으로 같은 물체를 보는 것)에서 깊이 지각(입체시)이 비롯하는지는 확실치 않다(Martin and

Orsorio, 2008).

29. Martin and Osorio(2008):

30. Gilliard(1962). 이것은 기아나에 서식하는 루퍼콜새 종이었음에 유의하라.

31. Andersson(1994).

32. Cuthill(2006).

33. Ballentine and Hill(2003).

34. Martin(1990).

35. Martin(1990).

36. Nottebohm(1977); Rogers(2008).

37. Thomas More(1653)에서는 앵무가 주로 왼발잡이라고 언급한다; 또한 Harris(1969)
와 Rogers(2004) 참고. 솔잣새류crossbill의 편측화는 Townson(1799, Knox, 1983에
서 인용)에서 처음 언급되었으며 부리가 엇갈려 있는 것과 관계가 있다. 엇갈린 부리는
침엽수의 구과를 비틀어 열 수 있도록 적응한 것이다. 솔잣새는 개체의 절반가량이 '왼
부리'left-billed로, 아랫부리가 윗부리 왼쪽으로 엇갈려 있으며 나머지는 '오른부리'right-
billed다. Knox(1983)에서는 이렇게 말한다. "솔잣새가 침엽수 구과를 무는 방식 때문
에, 아래 구기[부리]가 엇갈리는 반대쪽 발에 대부분의 긴장이 실린다. 따라서 왼부리
새는 '오른발잡이'다. 오른발잡이 새는 오른발이 길고 두개골 왼쪽의 턱 근육이 크기 때
문에, 비대칭이 확연히 드러난다. 부리가 엇갈리는 방향은 부리 끝이 실제로 만나기 전
인 새끼 때에 정해진다. 부리가 특정한 방향으로 엇갈리는 이유와 이로 인한 인지적 결
과는 밝혀지지 않았다. 하와이아케파Hawaii akepa(작은 빨간꿀빨기멧새red honeycreeper)
도 부리가 (약간) 엇갈렸으며 편측화를 나타낸다"(Knox, 1983).

38. Rogers(2008).

39. Lesley Rogers, 개인 교신.

40. Rogers(1982).

41. Rogers(2008); 또한 Tucker(2000), Tucker et al.(2000) 참고.

42. Weir et al.(2004); 또한 Rogers et al.(2004) 참고.

43. Rogers(1982).

44. Rattenborg et al.(1999, 2000): 새가 정말로 잠들었는지 알려면 우선 새의 뇌 기능
에 대해 알아야 한다는 사실에 (과학적으로 신중하게) 유의할 필요가 있다. 잠은 전기
적 뇌 활동의 특수한 패턴으로 정의되기 때문이다. 새가 눈을 뜨고 있는지 감고 있는지
만으로 새가 잠들었는지 여부를 알 수는 없다.

45. Rattenborg et al.(1999, 2000).

46. Lack(1956); Rattenborg et al.(2000).

47. Stetson et al.(2007). 사실 곤충은 자신이 받아들이는 일련의 영상에서 자신에게 필
요한 적절한 정보만 추출하는데, 새에게서도 비슷한 작용이 일어나는 듯하다.

제2장 청각

1. Newton(1896: 178).

2. Bray and Thurlow(1942); Dooling(2000).

3. 윌러비와 레이는 발드네르(Baldner, 1666 또한 Baldner, 1973 사본 참고)가 라인 강의 새를 그림과 더불어 설명한 것에서 영감을 얻었다(Ray, 1678). 발드네르는 알락해오라기 암컷이 주로 웅웅거리는 소리를 낸다고 잘못 생각했지만 알락해오라기가 웅웅 소리를 낼 때 고개를 높이 쳐든다고 말한 것은 옳았다. 알락해오라기가 갈대에 바람을 불어넣어 소리를 낸다고 생각한 사람들도 있었다. 대니얼 디포는 영국 여행 중에 '펜컨트리' 지방에 대해 이렇게 언급했다. "이곳에서 우리는 알락해오라기의 상스러운 음악을 들었다. 이 새는 예전에 불길한 흉조凶鳥로 간주되었으며 풍문에 듣자하니—실상을 아는 사람은 아무도 없는 듯하지만—갈대에 부리를 꽂고서 신음 같은 둔중한 소리를 낸다. 소리가 어찌나 우렁찬지, 멀리서 들리는 총성처럼 깊은 저음과 함께 3~5킬로미터 거리에서도 들린다고들 말하지만 그 정도는 아닐 것이다"(Defoe 1724~7). 프로크니아스Procnias 속의 종꿀빨기새South American bellbird도 울음소리가 매우 크다.
엘ell(e)('아래팔'이라는 뜻)은 재단사가 쓰던 도량형이지만, 독일에서도 어느 지역이냐에 따라 기준이 달랐다. 아래팔은 약 40센티미터이므로 발드네르가 말하는 5엘은 200센티미터(2미터)일 것이다. 알락해오라기의 식도가 그만큼 길지는 않을 테지만 장관 전체를 뜻하는 것이었다면 그럴 수도 있다. Baldner(1666)에서는 스트라스부르 엘이 "2피트이지만 1피트는 영국 피트보다 약간 짧"다고 주를 달았는데, 이 때문에 혼란이 가중되었다.

4. Best(2005).

5. Henry(1903).

6. Merton et al.(1984).

7. Brumm(2009).

8. Cole(1944: 433).

9. Pumphrey(1948: 194).

10. Thorpe(1961); Marler and Slabbekoorn(2004).

11. 흥미롭게도 이 책에서 '귓바퀴'pinna라는 용어는 깃털을 뜻한다(하지만 포유류 귀와의 연관성은 뚜렷하지 않다).

12. 흥미로운 예외는 스콜로팍스Scolopax 속 멧도요로, 이 종은 귓구멍은 낮게 달려 있지만 눈보다 훨씬 앞쪽에 있는데 이는 커다란 눈이 대부분의 공간을 차지하기 때문에 다른 위치에 있을 수 없기 때문일 것이다.

13. 귀깃이 반들거리는 이유는, 이 깃털에는 정상적인 작은깃가지barbule(다른 깃털의 섬유를 붙들고 있는 작은 고리)가 없기 때문이다.

14. Sade et al.(2008).

15. http://www.nzetc.org/tm/scholarly/tei-Bio23Tuat01-t1-body-d4.html

16. Cole(1944; 111)에서는 17세기에 히에로니무스 파브리키우스가 제시한, 귀에 대한 설명의 한계를 비판하면서 본문과 같은 취지로 주장한다. "파브리키우스는 귓바퀴가 포유류에게 특징적인 새로운 형태일 거라고 생각하지 못했다. 따라서 일부 포유류에게서 귓바퀴가 사라진 이유를 묻는 것은 정당할지 몰라도, 조류와 파충류, 어류에게 왜 귓바퀴가 없는지는 설명할 필요가 없었다. 애초에 존재하지 않았으니 말이다."

17. Saunders et al.(2000)(Marler and Slabbekoorn, 2004: 207에서 재인용).

18. Bob Dooling, 개인 교신.

19. Pumphrey(1948).

20. Walsh et al.(2009).

21. White(1789).

22. Dooling et al.(2000).

23. Lucas(2007).

24. Hultcrantz et al.(2006); Collins(2000).

25. Dooling et al.(2000).

26. Marler(1959).

27. Tryon(1943).

28. Mikkola(1983).

29. Konishi(1973): 안반이 있으면 소리를 10데시벨가량 더 모을 수 있다.

30. Pumphrey(1948); Payne(1971); Konishi(1973).

31. Konishi(1973).

32. Konishi(1973).

33. Hulse et al.(1997).

34. Morton(1975).

35. Handford and Nottebohm(1976).

36. Hunter and Krebs(1979).

37. Slabbekoorn and Peet(2003); Brumm(2004); Mockford and Marshall(2009).

38. Naguib(1995).

39. Ansley(1954).

40. Vallet et al.(1997); Draganuoi et al.(2002).

41. Dijkgraaf(1960).

42. Griffin(1958).

43. Galambos(1942).

44. 일부 박쥐 종은 더 높은 진동수를 들을 수 있다. 몸무게가 4그램밖에 안 나가는 퍼시 벌삼지창박쥐Percival's trident bat(*Cloeotis percivali*)는 200킬로헤르츠의 진동수를 들을 수 있다(Fenton and Bell, 1981).

45. Griffin(1976).

46. Humboldt(Griffin, 1958: 279에서 재인용).

47. Griffin(1958).

48. Griffin(1958: 289; 또한 Konishi and Knudsen, 1979) 참고. 그리핀은 실수를 저지 른 것이 틀림없다. 그 진동수는 약 2킬로헤르츠다.

49. Griffin(1958).

50. Konishi and Knudsen(1979).

51. Griffin(1958: 291).

52. Ripley(Griffin, 1958에서 재인용).

53. Novick(1959).

54. Pumphrey(Thomson, 1964: 358에서 재인용).

제3장 촉각

1. 빌리가 우리 딸의 발소리를 들었을 수도 있지만, 어쩌면 느낀 것인지도 모른다. 새는 발과 다리에 특수한 진동 감지기가 있는데(Schwartzkopff, 1949), 이것으로 가지가 떨리는 것을 감지하거나 지진을 '예측'하는지도 모른다.

2. 우리 몸에서 촉각이 가장 예민한 부위는 손끝, 입술, (앞의 둘보다는 덜하지만) 생식기다.

3. 소형 조류의 부리에 있는 촉각 수용기에 대해서는 논문이 별로 발표되지 않았지만, 헤 르만 베르크하우트는 개인 교신에서 자신이 금화조 부리를 검사했는데 메르켈 세포 수 용기, 이중二重 메르켈 세포 수용기, 상당수의 헤르프스트 소체를 비롯한 많은 촉각 수 용기를 발견했다. 이는 부리 끝이 매우 민감함을 시사한다.

4. Goujon(1869)은 이 촉각 수용기가 파치니 소체Pacinian corpuscle라고 언급했는데, 파 치니 소체는 1740년대에 아브라함 파터가 사람의 손가락에서 처음으로 발견했다. 하 지만 필리포 파치니가 1831년에 발견한 것으로 오인되어 그의 이름을 따라 명명되 었다.

5. Berkhoudt(1980).

6. Goujon(1869).

7. Berkhoudt(1980).

8. 이 문장은 선충 연구의 선구자 네이선 코브(1859~1932)에게서 인용했다.

9. Berkhoudt(1980).

10. 왕립학회는 클레이턴의 그림을 분실한 듯하다. 니콜라 코트가 나를 대신하여 찾아보 았지만 허사였다. 윌리엄 페일리(『자연신학』*Natural Theology*, 1802, pp. 128~9)는 훗 날 클레이턴의 정보를 (자신의 설명을 덧붙여) 신의 지혜를 입증하는 증거로 사용했다. 페일리는 레이의 『신의 지혜』*Wisdom of God*(1961)와 윌리엄 더럼의 『자연신학』*Physico-Theology*(1713)을 표절했다. 더럼은 클레이턴의 글을 인용했으며 클레이턴이 그린 오 리 부리의 신경 그림을 아마도 보았을 것이다.

11. Berkhoudt(1980).

12. H. Berkhoudt, 개인 교신.

13. Krulis(1978); Wild(1990).

14. H. Berkhoudt, 개인 교신. '촉각'은 다양한 유형의 수용기에 해당하는 다면적 개념이 다. 가장 단순한 수용기는 통증과 온도 변화를 감지하는 자유신경종말이고, 좀 더 복잡 한 것으로는 (압력을 감지하는) 메르켈 촉각 세포가 있으며, 촉각 세포 2~4개로 이루 어져 운동(속력)을 감지하는 그란드리 소체가 있고, 가속에 민감한 헤르프스트 층판소 체(포유류의 파터-파치니 소체와 비슷하다)가 있다.

15. Brooke(1985); M. P. 해리스는 바다오리의 상대방 깃 다듬기가 진드기 제거로 이어 지는 것을 한 번도 보지 못했으며, 가짜 진드기를 넣었는데도 상대방 깃 다듬기가 유발 되지 않았다(M. P. Harris, 개인 교신).

16. Radford(2008).

17. Stowe et al.(2008).

18. Senevirante and Jones(2008).

19. Carvell and Simmons(1990).

20. Thomson(1964).

21. Pfeffer(1952); Necker(1985). 털깃털과 연관된 수용기는 새의 피부에 있는 수많은 촉각 수용기와 더불어 새가 날 때 깃털을 매끈하게 유지하는 데 중요한 역할을 한다. 실제로 조류는 피부에 촉각 수용기가 포유류보다 많다. 비조는 날지 못하는 새보다 단 위 면적당 수용기 개수가 많은데, 이는 촉각 수용기가 비행에서 필수적 역할을 함을 시 사한다(Homberger and de Silva, 2000).

22. Senevirante and Jones(2010).

23. 이 새들은 냄새와 맛으로도 먹잇감을 탐지할 수 있다(4, 5장 참고); 또한 Gerritsen et al.(1983) 참고.

24. Piersma(1998).

25. Parker(1891); 또한 Cunningham et al.(2010)과 Martin et al.(2007) 참고.

26. Buller(1873: 362, 2판).

27. 이에 해당하는 도요는 dunlin, *C. alpina*, western sandpiper, *C. mauri*, and least sandpiper, *C. minutilla*이다. Piersma et al.(1998).

새의 감각

28. McCurrich(1930: 238).

29. Coiter(1572).

30. Sir Thomas Browne(c. 1662), *The Birds of Norfolk Sayle*(1927) 참고.

31. 윌러비와 레이의 전철을 밟아(Ray, 1678) 해부학자와 박물학자가 딱따구리의 특이한 혀에 매료되어 딱따구리를 잇따라 해부했다. 이를테면 Jacobaeus(1676), Perrault(1680), Borelli(1681), Mery(1709), Waller(1716) 모두 Cole(1944)에서 재인용.

32. Buffon(1780: vol. 7).

33. Villard and Cuisin(2004).

34. Fitzpatrick et al.(2005); Hill(2007). 털갈이한 깃털의 DNA도 증거가 될 수 있다.

35. Wilson(1804~14: vol. 2).

36. Audubon(1831~9).

37. Audubon(1831~9).

38. Martin Lister(Ray, 1678에서 재인용); Drent(1975).

39. Lea and Klandorf(2002).

40. Drent(1975); Jones(2008); and D. Jones, 개인 교신.

41. Alvarez del Toro(1971).

42. Friedmann(1955); 클레어 스포티스우드는 잠비아의 현장 연구 지역에서 새끼 벌앞잡이새가 새끼 벌잡이새를 죽이는 광경을 보여주었다.

43. Jenner(1788); Davies(2000); White(1789).

44. Davies(1992).

45. Wilkinson and Birkhead(1995).

46. Ekstrom et al.(2007).

47. Burkhardt et al.(2008: vol. 16 (1): 199).

48. Lesson(1831); Sushkin(1927); Bentz(1983).

49. Winterbottom et al.(2001).

50. Komisaruk et al.(2006, 2008).

51. Edvardsson and Arnqvist(2000).

제4장 미각

1. Darwin(1871)의 성선택 개념은 수컷 대 수컷 경쟁과 암컷의 선택이라는 두 부분으로 이루어졌다. 다윈은 암컷의 선택이 암수의 깃털 밝기 차이에 큰 영향을 미친 것에 반해

수컷 대 수컷 경쟁은 몸 크기와 무기의 차이에 영향을 미쳤을 거라고 생각했다. 하지만 Hingston(1933)은 밝은 색깔이 상대방을 겁주는 용도로 쓰일 수 있으며 (따라서) 수컷 대 수컷 경쟁을 통해 진화했을 것이라고 생각했다. Baker and Parker(1979)는 이 생각을 비논리적이라고 간주한다.

2. 다윈의 편지에서. Burkhardt et al.(2008).

3. Weir(1869, 1870), Burkhardt et al.(2008: 16(2): 1175) and Burkhardt et al.(2009: 17: 115~16) 참고; C. Wiklund, 개인 교신(2009); Jrvi et al.(1981); Wiklund and Jrvi(1982). 새에게 미각이 있음을 보여주는 흥미로운 예가 또 있다. 그리스의 저술가 투키디데스는 기원전 400년경에 특이한 계통의 가래톳 페스트(림프절 페스트)가 아테네에 창궐한 사건에 대해 설명했다. 투키디데스는 여느 페스트와 달리, 썩는 고기를 먹는 새들이 사체를 먹으려 들지 않았으며 사체를 먹은 새는 죽었다고 말했다. 구체적 증거라고 하기는 어렵지만, 이는 새에게 미각이나 후각, 그리고 (아마도) 빠른 학습 능력이 있음을 시사한다(J. Mynott, 개인 교신).

4. Newton(1896); del Hoyo et al.(1992: vol. 1).

5. Malpighi(1665); Bellini(1665); Witt et al.(1994).

6. Rennie(1835). 몬터규(Montagu, 1802)는 조류학자였다; 요한 프리드리히 블루멘바흐(1752~1840)는 오리너구리의 해부학적 연구로 유명한 인류학자이자 해부학자였다. Blumenbach(1805 영어 번역, 1827, p. 260).

7. Newton(1896): 그의 견해는 독일의 위대한 해부학자 프리드리히 메르켈에게 영향을 받았을 것이다. 메르켈은 1880년에 새에게 맛봉오리가 없다고 단언했다. 어류, 양서류, 파충류, 포유류에게 맛봉오리가 있다는 사실이 이미 알려져 있었으므로 이것은 매우 신기한 일이다. 아쉽게도 뉴턴은 근거를 전혀 제시하지 않았기 때문에 그가 메르켈을 읽었는지는 확실치 않다(그를 알았을 가능성은 있지만).

8. Moore and Elliot(1946).

9. Berkhoudt(1980; 1985) and H. Berkhoudt, 개인 교신.

10. Botezat(1904); Bath(1906).

11. Berkhoudt(1985).

12. Brooker et al.(2008).

13. Rensch and Neunzig(1925).

14. Hainsworth and Wolf(1976); Mason and Clark(2000); van Heezik et al.(1983).

15. Jordt and Julius(2002); Birkhead(2003).

16. Kare and Mason(1986).

17. Beehler(1986); Majnep and Bulmer(1977).

18. J. Dumbacher, 개인 교신.

19. J. Dumbacher, 개인 교신.

새의 감각

20. Dumbacher et al.(1993). 덤배커가 자신의 연구에 대해 이야기하는 동영상: http://www.calacademy.org/science/heroes/jdumbacher/

21. Audubon(1831~9).

22. 에스컬랜티와 데일리(Escalante and Daly, 1994)는 아즈텍(콜럼버스 이전 멕시코)의 동식물상에 대한 기술(1540~1585)을 인용하는데, 여기에서는 못 먹는 붉은 새가 "붉은휘파람새*Ergaticus ruber*와 일치하는 듯하"다고 언급하고 있다. 에스컬랜티와 데일리(Escalante and Daly, 1994)는 새의 깃털에서 알칼로이드를 추출했다.

23. Cott(1940); 또한 Anon(1987) 참고.

24. Cott(1947).

25. Cott(1945).

26. 콧은 두 사람에게 특별히 감사를 표했다. "R. 마이너차겐 대령과 B. 비시피츠제럴드 씨는 둘 다 많은 독창적 관찰로—더할 나위 없이 흥미롭고 적절했다—조사를 진전시켰다." 이거야 정말! 콧이 두 사람 때문에 방향을 잃지 않았나 싶다. 나중에 밝혀진 사실이지만, 마이너차겐은 생애 전부가 거짓이었다. 최근의 전기에서는 그를 엄청난 사기꾼으로 묘사했다. 마이너차겐은 병적으로 관심을 추구했으며 그의 행동과 말과 글은 모두 자신의 이미지를 미화하기 위한 것이었다(Garfield, 2007). 브라이언 비시피츠제럴드도 완전히 신뢰할 수 있는 인물은 아니었다. 비시피츠제럴드는 《필드》*Field* 편집자였으며(1950년대의 레이디버드 조류 어린이책을 비롯하여) 자연사 책을 많이 저술했지만, 1949년에 저명한 조류학자 피터 H. T. 하틀리가 그의 표절을 폭로했다(Hartley, 1947). 한 조류학자가 비시피츠제럴드를 '순 허풍쟁이'라고 묘사한 걸 보면 조류학자들이 그를 변변찮게 여긴 것이 분명하다.

제5장 후각

1. 주앙 두스산토스의 글은 Friedmann(1955)에서 재인용했다.

2. Audubon(1831~9); 여기서 오듀본은 리처드 오언의 쇠콘도르 해부를 가리키는 것이 틀림없다.

3. Gurney(1922: 240).

4. Audubon(1831~9).

5. 사실 채프먼은 몇 가지 의구심을 가졌다. 청둥오리에게는 접근 방향이 실제로 중요하다는 사실을 알았기 때문이다. 물론 문제는 (이 엽사들이 반대로 말하고 있기는 하지만) 시각과 청각을 배제할 수 없다는 것이었다. 엘리엇 쿠스(1842~1899)는 의사이자 조류학자였다.

6. 이것은 1700년대 말엽에 연구자들이 자신의 연구 결과를 입증받는—늘 성공하지는 못했지만—한 가지 방법이었다(Schickore, 2007: 43 참고).

7. 이 논쟁은 《런던스 매거진》*Loudon's Magazine*에서 벌어졌다(Gurney, 1922). 워터턴은

기아나에 있을 때 친척의 노예 존 에드먼스턴에게 자신의 기술을 가르쳤다. 당시에 에드먼스턴은 해방 노예로, 에딘버러에서 박제업을 하고 있었는데 십 대의 찰스 다윈에게 새 가죽 벗기는 법을 가르쳤다.

8. 두 종의 비강을 해부학적으로 비교하여 확증된 사실이다(Bang 1960, 1965, 1971 참고); Stager(1964, 1967).

9. '악마의 똥'devil's dung으로도 알려진 아위는 냄새가 강한 성분으로, 산형과umbelliferous 식물 '페룰라 아사포이티다'Ferula asafoetida에서 얻으며 우스터셔 소스에 (소량을 넣어) 향을 첨가하거나 사냥꾼이 미끼로 쓴다! 관장액으로도 쓰며 소아 질병의 민간 치료제다: Hill(1905).

10. 치즈 도둑, Gurney(1922); 곤줄박이(Koyama, 1999; S. Koyama, 개인 교신); 물길 청소 일화는 Gurney(1922)에서 인용.

11. Tomalin(2008): 하디는 실제 사건을 소설에 등장시켰다.

12. 이 이야기는 1873년에 《월트셔 고고학회지》Wiltshire Archaeological Magazine, vol. xviii, p. 299에 실렸다. Gurney(1922)에서 재인용.

13. Gurney(1922: 234).

14. Owen(1837).

15. Gurney(1922: 277)는 여러 해부학 연구를 언급한다.

16. Gurney(1922).

17. Gurney(1922)를 증거로 인용.

18. 피에르폴 그라스의 『동물학 논고: 조류』Trait de Zoology: Oiseaux(1950)와 조크 마셜의 『조류 비교생리학』Comparative Physiology of Birds(1961) 같은 고전적 교과서도 이와 같은 부정적 견해를 되풀이했다. 심지어 훨씬 최근에 출간된 빼어난 교과서 『세계 조류 편람』Handbook of Birds of the World에서도 몇 종을 제외한 대다수의 새가 후각이 둔하다고 언급한다(del Hoyo et al., 1992).

19. Taverner(1942).

20. 갑개는 코 양쪽에 하나씩 두 개가 있어서 영어로는 복수형인 'conchae'를 쓴다.

21. Van Buskirk and Nevitt(2007); Jones and Roper(1997).

22. 딸 몰리의 언급(Nevitt and Hagelin, 2009에서 재인용).

23. Wenzel(2007).

24. 이들의 연구에는 '108'종이 언급되었지만, 같은 종인 양비둘기rock dove(Columba livia)와 집비둘기feral pigeon, 지중해비둘기Columba livia를 다른 종으로 헤아렸다.

25. 엄밀히 말하자면 후각망울의 최대 지름과 같은쪽대뇌반구ipsilateral cerebral hemisphere의 최대 지름 사이의 비율이다.

26. Bang and Cobb(1968).

27. Clark et al.(1993); 또한 Balthazart and Schoffeniels(1979) 참고: 현재 합의된 사

항은 후각망울이 크면 후각이 예민하되 후각망울이 작다고 해서 반드시 후각이 둔하지는 않다는 것이다. 아직도 밝혀내야 할 사실이 많다.

28. Bang and Cobb(1968).

29. Stager(1964); Bang and Cobb(1968). 오늘날에는 도시가스 누출을 감지하기 위해 에틸메르캅탄을 첨가한다.

30. 뱅과 코브(Bang and Cobb, 1968)는 붐(Bumm, 1883)과 터너(Turner, 1891)의 선행 연구를 토대로 삼았다.

31. S. Healy, 개인 교신.

32. 비교 연구에서 이속생장을 다루는 방법은 Harvey and Pagel(1991)에서 제시하고 있다.

33. Verner and Willson(1966); 또한 Harvey and Pagel(1991) 참고.

34. 비교 연구에서 계통발생을 다루는 방법은 Harvey and Pagel(1991)에서 제시하고 있다.

35. Healy and Guilford(1990).

36. 힐리와 길퍼드(Healy and Guilford, 1990)는 Bang and Cobb(1968)와 Bang(1971)을 이용하여 총 124종을 연구했다.

37. Corfield et al.(2008b).

38. Corfield(2009).

39. Steiger et al.(2008). 이 연구에서 사용한 9개 종은 푸른박새, 검은코칼black coucal, 갈색키위, 카나리아, 붉은관유황앵무, 붉은산닭red jungle fowl, 카카포, 청둥오리, 흰제비슴새다. Steiger et al.에서는 후각망울 영역이 비교적 크고 후각 유전자 레퍼토리가 많은 새가 후각이 뛰어날지도 모르는 반면에 그 역은 참이 아닐 수도 있다고도 주장한다.

40. Fisher(2002).

41. Newton(1896).

42. Owen(1879).

43. Jackson(1999: 326).

44. Benham(1906).

45. Wenzel(1965).

46. Wenzel(1968, 1971): 오늘날의 기준에 따르면 고작 두 마리에게서 얻은 기록은 불충분하지만, 당시에는 이것이 생리학의 관례였다.

47. Wenzel(1971).

48. Wenzel(1971).

49. 알드로반디(1599~1603); Buffon(1770~83).

50. Montagu(1813).

51. Gurney(1922).

52. Bang and Cobb(1968).

53. Bang and Wenzel(1985).

54. B. Wenzel, 개인 교신.

55. 로이 밀러(1874~1970).

56. 어쩌면 찌꺼기 뿌리기scumming라고 해야 할까? 밑밥질은 낚시할 때 상어나 물고기를 꾀는 방법으로, 토막 낸 미끼나 생선 조각을 바다에 던지는 것이다.

57. Wisby and Halser(1954).

58. Jouventin and Weimerskirch(1990).

59. Grubb(1972).

60. Hutchinson and Wenzel(1980).

61. G. Nevitt, 개인 교신.

62. G. Nevitt, 개인 교신.

63. Bonadonna et al.(2006).

64. Collins(1884).

65. Nevitt et al.(2008).

66. Fleissner et al.(2003); Falkenberg et al.(2010).

67. Freidmann(1955)에서 재인용.

제6장 자각

1. Gill et al.(2009).

2. 로클리와 랙은 둘 다 1900년대 초에 카리브 해에서 제비갈매기tern를 대상으로 수행된 초창기 '다른 곳에 놓기'displacement 연구인 Watson(1908)과 Watson and Lashley(1915)에 대해 잘 알고 있었음이 틀림없다; 또한 Wiltschko and Wiltschko(2003) 참고. 캐럴라인 이야기는 Lockley(1942)에서 소개되었다.

3. Lockley(1942).

4. Brooke(1990).

5. Brooke(1990).

6. Guilford et al.(2009).

7. 이망증은 독일 조류학자들이 발견했다고 간주되어 '추군루헤'Zugunruhe라고도 하는데, 사실은 독일 조류학자들이 아니라 무명의 프랑스인이 발견했다: Birkhead(2008)

참고.

8. Birkhead(2008); 그 뒤로 기본 설계에 변화가 있었다.

9. Middendorf(1859); Viguier(1882). 지구는 거대한 자석으로, 남극에서 '자기력선'이 뻗어 나와 북극에서 다시 안으로 들어간다. 적도에서는 자기력선이 지표면과 수평이지만, 극에 가까워질수록 기울기가 가팔라진다. 자기장의 세기도 지구 표면을 가로질러 일정하게 변한다. 자기력선 각도와 자기장 세기를 합치면 특정 위치에 고유한 '자기 표지'magnetic signature가 생성된다. 자기 지도가 있는 동물은 이를 활용하여 위치를 알 수 있다. 1980년대에 맨체스터 대학에 재직 중이던 로빈 베이커는 학부생을 대상으로 실험을 진행하여 (적어도 스스로는) 자각의 존재를 확인했다. 하지만 학계의 다른 연구자들은 확신하지 못했다.

10. Thomson(1936).

11. Griffin(1944).

12. 실제로는 이보다 복잡하다. 새는 별과 자기장을 둘 다 이용한다: Wiltschko and Wiltschko(1991).

13. Lohmann(2010).

14. Lohmann(2010).

15. Wilstchko and Wiltschko(2005); Fleissner et al.(2003); Falkenberg et al.(2010).

16. Ritz et al.(2000).

17. 이중 수용기 가설은 논란거리로, 모든 생물학자가 이를 받아들이는 것은 아니다. 이 메커니즘은 (아직까지는) 가설 수준이다.

제7장 정서

1. Darwin(1871); Skutch(1996: 41); Gardiner(1832).

2. 포식자의 주의를 끌려는 과시 행동은 아리스토텔레스가 기록한 바 있다: Armstrong(1956) 참고.

3. Tinbergen(1951); McFarland(1981: 151); 또한 Hinde(1966, 1982) 참고.

4. Griffin(1992)에서는 '인지동물행동학'cognitive ethology이라는 용어를 도입하여 새로운 분야를 개척했다.

5. Gadagkar(2005).

6. Singer(1975); Dunbar and Shultz(2010).

7. 나머지 둘은 '우주는 어떻게 시작되었는가?'와 '생명은 어떻게 시작되었는가?'다. 이 두 가지에 대해서는 합리적인 가설이 있지만, 의식 문제만큼은 겨우 걸음마를 떼었을 뿐이다. 인간 의식의 최신 개요에 대해서는 Lane(2009) 참고.

8. Rolls(2005); Paul et al.(2005); Cabanac(1971).

9. 2007년에 스코머 섬에서 나의 현장 연구를 보조한 제시카 미드는 우리의 유색 가락지를 단 바다오리 한 마리를 큰갈매기가 죽이는 장면을 목격했다. 그해에는 큰갈매기의 평소 먹잇감인 토끼가 적었다.

10. Birkhead and Nettleship(1984).

11. K. Ashbrook, 개인 교신.

12. Ashbrook et al.(2008); M. P. Harris, 개인 교신.

13. Gould(1848).

14. Heinsohn(2009).

15. Tinbergen(1953).

16. Cockrem and Silverin(2002).

17. Cockrem(2007).

18. Shuett and Grober(2000).

19. Carere et al.(2001).

20. Bentham(1798).

21. Braithwaite(2010: 78).

22. J. Cockrem, 개인 교신.

23. Bolhuis and Giraldeau(2005).

24. *Sunday Times*(London), 14 December 2006.

25. Gentle and Wilson(2004). 닭이 어릴 때 부리를 절단할수록 회복 속도가 빠르고 고통을 덜 겪는 듯하기 때문에, 부화 1일차에 부리를 절단하는 것이 통상적이다. 적외선 열을 이용하는 대안적 부리 절단법은 통증이 적으며, 일부 지역에서는 부리 절단을 금지하려는 움직임이 있다. 참고: http://www.poultryhub.org/index.php/Beak_trimming

26. 약물 중에도 같은 기능을 하는 것이 있다.

27. Young and Wang(2004).

28. E. Adkins-Regan, 개인 교신.

29. Zeki(2007): "사랑을 다룬 전 세계 문헌으로 판단컨대 낭만적 사랑은 연인이 열정의 절정에서 상대방과 하나가 되고 둘 사이의 모든 거리를 없애려는 욕망을 품는 합일의 상태를 바탕으로 한다. 성적 결합은 인간이 이 합일을 달성할 수 있는 최상의 상태다."

30. Lack(1968); Birkhead and Mller(1992).

31. Dunbar and Shultz(2010); Dunbar(2010).

32. Harrison(1965).

33. Nelson(1978: 111).

34. Catchpole and Slater(2008).

35. Brown et al.(1988). 협력적 번식을 하는 또 다른 새들은 큰흙집새의 집단 사육과 아라비아꼬리치레Arabian babbler의 멋진 이스름 '군무'群舞("새들이 기묘한 희열에 빠져 짝을 밀고 누른다")를 비롯한 집단 과시 행위를 한다.

36. Keverne et al.(1989); 또한 Dunbar(2010) 참고; I. Pepperberg, 개인 교신; 페퍼버그는 이것이 일화적 관찰에 불과함을 주지하고자 했다.

37. Cabanac(1971).

후기

1. Heppner(1965).

2. Montgomerie and Weatherhead(1997).

3. Simmons et al.(1988).

4. Gould, S. J.(1985).

5. Rosenblum(2010).

6. 닭 실험: Pizzari et al.(2003); 새로운 암컷과 교미할 때 정자 수가 증가하는 현상을 쿨리지 효과Coolidge effect라 한다(미국 대통령 캘빈 쿨리지의 이름을 딴 것이다): 사연은 이렇다. "쿨리지 대통령 내외가 실험적 정부 농장을 [따로따로] 둘러보고 있었다. 양계장을 찾은 영부인이 수탉 한 마리가 뻔질나게 교미하는 장면을 목격했다. 안내인에게 수탉이 얼마나 자주 교미하느냐고 물었더니 이렇게 대답했다. "하루에 수십 번씩 합니다." 영부인이 말했다. "각하께서 오시면 그렇게 말씀해주세요." 안내인의 이야기를 들은 대통령이 물었다. "매번 같은 암탉입니까?" 안내인이 대답했다. "아, 아닙니다, 각하. 매번 다른 암탉입니다." 대통령 왈. "그 말을 영부인에게 해주시오"(Dewsbury 2000). 꼬까도요: Whitfield(1987); 비둘기: Jitsumori et al.(1999).

7. Roseblum(2010).

8. Roseblum(2010).

Aldrovandi, U., 1599~1603, *Ornithologiae hoc est de avibus historiae*, Bologna, Italy.

Alvarez del Toro, M., 1971, 'On the biology of the American finfoot in southern Mexico', *Living Bird*, 10, 79~88.

Andersson, M. B., 1994, *Sexual Selection*, Princeton, NJ: Princeton University Press.

Anon., 1987. Obituary, H. B. Cott(1900~1987), Selwyn College Calendar 1987, 64~8.

Ansley, H., 1954, 'Do birds hear their songs as we do?', *Proceedings of the Linnaean Society of New York*, 63~5, 39~40.

Armstrong, E. A., 1956, 'Distraction display and the human predator', *The Ibis*, 98, 641~54.

Ashbrook, K., Wanless, S., Harris, M. P., and Hamer, K. C., 2008, 'Hitting the buffers: conspecific aggression undermines benefits of colonial breeding under adverse conditions', *Biology Letters*, 4, 630~33.

Audubon, J. J., 1831~9, *Ornithological Biography, or, an Account of the Habits of the Birds of the United States of America*, Edinburgh: A. Black.

Baker, R. R., and Parker, G. A., 1979, 'The evolution of bird colouration', *Philosophical Transactions of the Royal Society of London B*, 287, 67~130.

Baldner, L., 1666, *Vogel-, Fisch und Thierbuch*, unpublished MS, addl MSS 6485 and 6486, London, British Library.

_____ 1973, *Vogel-, Fisch und Thierbuch*, Einfrhrung von R. Lauterbom, Stuttgart: Mller and Schindler [facsimile edition].

Ballentine, B., and Hill, G. E., 2003, 'Female mate choice in relation to structural plumage coloration in blue grosbeaks', *The Condor*, 105, 593~8.

Bang, B. G., 1960, 'Anatomical evidence for olfactory function in some species of birds', *Nature*, 188, 547~9.

_____ 1965, 'Anatomical adaptations for olfaction in the snow petrel', *Nature*, 205, 513~15.

새의 감각

_____ 1971, 'Functional anatomy of the olfactory system in 23 orders of birds', *Acta Anatomica Supplementum*, 58, 1~76.

Bang, B. G., and Cobb, S., 1968, 'The size of the olfactory bulb in 108 species of birds', *The Auk*, 85, 55~61.

Bang, B. G., and Wenzel, B. M., 1985, 'Nasal cavity and olfactory system', in *Form and Function in Birds*(ed. King, A. S., and McLelland, J.), pp. 195~225, London: Academic Press.

Bath, W., 1906, 'Die Geschmacksorgane der Vogel; und Krokodile', *Arch. fur Biontologie*, 1, 5~47.

Beehler, B. M., Pratt, T. K., and Zimmerman, D. A., 1986, *Birds of New Guinea*, Princeton, NJ: Princeton University Press.

Bellini, L., 1665, *Gustus Organum*, Bologna: Typis Pisarrianis.

Benham, W. B., 1906, 'The olfactory sense in Apteryx', *Nature*, 74, 222~3.

Bentham, J., 1798, *An Introduction to the Principles of Morals and Legislation*, London: T. Payne. 한국어판은 강준호 옮김, 『도덕과 입법의 원칙에 대한 서론』(아카넷).

Bentz, G. D., 1983, 'Myology and histology of the phalloid organ of the buffalo weaver(*Bubalornis albirostris*)', *The Auk*, 100, 501~4.

Berkhoudt, H., 1980, 'Touch and taste in the mallard(*Anas platyrhynchos* L.)', PhD Thesis, University of Leiden.

_____ 1985, 'Structure and function of avian taste receptors', in *Form and Function in Birds*, vol. 3(ed. King, A. S., and McLelland, J.), pp. 46396, London: Academic Press.

Best, E., 2005, *Forest Lore of the Maori*, Wellington: Te Papa Press.

Birkhead, T. R., 2003, *The Red Canary*, London: Weidenfeld & Nicolson.

_____ 2008, *The Wisdom of Birds*, London: Bloomsbury.

Birkhead, T. R., and Møller, A. P., 1992, *Sperm Competition in Birds: Evolutionary Causes and Consequences*, London: Academic Press.

Birkhead, T. R., and Nettleship, D. N., 1984, 'Alloparental care in the common murre', *Canadian Journal of Zoology*, 62, 2121~4.

Blumenbach, J. F., 1827, *A Manual of Comparative Anatomy*, London: W. Simpkin & R. Marshall.

Bolhuis, J. J., and Giraldeau, L.-A., 2005, *The Behaviour of Animals: Mechanisms, Function and Evolution*, Hoboken, NJ: Wiley-Blackwell.

Bonadonna, F., Caro, S., Jouventin, P., and G. A. Nevitt, 2006, 'Evidence that blue petrel, Halobaena caerulea, fledglings can detect and orient to dimethyl sulphide', *Journal of Experimental Biology*, 209, 2165~9.

Botezat, E., 1904, 'Geschmacksorgane und andere nervose Endapparate im Schnabel der Vogel (vorlaufige Mitteilung)', *Biologisches Zentralblatt*, 24, 722~36.

Braithwaite, V. A., 2010, *Do Fish Feel Pain?*, Oxford: Oxford University Press.

Bray, C. W., and Thurlow, W. R., 1942, 'Interference and distortion in the cochlear responses of the pigeon', *Journal of Comparative Psychology*, 33, 279~89.

Brooke, M. de L., 1985, 'The effect of allopreening on tick burdens of molting Eudyptid penguins', *The Auk*, 102, 893~5.

_____ 1990, *The Manx Shearwater*, London: T. and A. D. Poyser.

Brooker, R. J., Widmaier, E. P., Graham, L. E., and Stiling, P. D., 2008, *Biology*, Boston, MA: McGraw-Hill.

Browne, E. D., 1988, 'Song sharing in a group-living songbird, the Australian magpie *Gymnorhina tibicen*. I. Vocal sharing within and among groups', *Behaviour*, 104, 1~28.

Brumm, H., 2004, 'The impact of environmental noise on song amplitude in a territorial bird', *Journal of Animal Ecology*, 73, 434~40.

_____ 2009, 'Song amplitude and body size in birds', *Behavioural Ecology & Sociobiology*, 63, 1157~65.

Buffon, G.-L., 1770~83, *Histoire Naturelle des Oiseaux*, Paris.

Buller, S. W. L., 1873, *A History of the Birds of New Zealand*, London: J. Van Voorst.

Bumm, A., 1883, 'Das Großhirn der Vogel', *Z wiss Zool*, 38, 430~67.

Burkhardt, F., Secord, J. A., Dean, S. A., Evans, S., Innes, S., Pearn, A. M., and White, P., 2008, *The Correspondence of Charles Darwin*, vol. 16, 1868, *Parts 1 and 2*, Cambridge: Cambridge University Press.

_____ 2009, *The Correspondence of Charles Darwin*, vol. *17, 1869*, Cambridge: Cambridge University Press.

Burton, R. F., 2008, 'The scaling of eye size in adult birds: relationship to brain, head and body sizes', *Vision Research*, 48, 2345~51.

Cabanac, M., 1971, 'Physiological role of pleasure', *Science*, 173, 11037.

Carere, C., Welink, D., Drent, P. J., Koolhaas, J. M., and Groothius, T. G., 2001, 'Effect of social defeat in a territorial bird (*Parus major*) selected for different coping styles', *Physiological Behavior*, 73, 427~33.

Carvell, G. E., and Simmons, D. J., 1990, 'Biometric analyses of vibrissal tactile discrimination in the rat', *Neuroscience*, 10, 2638~48.

Catchpole, C. K., and Slater, P. J. B., 2008, *Bird Song: Themes and Varations*, 2nd edn, Cambridge: Cambridge University Press.

Clark, L., Avilova, K. V., and Bean, N. J., 1993, 'Odor thresholds in passerines', *Comparative Biochemistry and Physiology A*, 104, 305~12.

Cobb, N., 1915, 'Nematodes and their relationships', *Yearbook of the United States Department of Agriculture 1914*, pp. 457~90. Washington, DC: Dept of Agriculture.

Cockrem, J. F., 2007, 'Stress, corticosterone responses and avian personalities', *Journal of Ornithology*, 148(Suppl. 2), S169~S178.

Cockrem, J. F., and Silverin, B., 2002, 'Sight of a predator can stimulate a corticosterone response in the great tit (*Parus major*)', *General and Comparative Endocrinology*, 125, 248~55.

Coiter, V., 1572, *Externarum et internarum principalium humani corporis partium tabulae*, Nuremberg: In officina Theodorici Gerlatzeni.

Cole, F. J., 1944, *A History of Comparative Anatomy from Aristotle to the Eighteenth Century*, London: Macmillan.

Collins, J. W., 1884, 'Notes on the habits and methods of capture of various species of seabirds that occur on the fishing banks off the eastern coast of North America', *Report of the Commissioner of Fish and Fisheries for 1882*, 13, 311~35.

Collins, S., 2000, 'Men's voices and women's voices', *Animal Behaviour*, 60, 773~80.

Corfield, J. R., 2009, 'Evolution of the brain and sensory systems of the kiwi', unpublished PhD Thesis, University of Auckland.

Corfield, J. R., Wild, J. M., Hauber, M. E., Parsons, S., and Kubke, M. F., 2008a, 'Evolution of brain size in the palaeognath lineage, with an emphasis on New Zealand ratites', *Brain, Behaviour & Evolution*, 71, 87~99.

Corfield, J. R., Wild, J. M., Cowan, B. R., Parsons, S., and Kubke, M. F., 2008b, 'MRI of postmortem specimens of endangered species for comparative brain anatomy', *Nature Protocols*, 3, 597~605.

Cott, H. B., 1940, *Adaptive Colouration in Animals*, London: Methuen & Co.

_____ 1945, 'The edibility of birds', *Nature*, 156, 7367.

_____ 1947, 'The edibility of birds: illustrated by five years' experiments and observations (1941~1946) on the food preferences of the hornet, cat and man; and considered with special reference to the theories of adaptive coloration', *Proceedings of the Zoological Society of London*, 116, 371~524.

Cunningham, S. J., Castro, I., and M. Alley, 2007, 'A new prey-detection mechanism for kiwi(*Apteryx* spp.) suggests convergent evolution between paleognathous and neognathous birds', *Journal of Anatomy*, 211, 493~502.

Cuthill, I. C., 2006, 'Colour perception', in *Bird Coloration: Mechanisms and Measurements*(ed. Hill, G. E., and McGraw, K.), pp. 3~40. Cambridge, MA: Harvard University Press.

Darwin, C., 1871, *The Descent of Man, and Selection in Relation to Sex*, London: J. Murray. 한국어판은 김관선 옮김, 『인간의 유래』(한길사).

Davies, N. B., 1992, *Dunnock Behaviour and Social Evolution*, Oxford: Oxford University Press.

_____ 2000, *Cuckoos, Cowbirds and other Cheats*, London: Poyser.

Dawkins, M. S., 2006, 'Through animal eyes: what behaviour tells us', *Applied Animal Behaviour Science*, 100, 4~10.

Defoe, D., 1724~6, *A Tour Through The Whole Island of Great Britain*, London.

Derham, W., 1713, *Physico-theology*. London: W. and J. Innys.

Dewsbury, D. A., 2000, 'Frank A. Beach, master teacher', *Portraits of Pioneers in Psychology*, 4, 269~81.

Dijkgraaf, S., 1960, 'Spallanzani's unpublished experiments on the sensory basis of object perception in bats', *Isis*, 51, 9~20.

Dooling, R. J., Fay, R. R., and Popper, A. N., 2000, *Comparative Hearing: Birds and Reptiles*, New York: Springer-Verlag.

Draganoiu, T. I., Nagle, L., and Kreutzer, M., 2002, 'Directional female preference for an exaggerated male trait in canary(*Serinus canaria*) song', *Proc. R. Soc. Lond. B*, 269, 2525~31.

Drent, R., 1975, 'Incubation', in *Avian Biology*(ed. Farner, D. S., and King, J. R.), pp. 333~420, New York: Academic Press.

Dumbacher, J. P., Beehler, B. M., Spande, T. F., Garraffo, H. M., and Daly, J. W., 1993, 'Pitohui: how toxic and to whom?', *Science*, 259, 5823.

Dunbar, R. I. M., 2010, 'The social role of touch in humans and primates: Behavioural function and neurobiological mechanisms', *Neuroscience and*

Biobehavioural Reviews, 34, 260~68.

Dunbar, R. I. M., and Shultz, S., 2010, 'Bondedness and sociality', *Behaviour*, 147, 775~803.

Eaton, M. D., and Lanyon, S. M., 2003, 'The ubiquity of avian ultraviolet plumage reflectance', *Proc. R. Soc. Lond. B*, 270, 1721~6.

Edvardsson, M., and Arnqvist, G., 2000, 'Copulatory courtship and cryptic female choice in red flour beetles Tribolium castaneum', *Proc. R. Soc. Lond. B*, 267, 446~8.

Ekstrom, J. M. M., Burke, T., Randrianaina, L., and Birkhead, T. R., 2007, 'Unusual sex roles in a highly promiscuous parrot: the greater vasa parrot *Caracopsis vasa*', *The Ibis*, 149, 313~20.

Escalante, P., and Daly, J. W., 1994, 'Alkaloids in extracts of feathers of the red warbler', *Journal of Ornithology*, 135, 410.

Falkenberg, G., Fleissner, G., Schuchardt, K., Kuehbacher, M., Thalau, P., Mouritsen, H., Heyers, D., Wellenreuther, G., and Fleissner, G., 2010, 'Avian magnetoreception: elaborate iron mineral-containing dendrites in the upper beak seem to be a common feature of birds', *PLoS ONE*, 5, 1~9.

Fenton, M. B., and Bell, G. P., 1981, 'Recognition of species of insectivorous bats by their echolocation calls', *Journal of Mammalogy*, 62: 233~43.

Fisher, C., 2002, *A Passion for Natural History: The Life and Legacy of the 13th Earl of Derby*, Liverpool: National Museums and Galleries, Merseyside.

Fitzpatrick, J. W. et al.(sixteen co-authors), 2005, 'Ivory-billed woodpecker(*Campephilus principalis*) persists in continental North America', *Science*, 308, 1460~62.

Fleissner, G., Holtkamp-Rotzler, E., Hanzlik, M., Winklhofer, M., Fleissner, G., Petersen, N., and Wiltschko, W., 2003, 'Ultrastructural analysis of a putative magnetoreceptor in the beak of homing pigeons', *The Journal of Comparative Neurology*, 458, 35060.

Forstmeier, W., and Birkhead, T. R., 2004, 'Repeatability of mate choice in the zebra finch: consistency within and between females', *Animal Behaviour*, 68, 101728.

Fox, R., Lehmkuhle, S., and Westerndorf, D. H., 1976, 'Falcon visual acuity', *Science*, 192, 263~5.

Friedmann, H., 1955, 'The honey-guides', *Bulletin of the United States National Museum*, 208, 292.

Gadagkar, R., 2005, 'Donald Griffin strove to give animals their due', *Resonance*, 10, 3~5,

Galambos, R., 1942, 'The avoidance of obstacles by flying bats: Spallanzani's ideas(1794) and later theories,' *Isis*, 34, 132~40.

Gardiner, W., 1832, *The Music of Nature; or, An Attempt to Prove that what is Passionate and Pleasing in the Art of Singing, Speaking and Performing upon Musical Instruments, is Derived from Sounds of the Animated World*, London: Longman.

Garfield, B., 2007, *The Meinertzhagen Mystery*, Washington, DC: Potomac Books.

Gentle, M., and Wilson, S., 2004, 'Pain and the laying hen', in *Welfare of the Laying Hen*(ed. Perry, G. C.), pp. 165~75, Wallingford: CABI.

Gerritsen, A. F. C., Van Heezik, Y. M., and Swennen, C., 1983, 'Chemoreception in two further Calidris species (*C. maritima and C. canutus*) with comparison of the relative importance of chemoreception during foraging in *Calidris* species', *Netherlands Journal of Zoology*, 33, 485~96.

Gill, R. E., Tibbits, T. L., Douglas, D. C., Handal, C. M., Mulcahy, D. M., Gottschlack, J. C., Warnock, N., McCafferey, B. J., Battley, P. F., and Piersma, T., 2009, 'Extreme endurance flights by landbirds crossing the Pacific Ocean: ecological corridor rather than barrier?', *Proc. R. Soc. Lond. B*, 276, 447~57.

Gilliard, E. T., 1962, 'On the breeding behaviour of the Cock-of-the-Rock (Aves, *Rupicola rupicola*)', *Bulletin of the American Museum of Natural History*, 124, 31~68.

Goujon, D. E., 1869, 'An apparatus of tactile corpuscles situated in the beaks of parrots', *Journal de l' Anatomie et de la Physiologie Normales et Pathologiques de l'Homme*, 6, 449~55.

Gould, J., 1848, *The Birds of Australia*, London: published by the author, seven volumes.

Gould, S. J., 1985, *The Flamingo's Smile: Essays in Natural History*, New York: W. W. Norton & Co. 한국어판은 김명주 옮김, 『플라밍고의 미소』(현암사).

Grassé, P. P., 1950, *Traité de Zoologie: Oiseaux*, Paris: Masson.

Griffin, D. R., 1944, 'The sensory basis of bird navigation', *The Quarterly Review of Biology*, 19, 15~31.

_____ 1958, *Listening in the Dark: The Acoustic Orientation of Bats and Men*, New Haven, Conn.: Yale University Press.

_____ 1976, *The Question of Animal Awareness: Evolutionary Continuity of Mental Experience*, New York, NY: The Rockefeller University Press.

_____ 1992, *Animal Minds*, Chicago IL: University of Chicago Press.

Grubb, T., 1972, 'Smelling and foraging in petrels and shearwaters', *Nature*, 237, 404~5.

Guilford, T., Meade, J., Willis, J., Phillips, R. A., Boyle, D., Roberts, S., Collett, M., Freeman, R., and Perrins, C. M., 2009, 'Migration and stopover in a small pelagic seabird, the Manx shearwater Puffinus puffinus: insights from machine learning', *Proc. R. Soc. Lond. B*, 276, 1215~23.

Gurney, J. H., 1922, 'On the sense of smell possessed by birds', *The Ibis*, 2, 225~53.

Hainsworth, F. R., and Wolf, L. L., 1976, 'Nectar characteristics and food selection by hummingbirds', *Oecologica*, 25, 101~13.

Handford, P., and Nottebohm, F., 1976, 'Allozymic and morphological variation in population samples of rufous-collared sparrow, *Zonotrichia capensis*, in relation to vocal dialects', *Evolution*, 30, 802~17.

Harris, L. J., 1969, 'Footedness in parrots: three centuries of research, theory, and mere surmise', *Canadian Journal of Psychology*, 43, 369~96.

Harrison, C. J. O., 1965, 'Allopreening as agonistic behaviour', *Behaviour*, 24, 161~209.

Harting, J. E., 1883, *Essays on Sport and Natural History*, London: Horace Cox.

Hartley, P. H. T., 1947, 'Review of Background to Birds by B. Vesey-Fitzgerald', *The Ibis*, 91, 539~40.

Harvey, P. H., and Pagel, M. D., 1991, *The Comparative Method in Evolutionary Biology*, Oxford: Oxford University Press.

Healy, S., and Guilford, T., 1990, 'Olfactory-bulb size and nocturnality in birds', *Evolution*, 44, 339~46.

Heinsohn, R., 2009, 'White-winged choughs: the social consequences of boom and bust', in *Boom and Bust: Bird Stories for a Dry Country* (ed. Robin, L., Heinsohn, R., and Joseph, L.), pp. 223~40, Victoria, Australia: CSIRO Publishing.

Henry, R., 1903, *The Habits of the Flightless Birds of New Zealand, with Notes on other New Zealand birds*, Wellington, NZ: Government Printer.

Heppner, F., 1965, 'Sensory mechanisms and environmental cues used by the American robin in locating earthworms', *Condor*, 67, 2475~6.

Hill, A., 1905, 'Can birds smell?', *Nature*, 1840, 318~19.

Hill, G. E., 2007, *Ivorybill Hunters*, Oxford: Oxford University Press.

Hill, G. E., and McGraw, K. J., 2006, *Bird Coloration: Function and Evolution*, Cambridge, MA: Harvard University Press.

Hinde, R. A., 1966, *Animal Behaviour: A Synthesis of Ethology and Comparative Psychology*, Maidenhead: McGraw-Hill.

_____ 1982, *Ethology*, Oxford: Oxford University Press.

Hingston, R. W. G., 1933, *The Meaning of Animal Colour and Adornment*, London: Edward Arnold.

Homberger, D. G., and de Silva, K. N., 2000, 'Functional microanatomy of the feather-bearing integument: implications for the evolution of birds and avian flight', *American Zoologist*, 40, 553~74.

Howland, H. C., Merola, S., and Basarab, J. R., 2004, 'The allometry and scaling of the size of vertebrate eyes', *Vision Research*, 44, 2043~65.

Hulse, S. H., MacDougall-Shackleton, S. A., and Wisniewski, A. B., 1997, 'Auditory scene analysis by songbirds: stream segregation of birdsong by European starlings(*Sturnus vulgaris*)', *Journal of Comparative Psychology*, 111, 313.

Hultcrantz, M., and Simonoska, R., 2006, 'Estrogen and hearing: a summary of recent investigations', *Acta Oto-Laryngologica*, 126, 1014.

Hunter, M. L., and Krebs, J. R., 1979, 'Geographical variation in the song of the great tit(*Parus major*) in relation to ecological factors', *Journal of Animal Ecology*, 48, 759~85.

Hutchinson, L. V., and Wenzel, M., 1980, 'Olfactory guidance in foraging by Procellariiforms', *The Condor*, 82, 314~19.

Ings, S., 2007, *The Eye: A Natural History*, London: Bloomsbury.

Jackson, C. E., 1999, *Dictionary of Bird Artists of the World*, Woodbridge: Antique Collectors' Club.

Jrvi, T., Sillén-Tullberg, B., and Wiklund, C., 1981, 'The cost of being aposematic: an experimental study of predation on larvae of *Papilio achaon* by the great tit *Parus major*', *Oikos*, 36, 267~72.

Jenner, E., 1788, 'Observations on the natural history of the cuckoo', *Philosophical Transactions of the Royal Society*, 78, 219~37.

Jitsumori, M., Natori, M., and Okuyama, K., 1999, 'Recognition of moving video images of conspecifics by pigeons: effects of individual static and dynamic motion cues', *Animal Learning & Behavior*, 27, 303~15.

Jones, D. N., and Goth, A., 2008, *Mound-builders*, Victoria, Australia: CSIRO

새의 감각

Publishing.

Jones, R. B., and Roper, T. J., 1997, 'Olfaction in the domestic fowl: a critical review', *Physiology & Behavior*, 62, 1009~18.

Jordt, S. E., and Julius, D. 2002, 'Molecular basis for species-specific sensitivity to "hot" chili peppers', *Cell*, 108, 421~30.

Jouventin, P., and Weimerskirch, H., 1990, 'Satellite tracking of wandering albatrosses', *Nature*, 343, 746~8.

Kare, M. R., and Mason, J. R., 1986, 'Chemical senses in birds', in *Avian Physiology*(ed. Sturkie, P. D.), New York, NY: Springer Verlag.

Keverne, E. B., Martensz, N. D., and Tuite, B., 1989, 'Beta-endorphin concentrations in cerebrospinal fluid of monkeys are influenced by grooming relationships', *Psychoneuroendocrinology*, 14, 155~61.

Knox, A. G., 1983, 'Handedness in crossbills Loxia and the akepa *Loxops coccinea*', *Bulletin of the British Ornithologists' Club*, 103, 114~18.

Komisaruk, B. R., Beyer, C., and Whipple, B., 2008, 'Orgasm', *The Psychologist*, 21, 100~103.

Komisaruk, B. R., Beyer-Flores, C., and Whipple, B., 2006, *The Science of Orgasm*, Baltimore, MD: Johns Hopkins University Press.

Konishi, M., 1973, 'How the owl tracks its prey', *American Scientist*, 61, 41424.

Konishi, M., and Knudsen, E. L., 1979, 'The oilbird: hearing and echolocation', *Science*, 204, 425~7.

Koyama, S., 1999, *Tricks Using Varied Tits: Its History and Structure*[in Japanese], Tokyo: Hosei University Press.

Krebs, J. R., and Davies, N. B., 1997, *Behavioural Ecology: An Evolutionary Approach*, 4th edn, Oxford: Blackwell.

Krulis, V., 1978, 'Struktur und Verteilung von Tastrezeptoren im Schnabel-Zungenbereich von Sing-vogeln im besonderen der Fringillidae', *Revue Suisse de Zoologie*, 85, 385~447.

Lack, D., 1956, *Swifts in a Tower*, London: Methuen.

_____ 1968, *Ecological Adaptations for Breeding in Birds*, London: Methuen.

Lane, N., 2009, *Life Ascending*, London: Profile Books. 한국어판은 김정은 옮김, 『생명의 도약』(글항아리).

Lea, R. B., and Klandorf, H., 2002, 'The brood patch', in *Avian Eggs and*

Incubation (ed. Deeming, C.), pp. 15689, Oxford: Oxford University Press.

Lesson, R. P., 1831, *Traite d'ornithologie*, Paris: Bertrand.

Lockley, R. M., 1942, *Shearwaters*, London: Dent.

Lohmann, K. J., 2010, 'Animal behaviour: magnetic-field perception', *Nature*, 464, 1140~42.

Lucas, J. R., Freeman, T. M., Long, G. R., and Krishnan, A., 2007, 'Seasonal variation in avian auditory evoked responses to tones: a comparative analysis of Carolina chickadees, tufted titmice, and white-breasted nuthatches', *Journal of Comparative Physiology A*, 193, 201~15.

Macdonald, H., 2006, *Falcon,* London: Reaktion Books.

Majnep, I. S., and Bulmer, R., 1977, *Birds of my Kalam Country*, Auckland, NZ: Auckland University Press.

Malpighi, M., 1665, *Epistolae Anatomicae de Cerebro ac Lingua*, Bologna, Italy: Typis Antonij Pisarrij.

Marler, P., 1959, 'Developments in the study of animal communication', in *Darwin's Biological Work* (ed. Bell, P. R.), pp. 150~206, Cambridge: Cambridge University Press.

Marler, P., and Slabbekoorn, H. W., 2004, *Nature's Music: The Science of Birdsong*, London: Academic Press.

Marshall, A. J., 1961, *Biology and Comparative Physiology of Birds*, New York, NY: Academic Press.

Martin, G., 1990, *Birds by Night*, London: Poyser.

Martin, G. R., and Osorio, D., 2008, 'Vision in birds', in *The Senses: A Comprehensive Reference* (ed. Basbaum, A. I., Kaneko, A., Shepherd, G. M., Westheimer, G., Albright, T. D., Masland, R. H., Dallos, P., Oertel, D., Firestein, D., Beauchamp, G. K., Bushnell, M. C., Kaas, J. C., and Gardner, E.), Berlin: Elsevier.

Martin, G. R., Wilson, K.-J., Wild, J. M., Parsons, S., Kubke, M. F., and Corfield, J., 2007, 'Kiwi forego vision in the guidance of their nocturnal activites', *PLoS ONE* 2 (2) e198, 1~6.

Mason, J. R., and Clark, L., 2000, 'The chemical senses of birds', in *Sturkie's Avian Physiology* (ed. Sturkie, P. D.), pp. 39~56, San Diego: Academic Press.

McCurrich, J. P., 1930, *Leonardo da Vinci: The Anatomist*, Washington, DC: Carnegie Institute, Washington.

McFarland, D., 1981, *The Oxford Companion to Animal Behaviour*, New York, NY:

Oxford University Press.

Merton, D. V., Morris, R. B., and Atkinson, I. A. E., 1984, 'Lek behaviour in a parrot: the kakapo Strigops habroptilus of New Zealand', *The Ibis*, 126, 277~83.

Middendorf, A. V., 1859, 'Die Isepiptesen Rusßlands', *Mémoires de l'Académie Impériale des Sciences de St. Ptersbourg*, VI, 1~143.

Mikkola, H., 1983, *Owls of Europe*, New York: T. & A. D. Poyser.

Miller, L., 1942, 'Some tagging experiments with back-footed albatrosses', *The Condor*, 44, 3~9.

Mockford, E. J., and Marshall, R. C., 2009, 'Effects of urban noise on song and response behaviour in great tits', *Proc. R. Soc. Lond. B*, 276, 297685.

Montagu, G., 1802, *Ornithological Dictionary*, London: White.

_____ 1813, *Supplement to the Ornithological Dictionary*, Exeter: Woolmer.

Montgomerie, R., and Birkhead, T. R., 2009, 'Samuel Pepys's hand-coloured copy of John Ray's "The Ornithology of Francis Willughby" (1678)', *J. Ornithol.*, 150, 883~91.

Montgomerie, R., and Weatherhead, P. J., 1997, 'How robins find worms', *Animal Behaviour*, 54, 143~51.

More, H., 1653, *An Antidote Against Atheism: Or an Appeal to the Natural Faculties of the Minds of Man, Whether there be not a God*, London: Daniel.

Morton, E. S., 1975, 'Ecological sources of selection on avian sounds', *American Naturalist*, 109, 17~34.

Nagel, T., 1974, 'What is it like to be a bat?', *The Philosophical Review*, 83, 435~50.

Naguib, M., 1995, 'Auditory distance assessment of singing conspecifics in Carolina wrens: the role of reverberation and frequency-dependent attenuation', *Animal Behaviour*, 50, 1297~307.

Necker, R., 1985, 'Observations on the function of a slowly-adapting mechanoreceptor associated with filoplumes in the feathered skin of pigeons', *Journal of Comparative Physiology A*, 156, 391~4.

Nelson, J. B., 1978, *The Gannet*, Berkhamsted: Poyser.

Nevitt, G. A., 2008, 'Sensory ecology on the high seas: the odor world of the procellariforme seabirds', *Journal of Experimental Biology*, 211, 1706~13.

Nevitt, G. A., and Hagelin, J. C., 2009, 'Olfaction in birds: a dedication to the pioneering spirit of Bernice Wenzel and Betsy Bang', *Annals of the New York*

Academy of Sciences, 1170, 424~7.

Nevitt, G. A., Losekoot, M., and Weimerskirch, H., 2008, 'Evidence for olfactory search in wandering albatross, Diomedea exulans', *Proceedings of the National Academy of Sciences*, USA, 105, 4576~81.

Newton, A., 1896, *A Dictionary of Birds*, London: A. & C. Black.

Nilsson, D. E., and Pelger, S., 1994, 'A pessimistic estimate of the time required for an eye to evolve', *Proc. R. Soc. Lond. B*, 256, 53~8.

Nottebohm, F., 1977, 'Asymmetries in neural control of vocalization in the canary. In *Lateralisation in the Nervous System* (ed. Harnad, S., Doty, R. W., Goldstein, L., Jaynes, J., and Krauthamer, G.), New York, NY: Academic Press.

Novick, A., 1959, 'Acoustic orientation in the cave swiftlet', *Biological Bulletin*, 117, 497~503.

Owen, R., 1837, No title. *Proceedings of the Zoological Society of London*, 1837, 33~5.

_____ 1879, *Memoirs on the Extinct Wingless Birds of New Zealand. With an Appendix on Those in England, Australia, Newfoundland, Mauritius and Rodriguez*, London: John van Voorst.

Paley, W., 1802, *Natural Theology: Or Evidences of the Existence and Attributes of the Deity Collected from the Appearances of Nature*, London.

Parker, T. J., 1891, 'Observations on the anatomy and development of *Apteryx*', *Phil. Trans. R. Soc. London B*, 182, 25~134.

Paul, E. S., Harding, E. J., and Mendl, M., 2005, 'Measuring emotional processes in animals: the utility of a cognitive approach', *Neuroscience and Biobehavioural Reviews*, 29, 469~91.

Payne, R. S., 1971, 'Acoustic location of prey by barn owls', *Journal of Experimental Biology*, 54, 53573.

Perrault, C., 1680, *Essais de physique, ou recueil de plusieurs traitez touchant les choses naturelles*, Paris: J. B. Coignard.

Pfeffer, K. von, 1952, 'Untersuchungen zur Morphologie und Entwicklung der Fadenfedern', *Zoologische Jahrbcher Abteilung fr Anatomie*, 72, 67~100.

Piersma, T., van Aelst, R., Kurk, K., Berkhoudt, H., and Mass, L. R. M., 1998, 'A new pressure sensory mechanism for prey detection in birds: the use of principles of seabed dynamics?', *Proc. R. Soc. Lond. B*, 265, 1377~83.

Pizzari, T., Cornwallis, C. K., Lovlie, H., Jakobsson, S., and Birkhead, T. R., 2003, 'Sophisticated sperm allocation in male fowl', *Nature*, 426, 70~74.

Pumphrey, R. J., 1948, 'The sense organs of birds', *The Ibis*, 90, 17~199.

Radford, A. N., 2008, 'Duration and outcome of intergroup conflict influences intragroup affiliative behaviour', *Proc. R. Soc. Lond. B, 275*, 2787~91.

Rattenborg, N. C., Amlaner, C. J., and Lima, S. L., 2000, 'Behavioral, neurophysiological and evolutionary perspectives on unihemispheric sleep', *Neuroscience and Biobehavioural Reviews*, 24, 817~42.

Rattenborg, N. C., Lima, S. L., and Amlaner, C. J., 1999, 'Facultative control of avian unihemispheric sleep under the risk of predation', *Behavioural Brain Research*, 105, 163~72.

Ray, J., 1678, *The Ornithology of Francis Willughby*, London: John Martyn.

Rennie, J., 1835, *The Faculties of Birds*, London: Charles Knight.

Rensch, B., and Neunzig, R., 1925, 'Experimentelle Untersuchungen ber den Geschmackssinn der Vgel II', *Journal of Ornithology*, 73, 633~46.

Ritz, T., Adem, S., and Schulten, K., 2000, 'A model for vision-based magnetoreception in birds', *Biophysical Journal*, 78, 707~18.

Rochon-Duvigneaud, A., 1943, *Les yeux et la vision des Vertébrés*, Paris: Masson.

Rogers, L. J., 1982, 'Light experience and asymmetry of brain function in chickens', *Nature*, 297, 223~5.

_____ 2008, 'Development and function of lateralization in the avian brain', *Brain Research Bulletin*, 76, 235~44.

Rogers, L. J., Zucca, P., and Vallortigara, G., 2004, 'Advantages of having a lateralized brain', *Proc. R. Soc. Lond. B*, 271, S420~S422.

Rolls, E. T., 2005, *Emotions Explained*, Oxford: Oxford University Press.

Rosenblum, L. D., 2010, *See What I'm Saying*, New York, NY: Horton. 한국어판은 김은영 옮김, 『오감 프레임』(북이십일).

Ruestow, E. G., 1996, *The Microscope in the Dutch Republic*, Cambridge: Cambridge University Press.

Sade, J., Handrich, Y., Bernheim, J., and Cohen, D., 2008, 'Pressure equilibration in the penguin middle ear', *Acta Oto-Laryngologica*, 128, 18~21.

Sayle, C. E., 1927, *The Works of Sir Thomas Browne*, Edinburgh: Grant.

Schickore, J., 2007, *The Microscope and the Eye: a History of Reflections, 1740-1870*, Chicago, IL: University of Chicago Press.

Schlegel, H., and Wulvergorst, A. H. V., 184453, *Traite de Fauconnerie*, Leiden: Arnz.

Schuett, G. W., and Grober, M. S., 2000, 'Post-fight levels of plasma lactate and corticisterone in male copperheads *Agkistrodon contortrix*(Serpentes, Viperidae): differences between winners and losers', *Physiology & Behavior*, 71, 335~41.

Schwartzkopff, J., 1949, 'Über den Sitz und Leistung von Gehör und Vibrationssinn bei Vgeln', *Zeitzschrift fur vergleichende Physiologie*, 31, 527~608.

Senevirante, S. S., and Jones, I. L., 2008, 'Mechanosensory function for facial ornamentation in the whiskered auklet, a crevice-dwelling seabird', *Behavioural Ecology*, 19, 184~790.

_____ 2010, 'Origin and maintenance of mechanosensory feather ornaments', *Animal Behaviour*, 79, 637~44.

Sibley, D., 2000, *The Sibley Guide to Birds*, New York, NY: Alfred A. Knopf.

Simmons, R. L., Barnard, P., and Jamieson, I. G., 1998, 'What precipitates influxes of wetland birds to ephemeral pans in arid landscapes? Observations from Namibia', *Ostrich 70*, 145~8.

Singer, P., 1975, *Animal Liberation*, New York, NY: Avon Books. 한국어판은 김성한 옮김, 『동물 해방』(연암서가).

Skutch, A. F., 1935, 'Helpers at the nest', *The Auk*, 52, 257~73.

_____ 1996, *The Minds of Birds*, College Station, TX: Texas A&M Press.

Slabbekoorn, H., and Peet, M., 2003, 'Birds sing at a higher pitch in urban noise', *Nature* 424, 267.

Slonaker, J. R., 1897, *A Comparative Study of the Area of Acute Vision in Vertebrates*, Cambridge, MA.: Harvard University Press.

Snyder, A. W., and Miller, W. H., 1978, 'Telephoto lens system of falconiform eyes', *Nature*, 275, 127~9.

Stager, K. E., 1964, 'The role of olfaction in food location by the turkey vulture(*Cathartes aura*)', *Los Angeles County Museum Contributions in Science*, 81, 5479.

_____ 1967, 'Avian olfaction', *American Zoologist*, 7, 415~20.

Steiger, S. S., Fidler, A. E., Valcu, M., and Kempenaers, B., 2008, 'Avian olfactory receptor gene repertoires: evidence for a well-developed sense of smell in birds?' *Proc. R. Soc. Lond. B*, 275, 2309~17.

Stetson, C., Fiesta, M. P., and Eagleman, D. M., 2007, 'Does time really slow down during a frightening event?', *PLoS ONE*, 2, e1295.

Stowe, M., Bugnyar, T., Schloegl, C., Heinrich, B., Kotrschal, K., and Mostl, E., 2008,

'Corticosterone excretion patterns and affiliative behavior over development in ravens(*Corvus corax*)', *Hormones and Behaviour*, 53, 208~16.

Sushkin, P. P., 1927, 'On the anatomy and classification of the weaver birds', *Bulletin of the American Museum of Natural History*, 57, 1~32.

Swaddle, J. P., Ruff, D. A., Page, L. C., Frame, A. M., and Long, V. C., 2008, 'Test of receiver perceptual performance: European starlings' ability to detect asymmetry in a naturalistic trait', *Animal Behaviour*, 76, 487~95.

Taverner, P. A., 1942, 'The sense of smell in birds', *The Auk*, 59, 462~3.

Thomson, A. L., 1936, *Bird Migration: A Short Account*, London: H. F. & G. Witherby.

_____ 1964, *A New Dictionary of Birds*, London and Edinburgh: Thomas Nelson & Sons.

Thorpe, W. H., 1961. *Bird-Song*, Cambridge: Cambridge University Press.

Tinbergen, N., 1951, *The Study of Instinct*, Oxford: Clarendon Press.

_____ 1963, 'On aims and methods of ethology', *Zeitschrift für Tierpsychologie*, 20, 410~33.

Tomalin, C., 2008, *Thomas Hardy. The Time-Torn Man*, London: Penguin Books.

Tryon, C. A., 1943, 'The great grey owl as a predator on pocket gophers', *The Wilson Bulletin*, 55, 130~31.

Tucker, V. A., 2000, 'The deep fovea, sideways vision and spiral flight paths in raptors', *Journal of Experimental Biology*, 203, 3745~54.

Tucker, V. A., Tucker, A. E., Akers, K., and Enderson, J. H., 2000, 'Curved flight paths and sideways vision in peregrine falcons(*Falco peregrinus*)', *Journal of Experimental Biology*, 203, 3755~63.

Turner, C. H., 1891, 'Morphology of the avian brains. I – Taxonomic value of the avian brain and the histology of the cerebrum', *The Journal of Comparative Neurology*, 1, 3992.

Vallet, E. M., Kreutzer, M. L., Beme, I., and Kiosseva, L., 1997, '"Sexy" syllables in male canary songs: honest signals of motor constraints on male vocal production?' *Advances in Ethology*, 32, 132.

Van Buskirk, R. W., and Nevitt, G. A., 2007, 'Evolutionary arguments for olfactory behavior in modern birds', *ChemoSense*, 10, 1~6.

Van Heezik, Y. M., Gerritsen, A. F. C., and Swennen, C., 1983, 'The influence of chemoreception on the foraging behaviour of two species of sandpiper, *Calidris alba*(Pallas) and *Calidris alpina*(L.), *Netherlands Journal of Sea Research*, 17,

47~56.

Verner, J., and Willson, M. F., 1966, 'The influence of habitats on mating systems of North American passerine birds in the nesting cycle', *Ecology*, 47, 143~7.

Viguier, C., 1882, 'Le sens d l'orientation et ses organes chez les animaux et chez l'homme', *Revue philosophique de la France et de l'etranger*, 14, 1~36.

Villard, P., and Cuisin, J., 2004, 'How do woodpeckers extract grubs with their tongues? A study of the Guadeloupe woodpecker(*Melanerpes herminieri*) in the French Indies', *The Auk*, 121, 509~14.

Voss, H. U., Tabelow, K., Polzehl, J., Tchernichovski, O., Maul, K. K., Saldago-Commissariat, D., Ballon, D., and Helekar, S. A., 2007, 'Functional MRI of the zebra finch brain during song stimulation suggests a lateralized response topography', *PNAS*, 104, 10667~72.

Walls, G. L., 1942, *The Vertebrate Eye and its Adaptive Radiation*, Bloomingfield Hills, MI: Cranbrook Institute of Science.

Walsh, S. A., Barrett, P. M., Milner, A. C., Manley, G., and Witmer, L. M., 2009, 'Inner ear anatomy is a proxy for deducing auditory capability and behaviour in reptiles and birds', *Proc. R. Soc. Lond. B*, 276, 1355~60.

Watson, J. B., 1908, 'The behaviour of noddy and sooty terns', *Papers from the Tortugas Laboratory of the Carnegie Institution of Washington*, 2, 187~255.

Watson, J. B., and Lashley, K. S., 1915, 'A historical and experimental study of homing', *Papers from the Department of Marine Biology of the Carnegie Institute of Washington*, 7, 9~60.

Weir, A. A. S., Kenward, B., Chappell, J., and Kacelnick, A., 2004, 'Lateralization of tool use in New Caledonian crows(*Corvus moneduloides*)', *Proc. R. Soc. Lond. B*, 271, S344~S346.

Wenzel, B. M., 1965, 'Olfactory perception in birds', in *Proceedings of the Second International Symposium on Olfaction and Taste*, Wenner-Gren Foundation, New York, NY: Pergamon Press.

_____ 1968, 'The olfactory prowess of the kiwi', *Nature*, 220, 1133~4.

_____ 1971, 'Olfactory sense in the kiwi and other birds', *Annals of the New York Academy of Sciences*, 188, 183~93

_____ 2007, 'Avian olfaction: then and now', *Journal of Ornithology*, 148 (Suppl. 2), S191~S194.

Wheldon, P. J., and Rappole, J. H., 1997, 'A survey of birds odorous or unpalatable to humans: possible indications of chemical defense', *Journal of Chemical*

Ecology, 23, 2609~33.

White, G., 1789, *The Natural History of Selborne*.

Whitfield, D. P., 1987, 'The social significance of plumage variability in wintering turnstones *Arenaria interpres*', *Animal Behaviour*, 36, 40815.

Whitteridge, G., 1981, *Disputations Touching the Generation of Animals*, Oxford: Blackwell.

Wiklund, C., and Jrvi, T., 1982, 'Survival of distasteful insects after being attacked by naive birds: a reappraisal of the theory of aposematic coloration evolving through individual selection', *Evolution*, 36, 998~1002.

Wild, J. M., 1990, 'Peripheral and central terminations of hypoglossal afferents innervating lingual tactile mechanoreceptor complexes in fringillidae', *The Journal of Comparative Neurology*, 298, 157~71.

Wilkinson, R., and Birkhead, T. R., 1995, 'Copulation behaviour in the vasa parrots *Coracopsis vasa* and *C. nigra*', *The Ibis*, 137, 117~19.

Wilson, A., and Ord, G., 180414, *American Ornithology*, Philadelphia, PA: Porter & Coates.

Wiltschko, R., and Wiltschko, W., 2003, 'Avian navigation: from historical to modern concepts', *Animal Behaviour*, 65, 257~72.

Wiltschko, W., and Wiltschko, R., 1991, 'Orientation in birds' magnetic orientation and celestial cues in migratory orientation', in *Orientation in Birds* (ed. Berthold, P.), pp. 16~37. Basel: Birkhauser Verlag.

_____ 2005, 'Magnetic orientation and magnetoreception in birds and other animals', *Journal of Comparative Physiology A*, 191, 675~93.

Winterbottom, M., Burke, T., and Birkhead, T. R., 2001, 'The phalloid organ, orgasm and sperm competition in a polygynandrous bird: the red-billed buffalo weaver (*Bubalornis niger*)', *Behavioural Ecology and Sociobiology*, 50, 474~82.

Wisby, W. J., and Hasler, A. D., 1954, 'Effect of occlusion on migrating silver salmon (*Oncorhynchus kisutch*)', *Journal of the Fisheries Research Board*, 11, 472~8.

Witt, M., Reutter, K., and Miller, I. J. M., 1994, 'Morphology of the peripheral taste system', in *Handbook of Olfaction and Gustation* (ed. Doty, R. L.), pp. 651~78, London: CRC.

Wood, C. A., 1917, *The Fundus Oculi of Birds Especially As Viewed by the Ophthalmoscope*, Chicago, IL: The Lakeside Press.

_____ 1931, *An Introduction to the Literature of Vertebrate Zoology*, London: Oxford

University Press.

Wood, C. A., and Fyfe, F. M., 1943, *The Art of Falconry*, Stanford, CA: Stanford University Press.

Woodson, W. D., 1961, 'Upside down world', *Popular Mechanics*, January 1961, 114~15.

Young, L. J., and Wang, Z., 2004, 'The neurobiology of pair bonding', *Nature Neuroscience*, 7, 1048~54.

Zeki, S., 2007, 'The neurobiology of love', *FEBS Letters*, 281, 2575~9.

각인Imprinting 생애 초창기의 특정 시기(민감기sensitive period)에 일어나는 학습 유형. 부모 각인filial imprinting은 자식이 부모가 누구인지 학습하는 것이고, 성적 각인sexual imprinting은 교미 상대를 고를 때 기준으로 삼을 특징을 학습하는 것이다(대체로 부모를 보면서 학습한다).

감쇠Attenuation 거리가 멀어짐에 따라 소리 세기가 감소하는 현상.

갑개Concha '비갑개'를 보라.

경고색Aposematic colouration 독성이 있음을 경고하는 두드러진 색상 패턴.

계통발생 효과 Phylogenetic effect (속이나 과 같은) 분류군의 모든 구성원이 같은 특징(알 크기나 꼬리 깃털 개수)을 나타낸다면 이것은 계통발생적 효과라고 말할 수 있다. 이는 분류군 단위의 모든 구성원이 공통 조상을 공유하기 때문에 이 특징을 가지게 되었다는 뜻이다.

광민감성 세포 Photosensitive cell 광수용기로, 막대 세포와 원뿔 세포가 있으며 눈의 망막에 있는 특수 세포다.

그란드리 소체 Grandry corpuscle 새의 부리와 혀에 있는 촉각 수용기.

내분비계Endocrine system 호르몬(전령 화학 물질)을 혈류에 분비하는 샘 계통.

눈오목Fovea 눈 뒤쪽에서 망막이 움푹 파인 곳으로, 시각 정밀도가 가장 높다.

달팽이Cochlea 속귀의 길고 (종종) 꼬였고—포유류의 경우이며, 조류는 꼬이지 않았다—소리에 민감한 세포가 들어 있다.

맛없는 곤충 Distasteful insect 불쾌한 맛이 나거나 독이 있거나 쏘는 곤충.

무후각Anosmatic 후각 상실. 냄새를 맡지 못하는 것.

바닥막Basilar membrane 속귀의 달팽이 안에 있는 뻣뻣한 막으로, 청각에 관여하는 감각모(털세포)를 지탱한다.

반점Macula 눈의 망막에서 눈오목이 있는 부위.

비갑개Nasal concha 새의 부리에 있는 얇은 두루마리 모양 뼈로, 얇은 판상 조직(코점막 상피nasal epithelium)으로 싸여 있으며 이곳에 후각 수용기가 있다. 단수형은 'concha'이고 복수형은 'conchae'다.

빗Pecten 새의 안구 뒷방posterior chamber 속에 있는, 주름지거나 빗 모양인 구조체.

상대방 깃 다듬기 Allopreening 다른 새의 깃털을 다듬는 것. 포유류는 '상대방 털 고르기'

allogrooming라고 한다.

소노그램Sonogram 소노그래프나 음향 분석기sound spectrograph machine로 만들어낸 시각적 소리 이미지로, 세로축에는 진동수(또는 음높이)를 나타내고 가로축에는 길이를 나타낸다. 새소리를 분석하는 데 쓴다.

소리 감소 Degradation of sound 새의 노랫소리(와 그 밖의 소리)는 바람과 식물 등의 요인 때문에 거리에 따라 감소한다. 따라서 음원에서 멀어질수록 잘 안 들린다.

순막Nictitating membrane 조류와 기타 척추동물에게 있는—포유류에게는 드물다—투명하거나 반투명한 세 번째 눈꺼풀.

시각 정밀도 Visual acuity 영상의 시각적 선명도 또는 공간적 해상력을 일컫는다.

시각적 민감도 Visual sensitivity 낮은 광량에서 사물을 구별하는 능력.

시상하부Hypothalamus 소화계통과 생식계통을 통제하고 섭식 등의 여러 행동을 관장하는 뇌 속 샘.

신경호르몬Neurohormone 내분비샘에서 혈액으로 분비되는 것이 아니라 특수한 신경세포 (신경분비세포neurosecretory)에서 혈액으로 분비되는 호르몬. 옥시토신은 뇌에서 생산되는 신경호르몬의 일종이다.

안저Fundus oculi 눈 뒤의 오목한 내부.

에믈런 깔때기 Emlen funnel '방향 찾기 새장'이라고도 하며, 새의 이주 행동을 연구하는 데 쓴다. (부자지간인) 존 T. 에믈런과 스티븐 T. 에믈런의 이름을 따라 지었다. 두 사람이 1960년대에 발명한 에믈런 깔때기는 둥근 깔때기 모양 새장으로, 바닥에 압지를 깔고 옆에 종이 벽을 둘러 새가 발로 잉크 자국을 남기면 이를 통해 이주 행동의 방향과 세기를 알아낸다.

연작류Passerine '홰 치는 새'나 (정확하지는 않지만) '명금'이라고도 한다. 연작류는 모든 새의 절반 이상을 차지하며, 참 명금과 (신세계솔딱새New World flycatcher를 비롯한) 명금류사촌suboscine이 포함된다.

위치 추적기 Geolocator 소형 빛 기록기로, 동물의 움직임을 추적하는 데 쓴다. 해 뜰 녘과 해 질 녘을 기록하여 이를 토대로 위도와 경도를 계산한다.

유스타키오 관 Eustachian tube 목과 중이를 연결하는 관.

육반Brood patch 새의 배에 있는 맨살로, 이곳을 통해 열을 전달하여 알을 부화한다. 육반은 새에 따라 1~3개가 있다.

음경기관Phalloid organ 두 종의 버팔로베짜는새에게 있는 음경 모양의 구조체로, 수컷의 것이 암컷보다 크며 총배설강 앞쪽 가장자리에 있다.

인간중심주의Anthropomorphism 인간의 특징을 다른 동물에게 부여하는 것.

일부다처제Polygyny 수컷이 암컷을 여럿 거느리는 짝짓기 체계로, 복혼의 일종이다. 또 다른 짝짓기 체계로는 암컷 하나와 수컷 하나가 짝을 이루는 단혼과 암컷이 수컷을 여럿 거느리는 일처다부제가 있다.

입가센털Rictal bristle 입rictus 근처에 있는 딱딱한 털 모양 깃털.

새의 감각

자동기계Automaton 스스로 작동하는 기계.

진폭Amplitude 소리의 크기. 음파의 에너지 양으로 측정한다.

청력도Audiogram '가청 곡선'이라고도 한다. 가로축에 진동수를 나타내고 세로축에 (시끄러운 소리에서 조용한 소리까지) 듣기 수준을 나타낸다. 특히, 들을 수 있는 가장 부드러운 소리를 나타낼 때 쓴다.

총배설강 돌기 Cloacal protrusion 바사앵무 수컷의 총배설강 부위로, 교미 중에 이 부위를 암컷에게 삽입하여 교미교착을 형성한다.

큰깃털Contour feathers 몸을 덮은 맨 바깥 깃털.

탁란조Brood parasite 뻐꾸기처럼 다른 새의 둥지에 기생하여 보살핌을 받는 새.

털깃털Filoplume 머리카락처럼 생긴 깃털로, 여러 깃털 유형 중 하나다.

편측화Lateralisation 한쪽 눈이나 손을 다른 쪽보다 많이 사용하는 성향.

행동생태학Behavioural ecology 생태학과 진화론의 얼개 안에서 행동을 연구하는 학문.

헤르프스트 소체 Herbst corpuscle 새의 피부와 부리에 있는 촉각 수용기로, 대체로 그란드리 소체보다 크다.

ㅂ~ㅅ

새의 감각

새의 감각

새의 감각

2015년 2월 23일 초판 1쇄 인쇄
2015년 2월 27일 초판 1쇄 발행

지은이　팀 버케드
옮긴이　노승영
펴낸이　박래선 · 신가예
펴낸곳　에이도스출판사
출판신고　제25100-2011-000005호

주소　　서울시 은평구 진관4로 17, 810-711
전화　　02-355-3191
팩스　　02-989-3191
이메일　eidospub.co@gmail.com

표지 디자인 공중정원 박진범
본문 디자인 김경주

ISBN　979-11-85415-06-2　93490

잘못 만들어진 책은 구입하신 서점에서 바꾸어 드립니다.

이 도서의 국립중앙도서관 출판예정도서목록(CIP)은 서지정보유통지원
시스템 홈페이지(http://seoji.nl.go.kr)와 국가자료공동목록시스템
(http://www.nl.go.kr/kolisnet)에서 이용하실 수 있습니다.
(CIP제어번호: CIP2015004156)